工业和信息化普通高等教育“十二五”规划教材立项项目
21世纪高等教育计算机规划教材

COMPUTER

ASP.NET开发与应用教程

Development and Application of ASP.NET

■ 张勇 编著

人民邮电出版社
北京

图书在版编目（CIP）数据

ASP.NET开发与应用教程 / 张勇编著. -- 北京 : 人民邮电出版社, 2015.2（2021.1 重印）
21世纪高等教育计算机规划教材
ISBN 978-7-115-38136-1

Ⅰ. ①A… Ⅱ. ①张… Ⅲ. ①网页制作工具－程序设计－高等学校－教材 Ⅳ. ①TP393.092

中国版本图书馆CIP数据核字(2015)第005128号

内容提要

本书是根据 ASP.NET 的技术特征以及 ASP.NET 课程教学的特点和基本要求编写的，详细介绍了 ASP.NET 开发技术，并通过大量实例阐述 ASP.NET 应用开发的思想。

全书共 11 章，主要介绍了 ASP.NET 基础、XHTML 与 CSS、ASP.NET 服务器控件、ASP.NET 内置对象、主题与母版、数据控件、ADO.NET、数据绑定、Web Service、基于 LINQ 的班级财务管理系统设计与实现，最后一章为实训指导。

本书可作为应用型本科院校、软件学院、高职院校计算机专业及相关专业的教材，也可作为 ASP.NET 开发人员的参考用书。

◆ 编　　著　张　勇
责任编辑　许金霞
责任印制　沈　蓉　彭志环

◆ 人民邮电出版社出版发行　　北京市丰台区成寿寺路 11 号
邮编　100164　　电子邮件　315@ptpress.com.cn
网址　http://www.ptpress.com.cn
北京七彩京通数码快印有限公司印刷

◆ 开本：787×1092　1/16
印张：14.75　　2015 年 2 月第 1 版
字数：388 千字　　2021 年 1 月北京第 8 次印刷

定价：36.00 元

读者服务热线：(010)81055256　印装质量热线：(010)81055316
反盗版热线：(010)81055315

前言

ASP.NET 是 Microsoft 全力推出的一种网络应用程序开发技术，它是.NET 平台的核心技术之一，也是当前主流的 Web 开发技术之一。ASP.NET 的众多优点，如可管理性，安全性，易于部署，灵活的输出缓存，移动设备支持和可扩展性等，使得它成为众多网站开发技术的首选。在实际生活中已经有很多成功的项目案例使用 ASP.NET 技术，如 CSDN、MSDN、当当网、京东和 KFC 官网等。在 ASP.NET 中主要使用两种语言 C#和 VB，本书主要介绍使用 C#语言。

本书全面介绍了 ASP.NET 技术，阐述 Web 应用开发思想。本书是作者多年教学经验的积累，全书语言通俗，各章内容之间循序渐进。

全书共 11 章。第 1 章介绍了 ASP.NET 基础；第 2 章介绍了 XHTML 与 CSS；第 3 章介绍了 ASP.NET 服务器控件；第 4 章介绍了 ASP.NET 内置对象；第 5 章介绍了主题与母版；第 6 章介绍了数据控件；第 7 章介绍了 ADO.NET；第 8 章介绍了数据绑定；第 9 章介绍了 Web Service；第 10 章介绍了基于 LINQ 的班级财务管理系统设计与实现；第 11 章是实训指导。

本书是巢湖学院应用型课程开发项目-ASP.NET（项目编号：ch13yykc06），安徽省省级质量工程项目-省级特色专业计算机科学与技术（项目编号：2013tszy020），安徽省研究成果之一。

本书由张勇主编，负责全书整体结构的设计及全书的统稿、定稿，书中使用的案例均在开发环境 Visual Studio 2010 中调试通过。建议各章学时分配如下，在使用本书的过程中可根据具体学时调整。

章	章　名	理论学时	实训学时
第 1 章	ASP.NET 基础	4	2
第 2 章	XHTML 与 CSS	4	2
第 3 章	服务器控件	4	4
第 4 章	内置对象	4	4
第 5 章	主题与母版	2	2
第 6 章	数据控件	4	4
第 7 章	ADO.NET	4	4
第 8 章	数据绑定	2	0
第 9 章	Web Service	2	2
第 10 章	基于 LINQ 的班级财务管理系统设计与实现	2	0
	总学时	32	24

由于时间紧迫及编者水平有限，书中难免存在疏漏或不足，敬请广大读者批评指正，使本书得以改进和完善。

编　者

2014 年 11 月

目 录

第1章 ASP.NET 基础

1.1 Web 技术概述

ASP.NET 是 Microsoft 全力推出的一种网络应用程序开发技术，它是.NET 平台的核心技术之一，也是当前主流的 Web 开发技术之一。在 ASP.NET 中主要使用两种语言 C#和 VB，本书使用 C#语言。

1. Web 的发展

Internet 起源于 20 世纪 60 年代美国的一个军用计算机网络的实训，其目标是创建一种可靠的网络，它可以将各通信结点连接起来，而且保证一旦某个结点发生故障，其他结点的通信依然能够得到保障。

从 20 世纪 90 年代开始，Internet 逐渐从国防部门及学术结构转入商业领域，特别是调制解调器的出现使得用户可以通过电话线方便地接入 Internet。

1993 年世界上第一个浏览器出现，Web 开发由此开启。

2. Web 的结构

应用程序的开发有两种结构，一种是客户端/服务器结构（C/S），另一种是浏览器/服务器结构（B/S）。

C/S 结构在 2000 年前占据着应用程序开发的主流，客户端需要安装单独的客户端软件，服务器端一般使用高性能的工作站。这种结构主要的业务逻辑都集中于客户端程序，而且客户端程序需要安装、调试、以及后期的维护和升级。

B/S 结构中客户端只需要安装浏览器而不需要安装其他客户端软件，所以其又称为“瘦客户端”，这种结构中大部分业务逻辑都是在服务器端完成，只是将处理结果传回给客户端，所以对客户机的配置要求不高。这种结构已经成为主流开发的体系结构。

3. Web 开发技术

（1）HTML

HTML 是超文本标记语言，该语言主要提供标记对的形式，使用这些标记可以进行静态网页的设计，同时它是动态网页设计的基础，很多动态网页技术就是在 HTML 文档中嵌入脚本或代码。

（2）ASP

ASP 技术由微软公司推出，服务器端使用 IIS 服务器，主要用于 Windows 平台上的开发，其特点是将脚本语言 VBscript 或 JavaScript 嵌入到 HTML 中。简单易学、容易上手，缺点是不能跨平台，另外脚本代码与 HTML 文档混合在一起无法分离。

（3）PHP

PHP 技术于 1994 年由 Rasmus Lerdorf 提出，经过其他人参与，共同开发而成。其特点是将脚本语言 PHP 嵌入到 HTML 中，PHP 大量采用了 C, Java, Perl 语言的语法，并加入了 PHP 自己的特征。服务器端可以使用 Unix，Linux 或 Windows 操作系统，这种技术运行环境复杂，对初学者较难。

（4）JSP

JSP 是由 SUN 提出，多家公司合作建立的一种动态网页技术。该技术的目的是为了整合已经存在的 Java 编程环境，如 Java Servlet 等，结果产生了一个全新的足以与 ASP 抗衡的网络程序开发技术。其特点是将 Java 程序片断和 JSP 标记嵌入普通的 HTML 文档中。

（5）ASP.NET

ASP.NET 是目前主流网站开发技术的一种，它的众多优点，如可管理性，安全性，易于部署，灵活的输出缓存，移动设备支持和可扩展性等，使得它成为网站开发的首选。在实际生活中已经有很多成功的项目案例使用 ASP.NET 技术，如 CSDN、MSDN、当当网、中国招商银行、京东和 KFC 官网等。ASP.NET 的版本如下：

2000 年 ASP.NET1.0 发布。

2003 年 ASP.NET 升级为 1.1 版本。

2005 年 ASP.NET2.0 发布。

2008 年 ASP.NET3.5 发布。

2010 年 ASP.NET4.0 发布。

其中.NET3.0 命名一组新技术，不包括 ASP.NET 更新版本。

WPF 创建精美 Windows 应用程序的平台。

WF 使用流程图方式来建模应用程序逻辑新平台。

WCF 用来设计服务以提供其他计算机调用的平台。

1.2 Visual Stdio 开发环境

1. Visual Studio 简介

Microsoft Visual Studio，简称 VS，是目前最流行的 Windows 平台应用程序的集成开发环境。最新版本为 Visual Studio 2013 版本，基于.NET Framework 4.5.1。VS 是美国微软公司的开发工具包系列产品。VS 是一个基本完整的开发工具集，它包括了整个软件生命周期中所需要的大部分工具，如 UML 工具、代码管控工具、集成开发环境（IDE）等。所写的目标代码适用于微软支持的所有平台，包括 Microsoft Windows、Windows Mobile、Windows CE、.NET Framework、.NET Compact Framework 和 Microsoft Silverlight 及 Windows Phone。

2. IIS 安装

（1）Windows7 中不需要下载单独的安装包，进入“控制面板”/“程序和功能”/“打开或关闭 Windows 功能”，选中“Internet 信息服务”选项，单击“确定”按钮，如图 1-1 所示。

（2）选择 FTP 服务器，单击“确定”按钮，如图 1-2 所示。

图 1-1　安装 IIS

（3）安装结束后会出现重启提示，如图 1-3 所示。

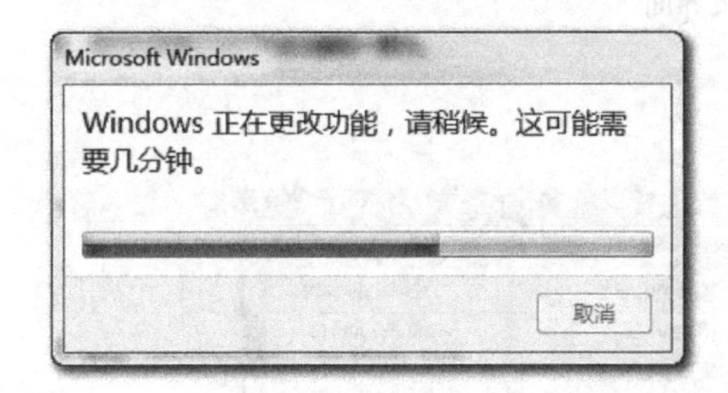

图 1-2　安装进程

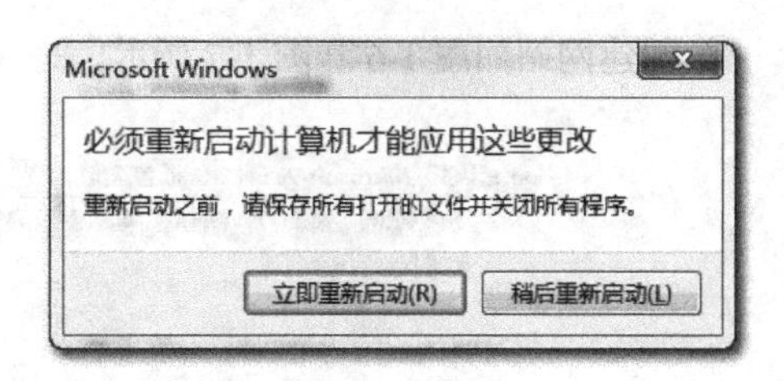

图 1-3　重启提示

（4）输入地址：http//localhost/:，出现界面如图 1-4 所示。

图 1-4　IIS 界面

3. 在 VS 中新建站点

（1）文件系统方式

① 打开 VS，出现起始页界面如图 1-5 所示。

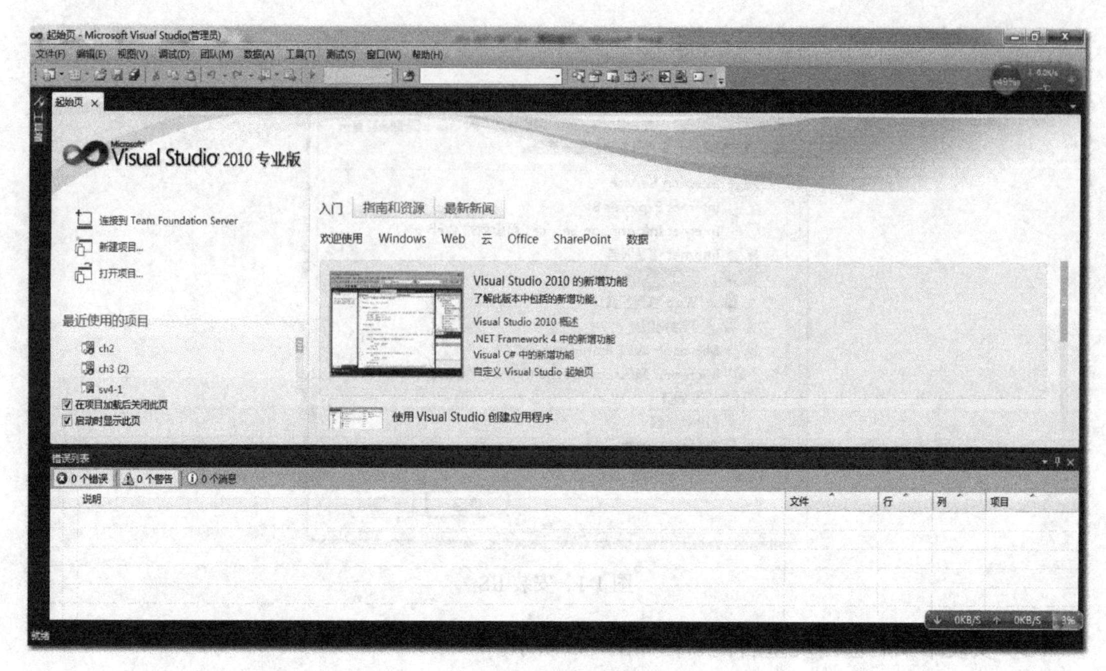

图 1-5　起始页界面

② 新建网站如图 1-6 和图 1-7 所示。

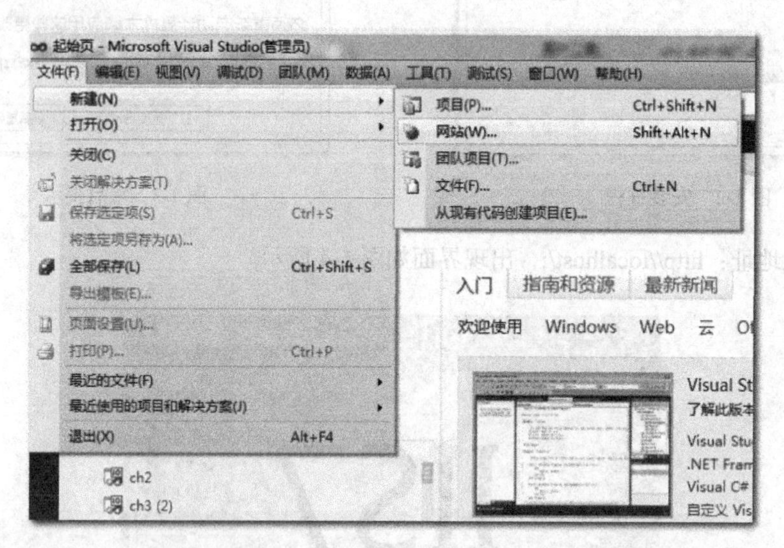

图 1-6　新建网站

③ 解决方案资源管理器中对应的目录如图 1-8 所示。

（2）HTTP 方式

① 如果是先安装 VS2010，后安装 IIS，则必须先进入以下目录来注册 IIS：

```
C:\WINDOWS\Microsoft.NET\Framework\ v4.0.30319
```

输入以下命令：

```
aspnet_regiis -i
iisreset/noforce
```

如图 1-9 所示。

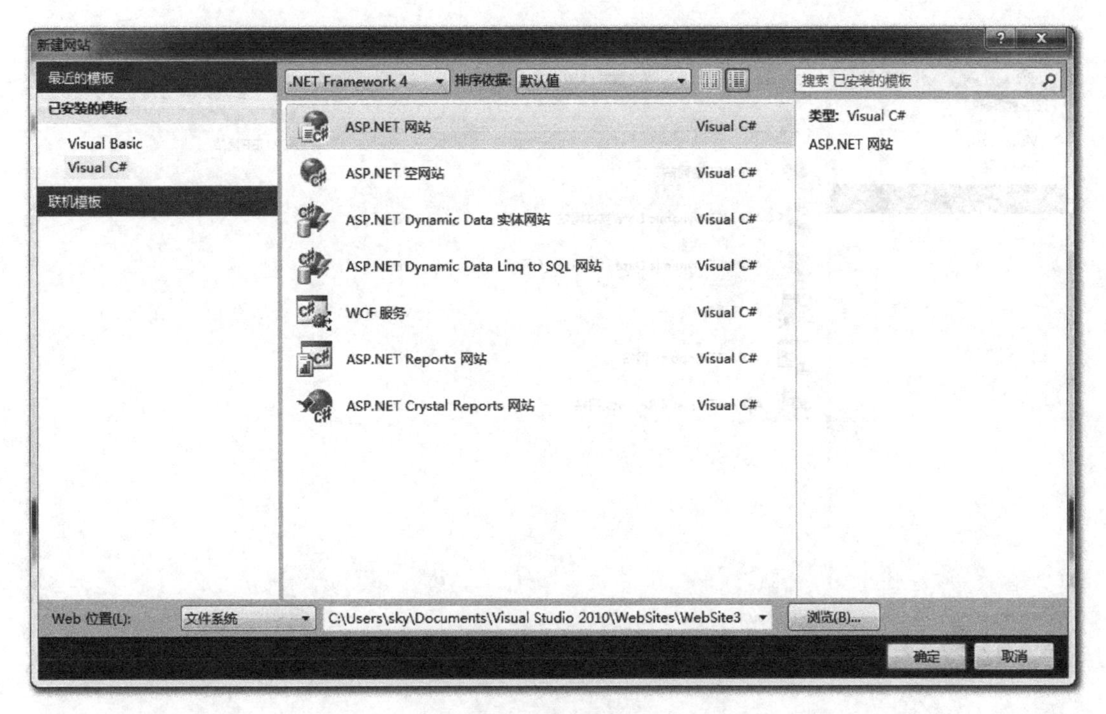

图 1-7　新建网站

图 1-8　解决方案资源管理器

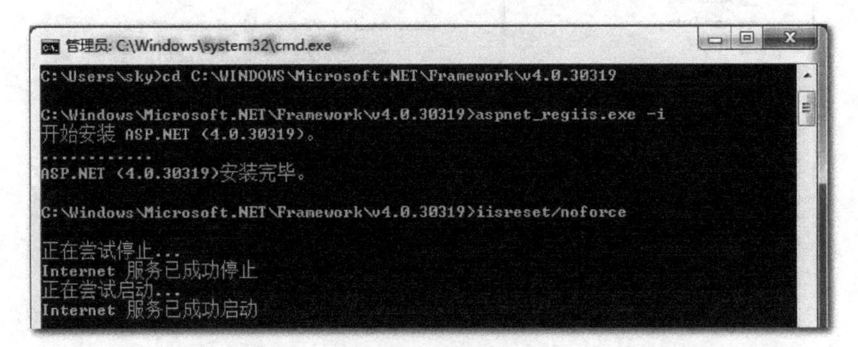

图 1-9　注册 IIS

② 新建网站，在"wed 位置"后面的输入框中输入 http://localhost/mysite，如图 1-10 所示。

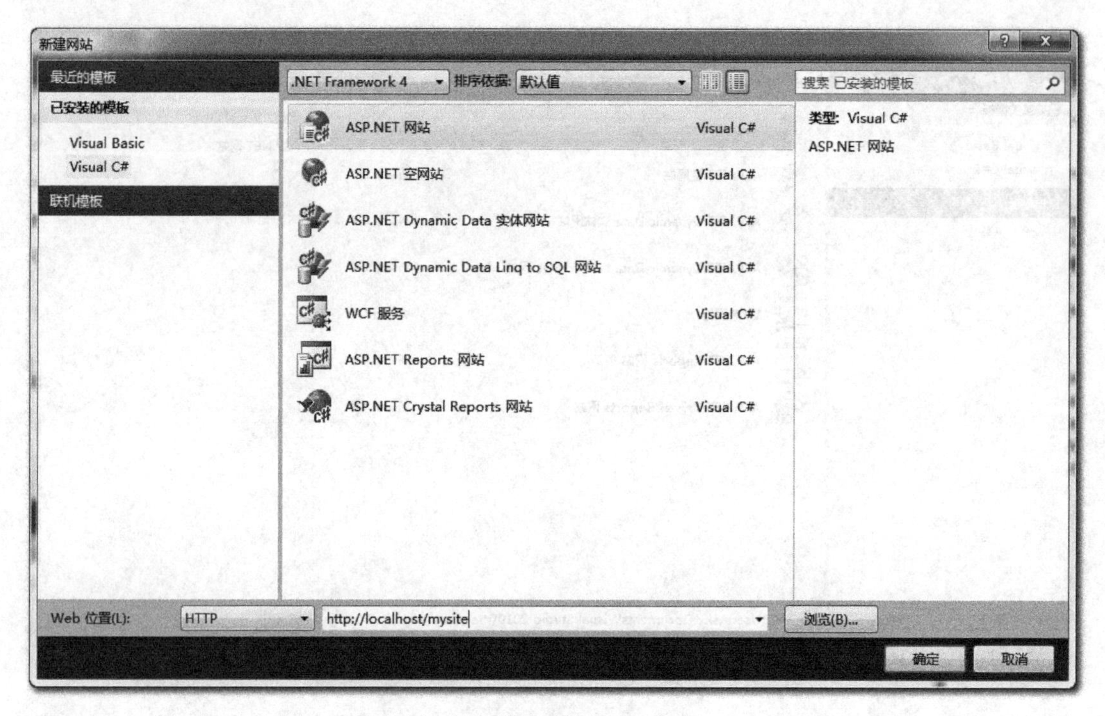

图 1-10　新建网站 HTTP 方式

③ 新建的网站默认在目录：c:\inetpub\wwwroot 下。

1.3　创建第一个 ASP.NET 网站

1. 现新建一站点 ch1，在其中添加一个页面 index.aspx，如图 1-11 所示。
2. 在 index.aspx 设计视图中添加 TextBox 控件、Label 控件、Button 控件，如图 1-12 所示。

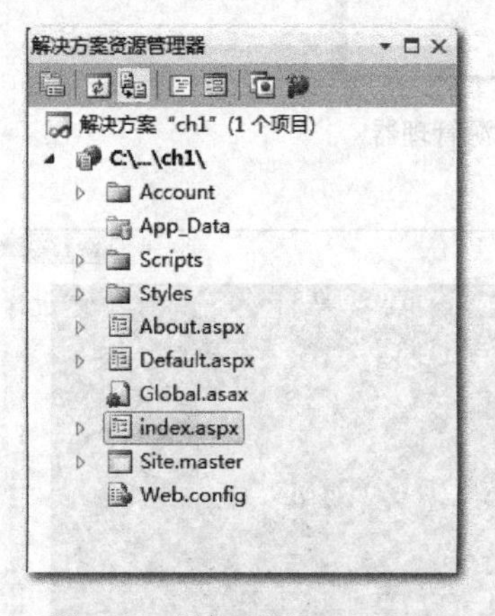

图 1-11　添加页面 index.aspx

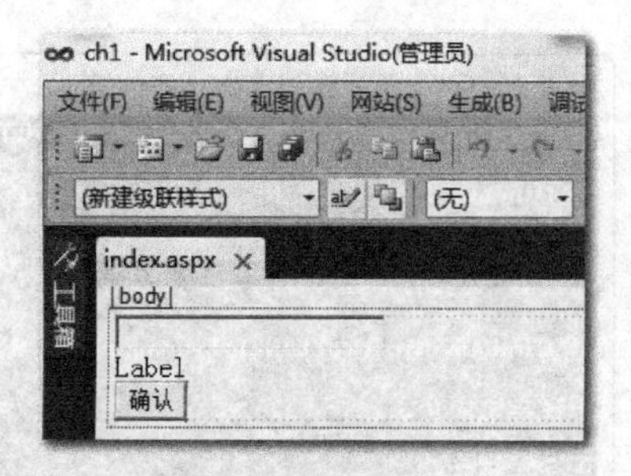

图 1-12　添加控件

3. 修改 Button 控件属性，如图 1-13 所示。
4. 双击 Button 控件，打开 index.aspx.cs，如图 1-14 所示。

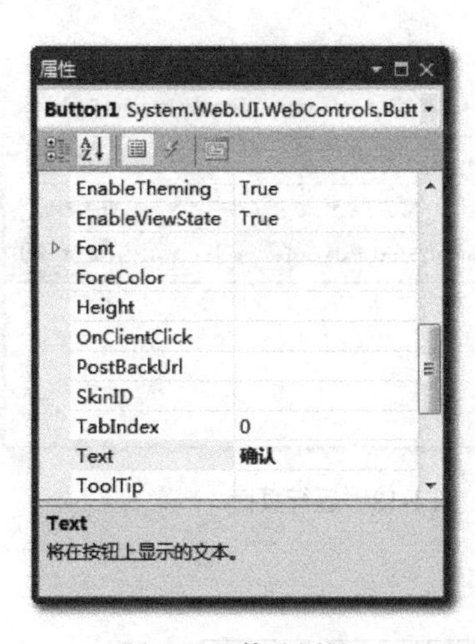

图 1-13　修改属性

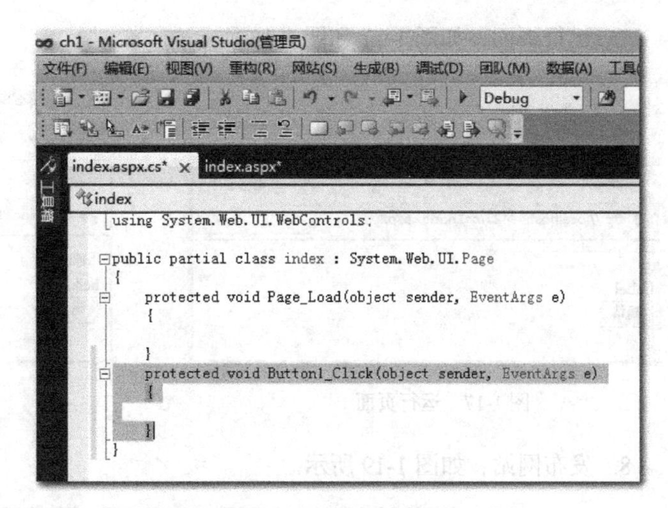

图 1-14　打开代码窗口

5. 在 Button1_Click 事件中添加代码，如图 1-15 所示。

```
using System.Web.UI.WebControls;

public partial class index : System.Web.UI.Page
{
    protected void Page_Load(object sender, EventArgs e)
    {

    }
    protected void Button1_Click(object sender, EventArgs e)
    {
        Label1.Text = TextBox1.Text;
    }
}
```

图 1-15　编写代码

6. 启动调试，如图 1-16 所示。

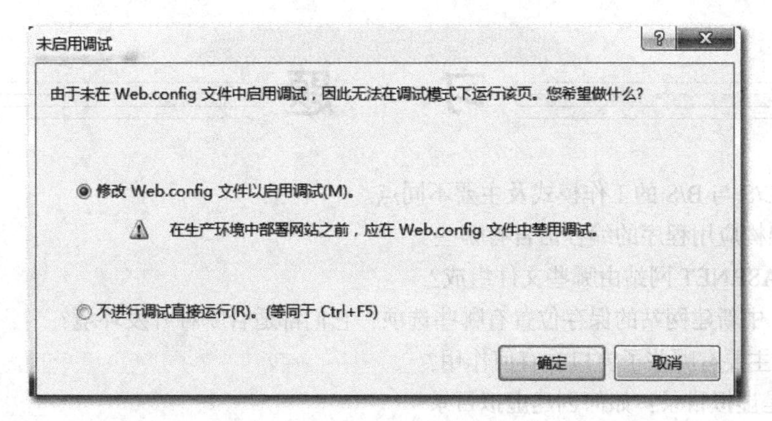

图 1-16　调试运行

7. 运行页面，如图 1-17 和图 1-18 所示。

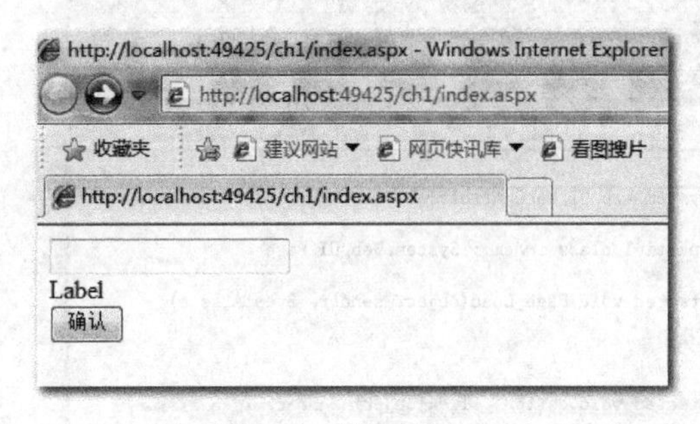

图 1-17　运行页面

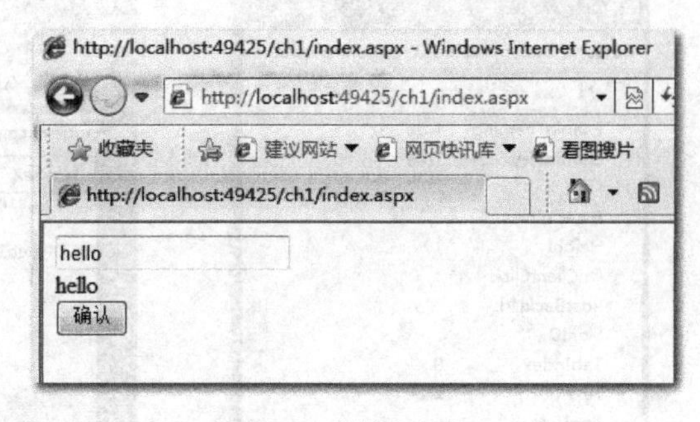

图 1-18　运行页面

8. 发布网站，如图 1-19 所示。

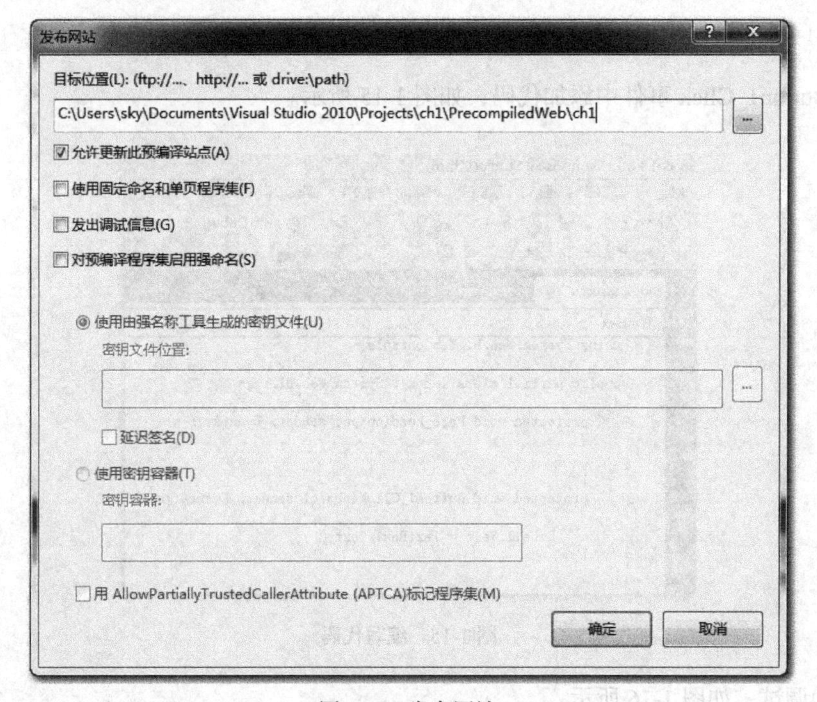

图 1-19　发布网站

习　题

1. 简述 C/S 与 B/S 的工作模式及主要不同点。
2. B/S 架构应用程序的编程语言有哪些？
3. 一个 ASP.NET 网站由哪些文件组成？
4. 在 VS 中新建网站的保存位置有哪些选项？它们都适合哪种开发环境？
5. VS 中主要有哪些子窗口？有何作用？
6. 什么是虚拟目录？如何创建虚拟目录？
7. 在 VS 中新建一个网站一般需要经过哪些步骤？

第2章 XHTML与CSS

2.1 XHTML与CSS

HTML是超文本标记语言，该语言主要提供标记对的形式，使用这些标记可以进行静态网页的设计，很多动态网页技术就是在HTML文档里面嵌入脚本或代码，如ASP技术就是把javaScript或者vbscript嵌入到HTML文档中。

XHTML是为了适应XML（可扩展标记语言）的需要而重新改造的HTML，它在语法上比HTML更加严格，主要表现在以下几个方面：

（1）XHTML标记名必须小写；

（2）XHTML标记的属性名必须小写；

（3）XHTML标记名必须严格嵌套；

（4）XHTML标记名必须封闭，即使是单标记；

（5）XHTML标记名标记的属性值必须使用完整形式。

2.2 XHTML标记

1. 标题文字标记

标题文字标记用来设置页面中文本的标题，而<title>…</title>标记用来定义网页的标题。在页面中，标题是一段文字内容的核心，所以总是用加强的效果来表示，该标记正好可以实现这种效果。该标记一共有六种，标题文字标记的格式为：

```
<h1 align=对齐方式>标题文字 </h1>
<h2 align=对齐方式>标题文字 </h2>
……
<h6 align=对齐方式>标题文字 </h6>
```

说明

（1）<h1>标记对应标题文字最大，<h6>标记对应标题文字最小。

（2）属性align用来设置标题在页面中的对齐方式，取值有left（左对齐）、center（居中）或right（右对齐）。

（3）在一个标题行中字体大小相同，而且默认加粗。

例 2-1：

```
<html>
  <head>
    <title> 设置标题 </title>
  </head>
  <body>
    <h1>第 1 级标题（h(1)</h1>
    <h2>第 2 级标题（h(2)</h2>
    <h3>第 3 级标题（h(3)</h3>
    <h4 align= "left">第 4 级标题（h4）（居左）</h4>
    <h5 align="center">第 5 级标题（h5）（居中）</h5>
    <h6 align="right">第 6 级标题（h6）（居右）</h6>
  </body>
</html>
```

页面运行如图 2-1 所示。

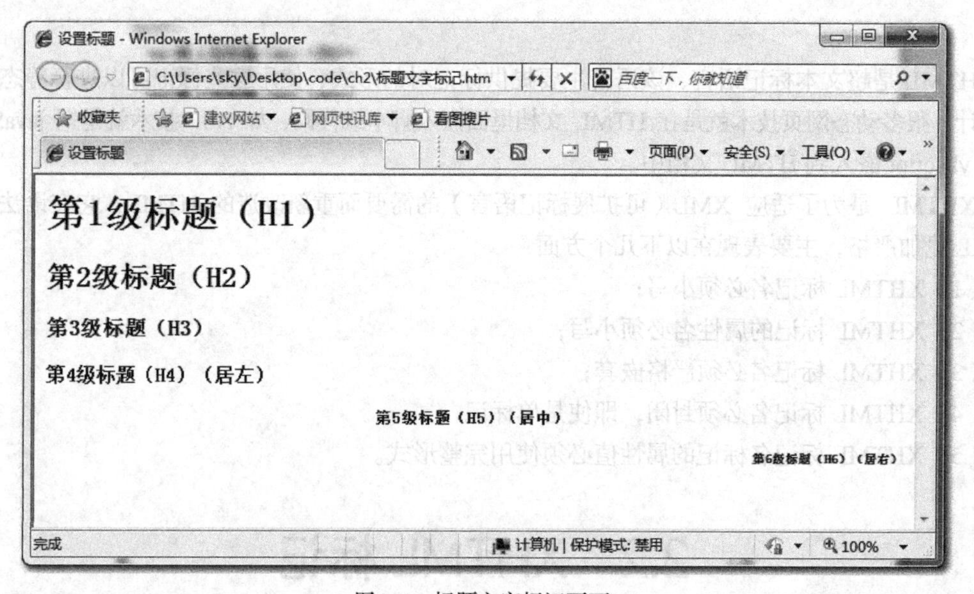

图 2-1　标题文字标记页面

2. 字型标记

字型就是文字的风格，如加粗、斜体、带下划线、上标、下标等。常用的字型标记如表 2-1 所示。

表 2-1　　字型标记

标 记 格 式	说　明
<b>受影响的文字</b>	加粗
<i>受影响的文字</i>	斜体
<u>受影响的文字</u>	带下划线
<strike>受影响的文字</strike>	带删除线
受影响的_{文字}	下标
受影响的^{文字}	上标

例 2-2：

```
<html>
  <head> <title> 设置字型 </title> </head>
<body>
    <b>黑体</b>
    <i>斜体</i>
    <u>带下划线</u>
    <sub>下标</sub>
<sup>上标</sup>
<strike>带删除线</strike>
  </body>
</html>
```

页面运行如图 2-2 所示。

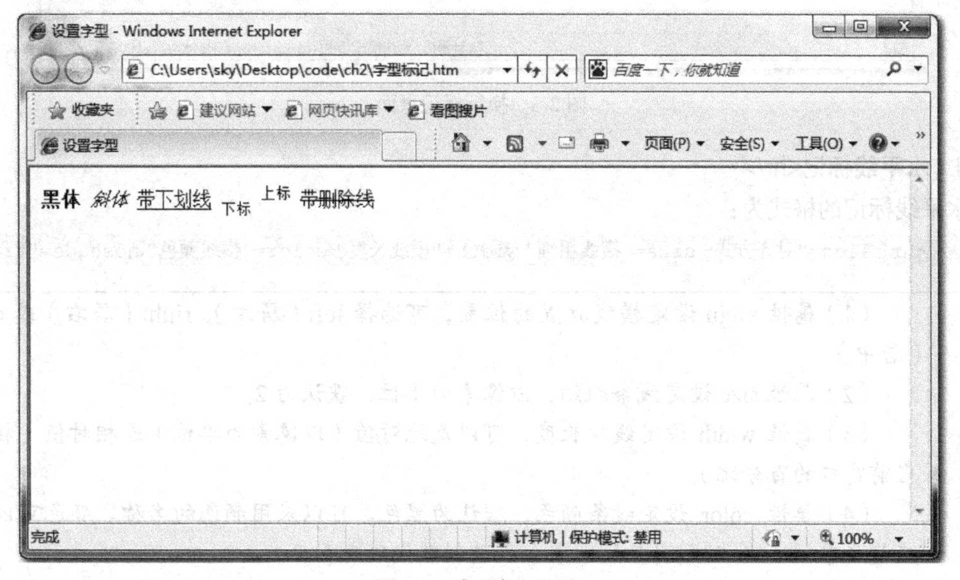

图 2-2 字型标记页面

3. 换行标记

通过上面的例子，我们会发现页面中显示的文本并没有换行，虽然代码中换行了。如果要实现换行的效果必须使用换行标记
，如我们将上例中的代码改为：

```
<html>
  <head> <title> 设置字型 </title> </head>
<body>
    <b>黑体</b> <br/>
    <i>斜体</i> <br/>
    <u>带下划线</u> <br/>
    <sub>下标</sub>
<sup>上标</sup>
<strike>带删除线</strike>
  </body>
</html>
```

页面运行如图 2-3 所示。

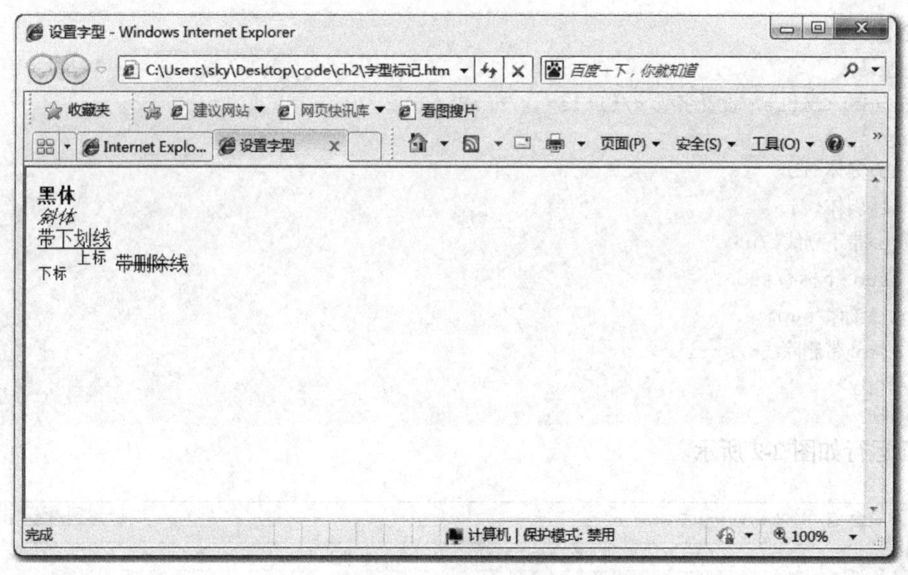

图 2-3　换行标记页面

4. 水平线标记<hr/>

水平线标记的格式为：

```
<hr align="对齐方式" size="横线粗细" width="横线长度" color="横线颜色" noshade="true"/>
```

（1）属性 align 设定横线放置的位置，可选择 left（居左）、right（居右）或 center（居中）。

（2）属性 size 设定线条粗细，以像素为单位，默认为 2。

（3）属性 width 设定线段长度，可以是绝对值（以像素为单位）或相对值（相对于当前窗口的百分比）。

（4）属性 color 设定线条颜色，默认为黑色。可以采用颜色的名称。颜色可以用相应英文单词或以“#”引导的一个十六进制数代码来表示。

（5）属性 noshade 设定线条为平面显示（没有三维效果），若缺省则有阴影或立体效果。

例 2-3：

```
<html>
  <head> <title> 水平线标记的应用 </title> </head>
  <body>
    <center><h3>水平线</h3></center>
    <hr/>
    <hr align="left" size="6" width="320"/>
    <hr align="center" size="8" width="60%" color="blue"/>
    <hr align="right" size="8" width="360" color="red"/>
    <hr size="4" width="80%" color="#cd061f"/>
    <hr size="5" noshade="true"/>
    <hr width="70%" noshade="true"/>
  </body>
</html>
```

页面运行结果如图 2-4 所示。

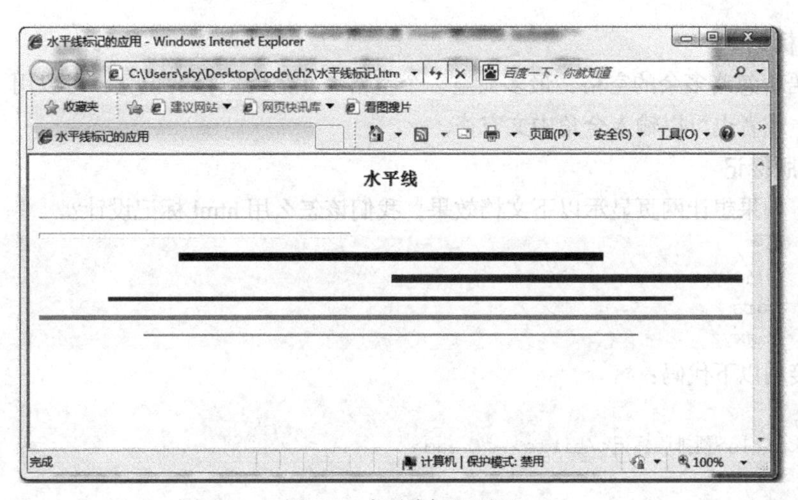

图2-4　水平线标记页面

5. 段落标记

段落标记<p/>用于开始一个新段落，它可以使后面的文字换到下一行，还可以使两段之间多一空行。该标记既可以看成是单标记也可以看成是成对标记。

段落标记<p/>具有属性align，可以设置段落的对齐方式，其取值可以为left、center或right，分别表示居左、居中、居右。缺省时默认为left。

一个段落标记<p>可以看作是两个强制换行标记

。

例2-4：

```
<html>
<head> <title>换行标记与段落标记 </title> </head>
<body>
abc<p/>def
<hr/>
abc<br/><br/>
def
</body>
</html>
```

页面运行结果如图2-5所示。

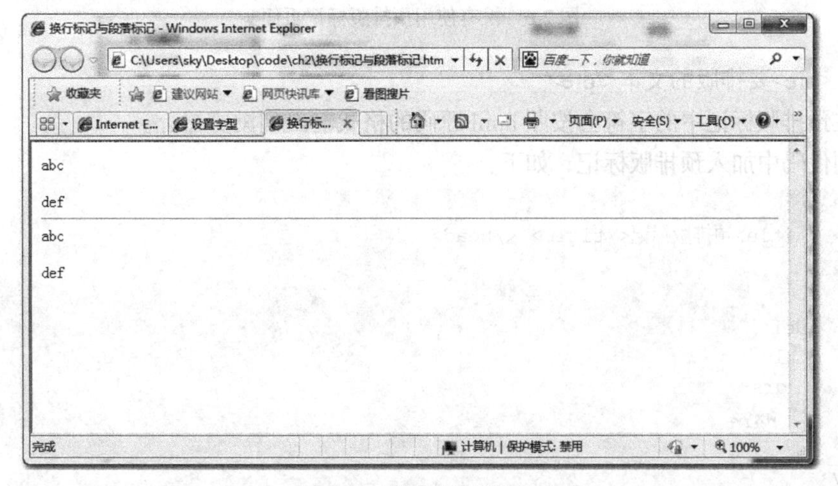

图2-5　段落标记页面

6. 空格标记

HTML 语言忽略多余的空格，最多只空一个空格。在需要空格的位置，可以用“ ”插入一个空格，或者也可以输入全角中文空格。

7. 预排版标记

想一想，如果想让网页显示以下文档效果，我们该怎么用 html 标记设计？

```
abc      def
 hij      klm
  nop      qrs
   tuv      wxyz
```

如果直接用以下代码：

```
<html>
<head> <title>预排版标记</title> </head>
<body>
abc      def
 hij      klm
  nop      qrs
   tuv      wxyz
</body>
</html>
```

显示页面，如图 2-6 所示。

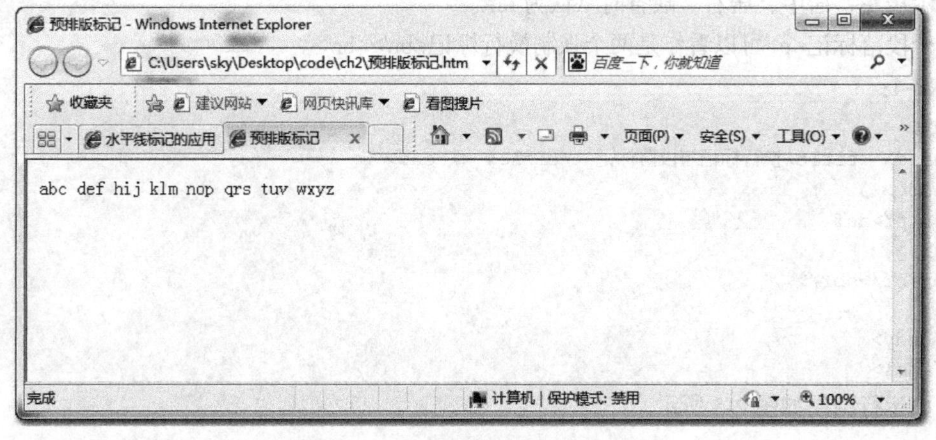

图 2-6　没有使用预排版标记页面

格式：<pre>要排版的文本</pre>

包含在预排版标记中的字符会按照 html 原码的格式输出到浏览器上。

在上例代码中加入预排版标记，如下：

```
<html>
<head> <title>预排版标记</title> </head>
<body>
<pre>
abc      def
 hij      klm
  nop      qrs
   tuv      wxyz
</pre>
</body>
</html>
```

页面运行结果如图 2-7 所示。

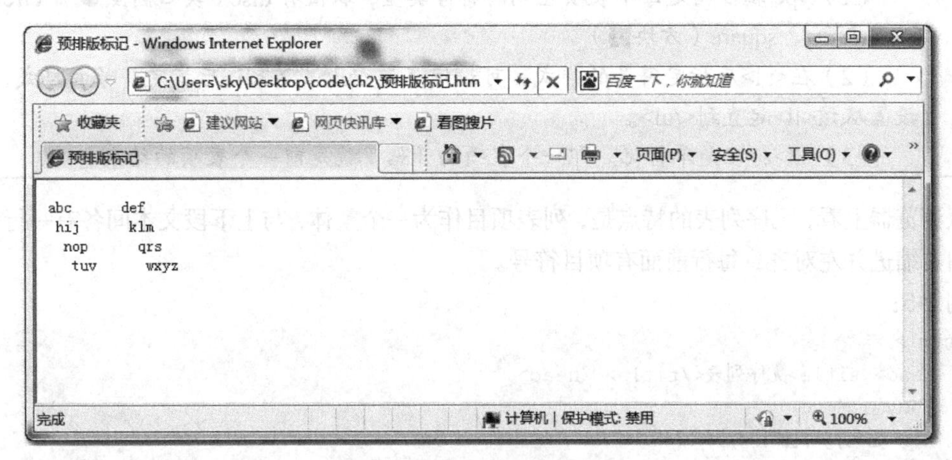

图 2-7　使用预排版标记页面

8. 超链接标记

```
<a href="地址" target="打开窗口方式"> 热点 </a>
```

（1）href 的值为一个 url 地址。可以写相对地址也可以写绝对地址。

（2）target 设定链接被单击后要显示的窗口。常用值：_blank（或 new），_self（默认）。

9. 书签链接

如果要在当前页面内实现超链接，需要定义两个标记：一个为超链接标记，另一个为书签标记。

格式：

```
<a href="#记号名"> 热点 </a>
<a name="记号名"> 目标文本附近的字符串 </a>
```

单击热点文本，将跳转到“记号名”开始的文本。

10. 图片标记

使用图片标记，可以把一幅图片加入到网页中。用图片标记还可以设置图片的替代文本、尺寸、布局等属性。格式为：

```
<img src="图片路径" alt="说明" width="x" height="y" border="n" align="对齐方式"/>
```

11. 用图片作为超链接

图片也可作为热点，单击图片则跳转到被链接的文本或其他文件。格式为：

```
<a href="地址"><img src="图片路径"></a>
```

12. 无序列表标记

无序列表中每一个表项的前面是项目符号（如●、■等）。建立无序列表使用<ul>标记和<li>表项标记。格式为：

```
<ul type="符号类型">
        <li type="符号类型 1"/> 第一个列表项
        <li type="符号类型 2"/> 第二个列表项
          …
 </ul>
```

（1）type 属性指定每个表项左端的符号类型，取值有 disc（实心圆点●）、circle（空心圆点○）、square（方块■）。

（2）在<ul>后指定符号的样式，可设定直到</ul>；在<li>后指定符号的样式，可以设置从该<li>起直到</ul>。

（3）<li>标记是单标记。即一个表项的开始，就是前一个表项的结束。

从浏览器上看，无序列表的特点是，列表项目作为一个整体，与上下段文本间各有一行空白；表项向右缩进并左对齐，每行前面有项目符号。

例 2-5：

```
<html>
  <head><title>无序列表</title></head>
  <body>
    <p><b>计算机课程</b></p>
    <ul>程序设计
      <li type="circle"/>C 语言程序设计
      <li type="square"/>JAVA 程序设计
      <li type="disc"/>C++程序设计
      <li/>C#程序设计
    </ul>
    <UL type="circle">专业课程
      <li/>数据结构
      <li/>离散数学
      <li/>数据库
      <li/>计算机网络
      <li type="square">ASP.NET
    </ul>
  </body>
</html>
```

页面运行结果如图 2-8 所示。

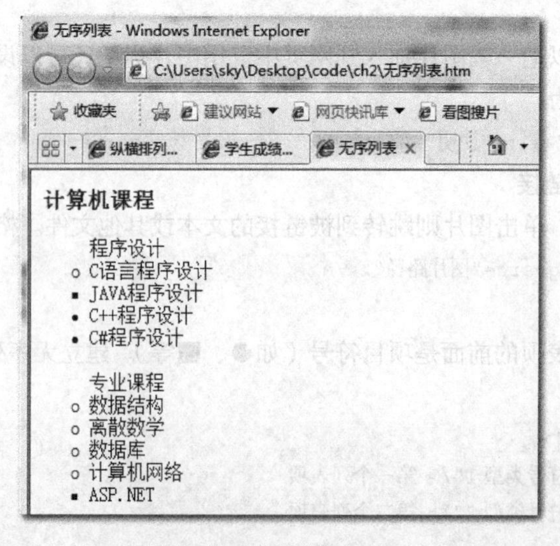

图 2-8 无序列表标记页面

13. 有序列表标记

通过带序号的列表可以更清楚地表达信息的顺序。使用<ol>标记可以建立有序列表，表项的标记仍为<li>。格式为：

```
<ol type="符号类型">
  <li type="符号类型 1"/> 表项 1
  <li type="符号类型 2"/> 表项 2
    …
</ol>
```

（1）属性 type 指定符号的类型如表 2-2 所示。

表 2-2 有序列表标记

取　值	符号说明	示　例
1	数字（缺省）	1、2、3
A	大写英文字母	A、B、C
A	小写英文字母	a、b、c
I	大写罗马字母	Ⅰ、Ⅱ、Ⅲ
I	小写罗马字母	ⅰ、ⅱ、ⅲ

（2）在<ol>后指定符号的样式，可设定到</ol>表项指定新的符号。

（3）在浏览器中显示时，有序列表整个表项与上下段文本之间各有一行空白；列表项目向右缩进并左对齐；各表项前带顺序号。

例 2-6：

```
<html>
  <head><title>有序列表</title></head>
  <body>
    <p><b>计算机课程</b></p>
    <ol>程序设计
      <li/>C 语言程序设计
      <li/>JAVA 程序设计
      <li/>C++程序设计
      <li/>C#程序设计
    </ol>
    <ol type="a">专业课程
      <li/>数据结构
      <li/>离散数学
      <li/>数据库
      <li/>计算机网络
      <li/>ASP.NET
    </ol>
  </body>
</html>
```

页面运行结果如图 2-9 所示。

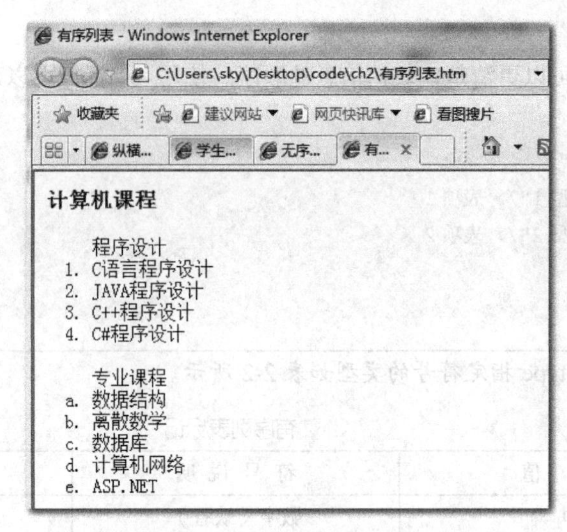

图 2-9 有序列表标记页面

14. 表格标记

格式：

```
<table>
 <caption>表名</caption>
 <tr>
   <th>…</th>
   <th>…</th>
 </tr>
 <tr>
   <td>…</td>
   <td>…</td>
 </tr>
 <tr>
   <td>…</td>
   <td>…</td>
 </tr>
</table>
```

（1）<tr>…</tr>表格行标记,用来指明表格中一行的开始和结束。

（2）<th>…</th>字段名标记,在一行中标识行名。

（3）<td>…</td>数据标记,表格内的数据。

例 2-7：

```
<html>
  <head><title>学生成绩统计表</title></head>
  <body>
    <table align="center" border="3" width="480" height="140">
      <tr>
       <th>学号</th>
       <th>姓  名</th>
       <th>英语</th>
       <th>高等数学</th>
       <th>平均分数</th>
```

```
  </tr>
  <tr>
   <td>0001</td>
   <td>张三</td>
   <td>92</td>
   <td>98.5</td>
   <td>95.3</td>
  </tr>
  <tr>
   <td>0002</td>
   <td>李四</td>
   <td>88</td>
   <td>82</td>
   <td>85</td>
  </tr>
  <tr>
   <td>0006</td>
   <td>王五</td>
   <td>68.5</td>
   <td>90</td>
   <td>79.3</td>
  </tr>
</table>  <BR>
<table align="right">
  <tr>
   <th>学号</th>
   <th>姓　名</th>
   <th>英语</th>
   <th>高等数学</th>
   <th>平均分数</th>
  </tr>
  <tr>
   <td>0001</td>
   <td>张三</td>
   <td>92</td>
   <td>98.5</td>
   <td>95.3</td>
  </tr>
  <tr>
   <td>0002</td>
   <td>李四</td>
   <td>88</td>
   <td>82</td>
   <td>85</td>
  </tr>
  <tr>
   <td>0006</td>
   <td>王五</td>
   <td>68.5</td>
   <td>90</td>
   <td>79.3</td>
  </tr>
</table>  <br/>
```

```
  </body>
</html>
```

页面运行结果如图 2-10 所示。

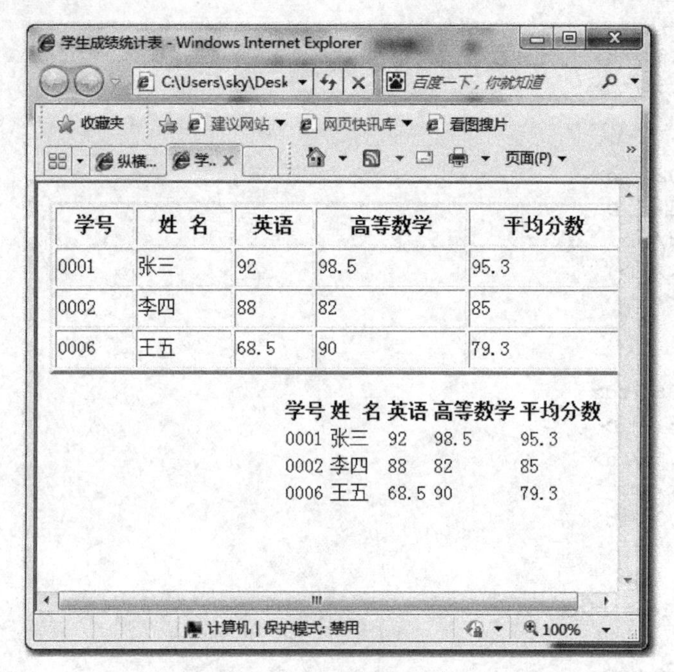

学号	姓 名	英语	高等数学	平均分数
0001	张三	92	98.5	95.3
0002	李四	88	82	85
0006	王五	68.5	90	79.3

学号	姓 名	英语	高等数学	平均分数
0001	张三	92	98.5	95.3
0002	李四	88	82	85
0006	王五	68.5	90	79.3

图 2-10　表格标记页面

15. 框架标记

框架标记有两个：框架组标记<frameset>…</frameset>和框架标记<frame/>。<frameset>用以划分框架，标记具有属性指明划分方式，rows 表示按水平方向划分，cols 表示按垂直方向划分，属性值是划分比例，而每一个框架由一个<frame>标记标示，<frame>标记用来声明其中框架页面的内容，并且必须在<frameset>范围中使用。

格式：

```
<frameset rows=x1|cols=x2 >
  <frame  src="url"/>
  <frame  src="url"/>
   …
</frameset>
```

例 2-8：

```
<html>
  <head><title>纵横排列多个窗口</title></head>
    <frameset cols="20%,*">
    <frame src="1.htm">
    <frameset rows="40%,*">
      <frame src="2.htm">
      <frame src="3.htm">
    </frameset>
  </frameset>
</html>
```

页面运行结果如图 2-11 所示。

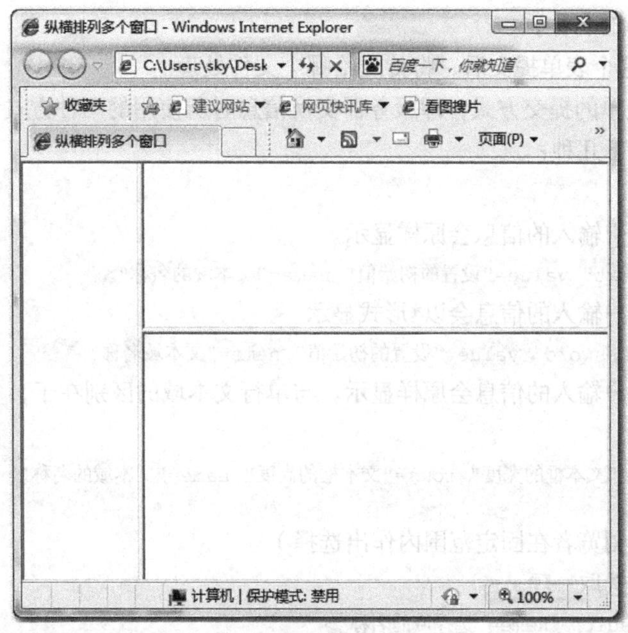

图 2-11　框架标记页面

16. 自动刷新标记

自动刷新就是页面停留几秒钟后自动跳转到一个网页，可以是原网页，也可以是新的网页。其格式为：

```
<meta http-equiv="refresh" content="秒数; url=新页面"/>
```

（1）<meta>标记必须放置在<head>...</head>中。

（2）http-equiv 属性值设置为“refresh”时，要求显示 url 制定的文件。

（3）content 属性包含两个值：秒数和 url，它们之间用“;”分隔。该链接将在指定的时间后被打开。

17. 表单标记（<form>…</form>）

表单标记与动态网站设计是分不开的。

表单的功能是可以从客户端浏览器收集信息，并将所收集的信息指定一个处理的方法（asp、jsp、php）。

表单信息的处理过程：当单击表单中的提交按钮时，表单中的信息就会上传到服务器中，然后由服务器端的应用程序进行处理，处理后将用户提交的信息存储在服务器端的数据库中，或者将有关信息返回到客户端浏览器。

表单作为实现用户进行信息交流的主要方式，可以细分成以下两块：

（1）form 标记（表单）：用于指明处理数据的方法；

（2）表单域：提供收集用户信息的方式，如产生文本框还是选择框。

语法格式：

```
<form name="名字" action="文件" method="方式" >
插入相应的表单域标记
</form>
```

参数说明：

name，给出表单的名称。

action，说明当这个表单提交后，将传送给哪个文件处理。

Method，指定表单的提交方式，即服务器交换信息时所使用的两种方式 post 和 get。

常见表单域有如下几种：

（1）文本域

单行文本域：用户输入的信息会原样显示。

```
<input type="text" value="设置的初始值" name="文本域的名称">
```

密码文本域：用户输入的信息会以*形式显示。

```
<input type="password" value="设置的初始值" name="文本域名称">
```

多行文本域：用户输入的信息会原样显示。与单行文本域的区别在于，多行文本域可以指定文本框的宽度和高度。

```
<textarea cols="文本框的宽度" rows="文本框的高度" name="文本域的名称">
</textarea>
```

（2）选择域（让浏览者在固定范围内作出选择）。

单选域：只允许选取一项。

```
<input type="radio"  name="选择域的名称">
```

复选域：可多项选取。

```
<input type="checkbox"  name="选择域的名称">
```

注意

可以使用 checked 属性，表示默认选中。对于单选按钮同一组 name 值相同。

（3）按钮域（让浏览者对所有输入的内容采取的一个响应动作，如提交给服务器处理，还是将输入的内容清除后重填。）

```
提交按钮
<input type="submit" value="确定"  name="按钮域的名称">
重置按钮
<input type="reset" value="重置"  name="按钮域的名称">
```

（4）菜单域。

```
下拉菜单
<select name="菜单名称">
<option>菜单中第一个值</option>
<option>菜单中第二个值</option>
…
</select>
```

滚动菜单：提供一个带有滚动条的菜单。

```
<select name="菜单名称"  size="确定显示选择项个数">
<option>菜单中第一个值</option>
<option>菜单中第二个值</option>
…
</select>
```

例 2-9：

```
<html>
 <head><title>表单标记</title>
</head>
```

```
<body>
 <p/>欢迎进入本系统登入界面，请填写以下信息<br>
 <form name="fm" method=post action=2.asp>
 <p/>用户名：<input type="text" value="" name="user"><br>
 <p/>密　码：<input type="password" value="" name="us"><br>
 <p/>性别：
 <input type="radio" name="r1">男
 <input type="radio" name="r1">女<br>
 <p/>籍贯：
 <select>
 <option>上海</option>
 <option>安徽</option>
 <option>辽宁</option>
 </select>
 <p/>爱好
 <input type="checkbox" name="c1">看书
 <input type="checkbox" name="c1">足球
 <input type="checkbox" name="c1">音乐
 <input type="checkbox" name="c1">上网
 <p/>
 <input type="submit" value="确定" name="sm">
 <input type="reset" value="重置" name="rs">
 </form>
</body>
</html>
```

页面运行结果如图 2-12 所示。

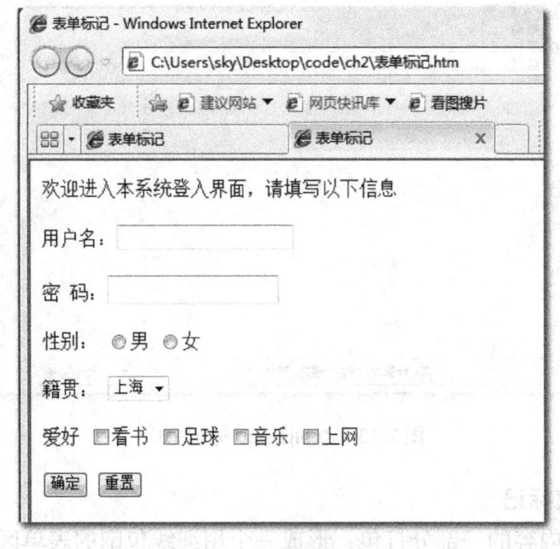

图 2-12　表单标记页面

18. <optgroup>

<optgroup>标签定义选项组。当使用一个长的选项列表时，对相关的选项进行组合会使处理过程更加容易。

```
<optgroup label="">
```

label 属性为选项组规定描述。

例 2-10：

```
<html>
<head>
</head>
<body>
<select>
<optgroup label="安徽">
<option>合肥</option>
<option>巢湖</option>
</optgroup>
<optgroup label="江苏">
<option>南京</option>
<option>苏州</option>
</optgroup>
</select>
</body>
</html>
```

页面运行结果如图 2-13 所示。

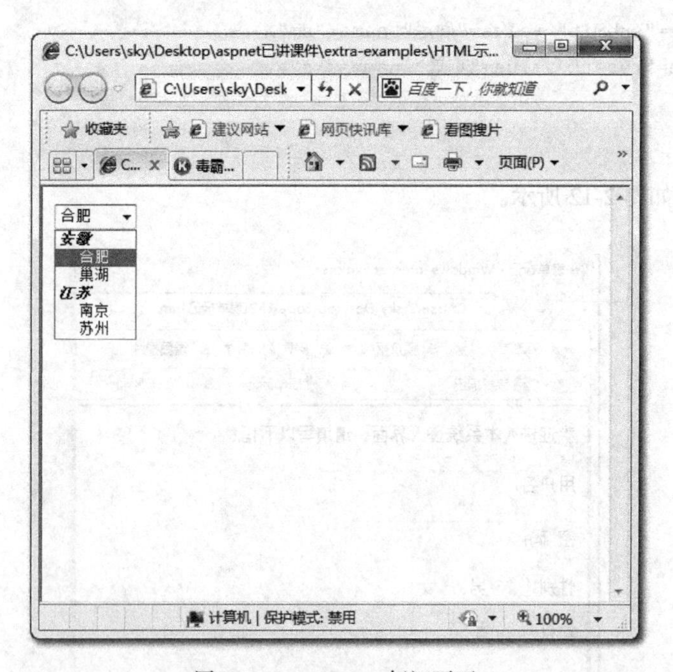

图 2-13　<optgroup>标记页面

19. fieldset 控件集标记

fieldset 标记将表单内容的一部分打包，形成一个用细线包围的表单区域。

legend 用来定义表单区域的标题。

例 2-11：

```
<html>
 <head><title>fieldset 标记</title>
</head>
```

```
  <body>
   <p>欢迎进入本系统登录界面，请填写以下信息<br>
   <form name="fm" method="post" action="2.asp"><fieldset>
 <legend>必填项</legend>
   <p>用户名：<input type="text" value="" name="user"><br>
   <p>密　码：<input type="password" value="" name="us"><br></fieldset>
   <p>性别：
   <input type="radio" name="r1">男
   <input type="radio" name="r1">女<br><fieldset>
 <legend>可选项</legend>
   <p>籍贯：
   <select>
   <option>上海</option>
   <option>安徽</option>
   <option>辽宁</option>
   </select>
   <p>爱好
   <input type="checkbox" name="c1">看书
   <input type="checkbox" name="c1">足球
   <input type="checkbox" name="c1">音乐
   <input type="checkbox" name="c1">上网
   <p></fieldset>
   <input type="submit" value="确定" name="sm">
   <input type="reset" value="重置" name="rs">
   </form>
  </body>
 </html>
```

页面运行结果如图 2-14 所示。

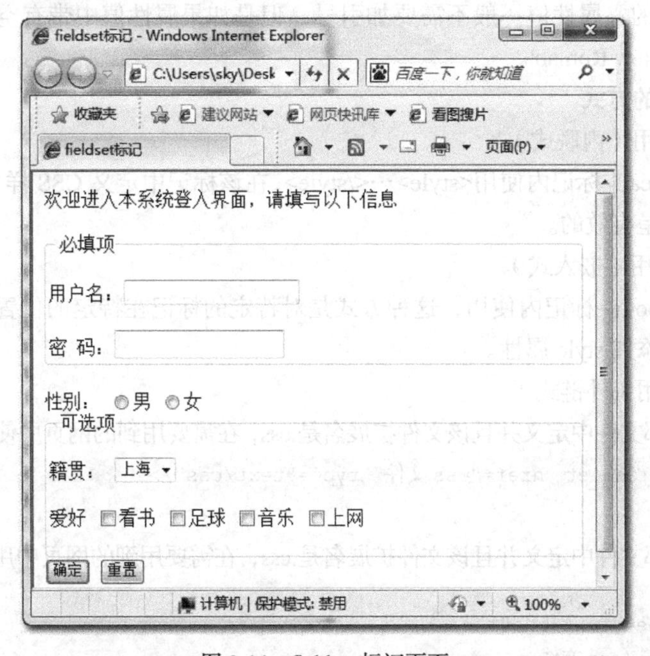

图 2-14　fieldset 标记页面

2.3 CSS

1. CSS 概述

CSS（Cascading Style Sheet），称为层叠样式表（级联样式表），或样式表。由于 XHTML 作为一种标记语言，它的功能是有限的。而 CSS 是一种用来装饰 XHTML 的标记集合，它可以作为 XHTML 这种标记的扩展，从而可以进一步美化页面。

样式可以解决内容与表现分离的问题，使得创建的文档内容清晰地独立于文档表现层，所以样式表极大地提高了工作效率，而且目前所有的主流浏览器均支持层叠样式表。

CSS 语法格式：

```
选择符{属性 1：值；属性 2：值…}
```

选择符通常是您需要改变样式的 XHTML 标记。

属性（property）是所设置的样式属性（style attribute），该属性是 CSS 通用的属性，不是标记的属性。每个属性有一个值。属性和值被冒号分开。

如：

```
h1 {color: #ff0000; font-size:15px;}
```

或者也可以写成：

```
h1
{
color:red;
font-size:14px;
font-family:宋体;
}
```

此处的 h1 是选择符，color 和 font-size 是属性，#ff0000 和 15px 分别是其属性值，多个属性之间是用分号隔开的，属性值一般不需要加引号，但是如果属性值中带有空格则需加引号，如 font-family: 'Times New Roman'。

2. 加载 CSS 的方式

（1）head 内引用（内联式）。

在<head>…</head>标记内使用<style>…</style>，在该标记中定义 CSS 样式。这种定义的 CSS 样式对整个页面都是有效的。

（2）body 内引用（嵌入式）。

在<body>…</body>标记内使用，这种方式是对特定的标记在特定的位置定义专门的样式。格式是在标记后面添加 style 属性。

（3）文件外引用（外链式）。

CSS 单独在外部文件中定义并且该文件扩展名是.css，在需要用到的网页中使用<link/>标记引入。

```
<link rel=stylesheet  href="css 文件" type="text/css"/>
```

（4）导入式。

CSS 单独在外部文件中定义并且该文件扩展名是.css，在需要用到的网页中用@import 语句引入。

```
<head>
   <style type="text/css">
   @import url(css 文件);
```

```
    </style>
  </head>
```

3. 在 Visual Stdio 中使用 CSS

例 2-12：元素定义样式，并在页面中引用样式。

（1）在解决方案资源管理器中添加新项，选择“样式表”，如图 2-15 所示。

图 2-15　添加“样式表”

（2）在解决方案资源管理器中会出现刚才新建的 CSS 文件，如图 2-16 所示。

（3）打开该文件，在空白处单击鼠标右键，如图 2-17 所示。

图 2-16　解决方案资源管理器

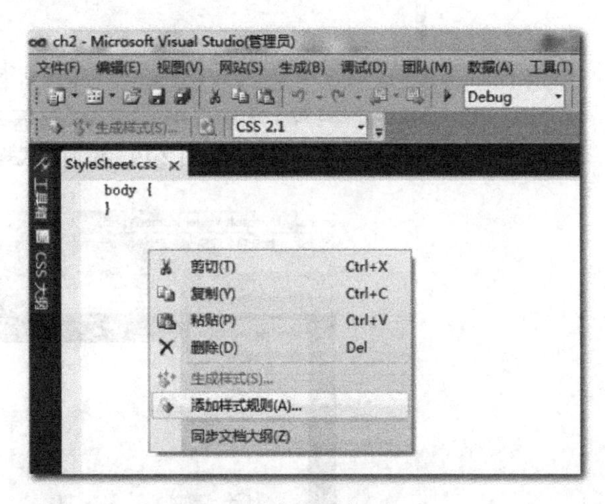

图 2-17　添加样式规则

（4）选择“添加样式规则”，打开“添加样式规则”对话框，如图 2-18 所示。

（5）选择元素 h1，如图 2-19 所示。

（6）光标定位在 h1 的花括号中，单击鼠标右键，如图 2-20 所示。

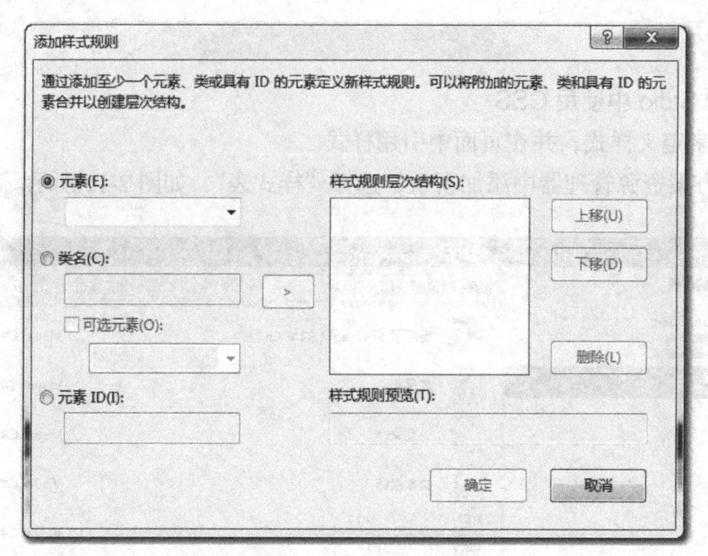

图 2-18　添加样式规则

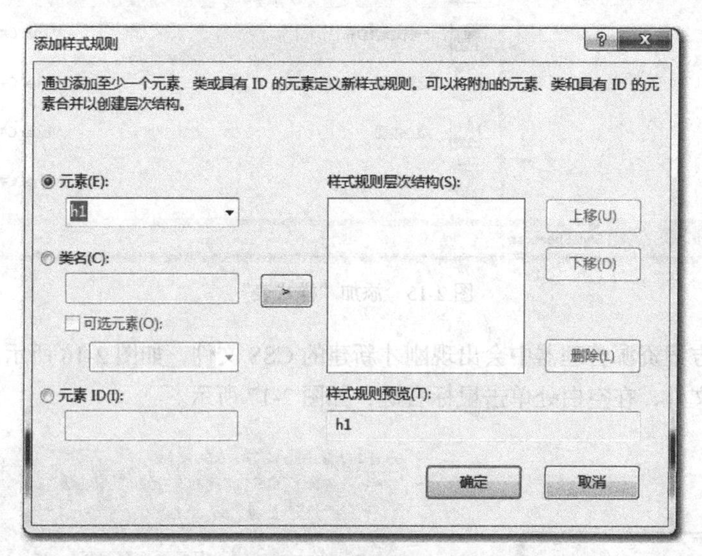

图 2-19　添加样式规则

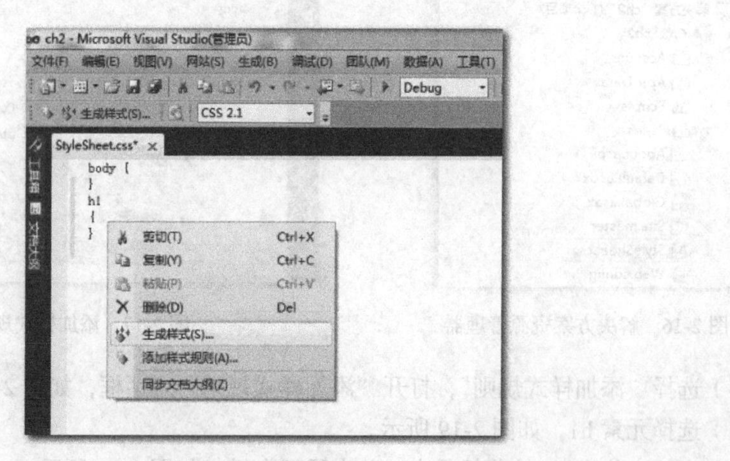

图 2-20　生成样式

（7）单击“生成样式”，打开对话框，如图 2-21 所示。

（8）选择属性后，自动生成代码如图 2-22 所示。

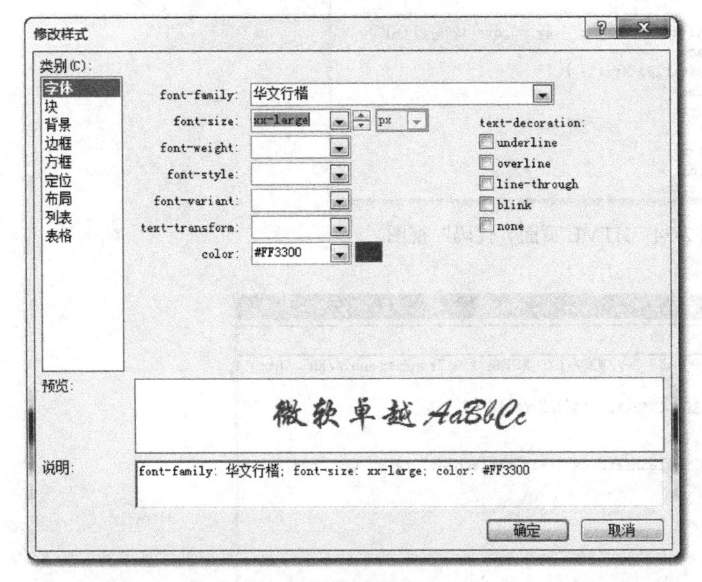

图 2-21　修改样式

图 2-22　生成样式代码

（9）新建 HTML 页面，如图 2-23 所示。

图 2-23　新建 HTML 页面

（10）打开其代码视图，如图 2-24 所示。

（11）在解决方案资源管理器中，将 css 文件拖曳到<head>与</head>之间，自动生成<link>标记，如图 2-25 所示。

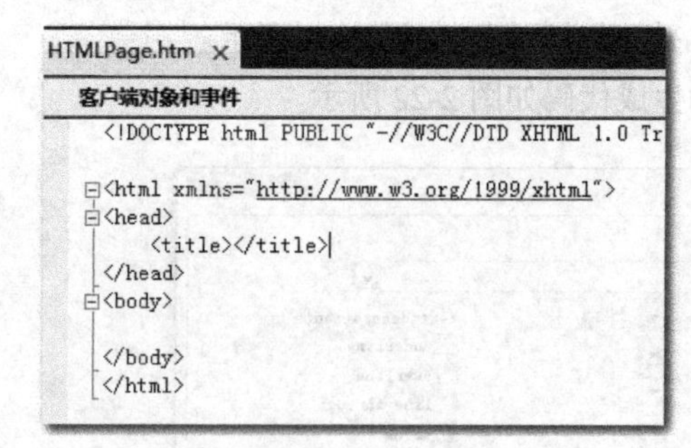

图 2-24　HTML 页面“代码”视图

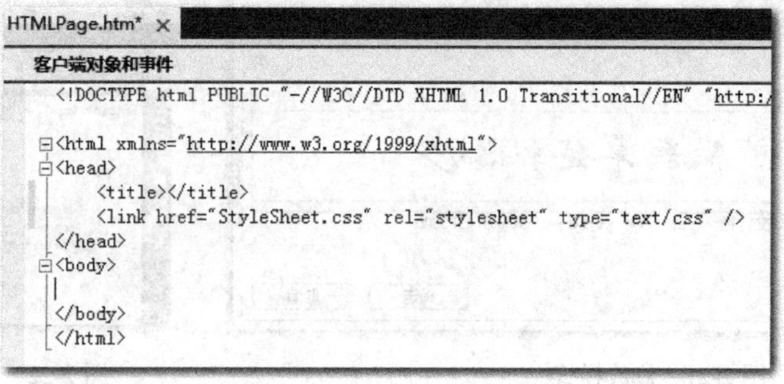

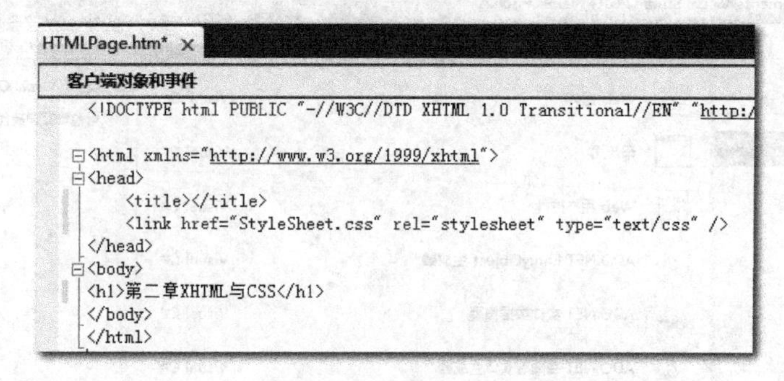

图 2-25　添加 link 标记

（12）在 HTML 页面中添加<h1>标记，如图 2-26 所示。

```
HTMLPage.htm*
客户端对象和事件
<!DOCTYPE html PUBLIC "-//W3C//DTD XHTML 1.0 Transitional//EN" "http:/

<html xmlns="http://www.w3.org/1999/xhtml">
<head>
    <title></title>
    <link href="StyleSheet.css" rel="stylesheet" type="text/css" />
</head>
<body>
<h1>第二章XHTML与CSS</h1>
</body>
</html>
```

图 2-26　添加 h1 标记

（13）页面运行如图 2-27 所示。

图 2-27　运行页面

例 2-13：同一元素定义多种样式，并在页面中引用样式。

（1）新建 MyCss.css 文件，如图 2-28 所示。

图 2-28　添加 CSS 文件

（2）打开 MyCss.css，打开添加样式规则窗口，输入类名“first”，如图 2-29 所示。
（3）单击“确定”按钮，如图 2-30 所示。

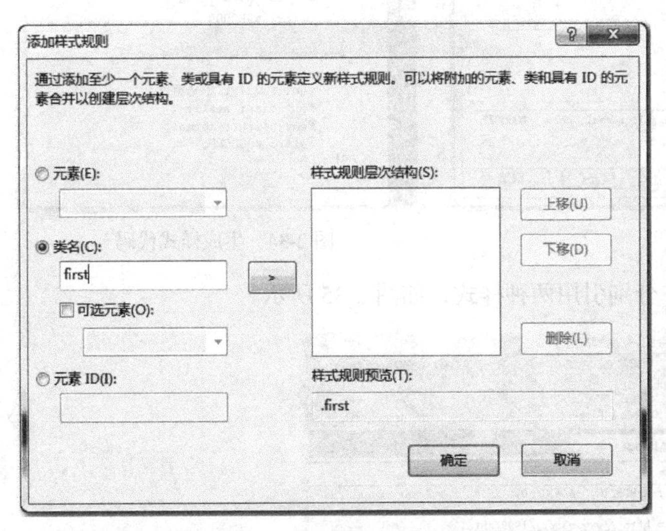

图 2-29　添加样式规则-类名

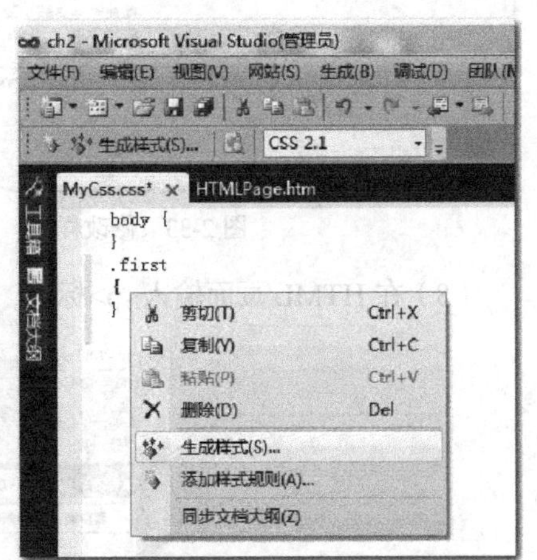

图 2-30　生成样式

（4）选择“生成样式”命令，如图 2-31 所示。
（5）打开“添加样式规则”对话框，如图 2-32 所示。
（6）输入元素 ID：second，如图 2-33 所示。

图 2-31 生成样式代码

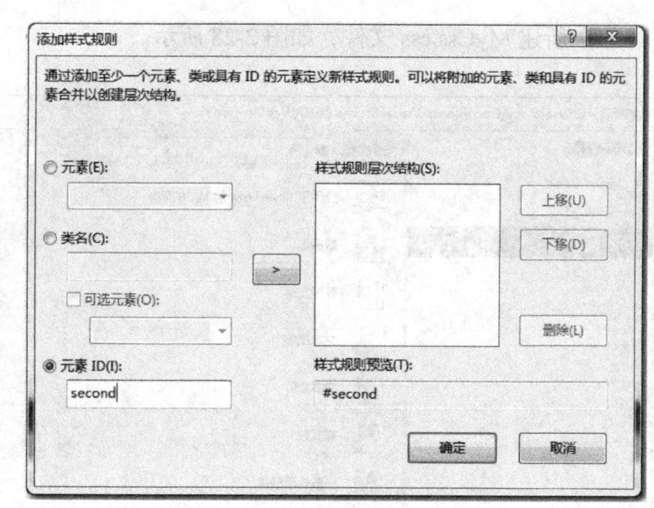

图 2-32 添加样式规则-元素 ID

（7）设置属性后，如图 2-34 所示。

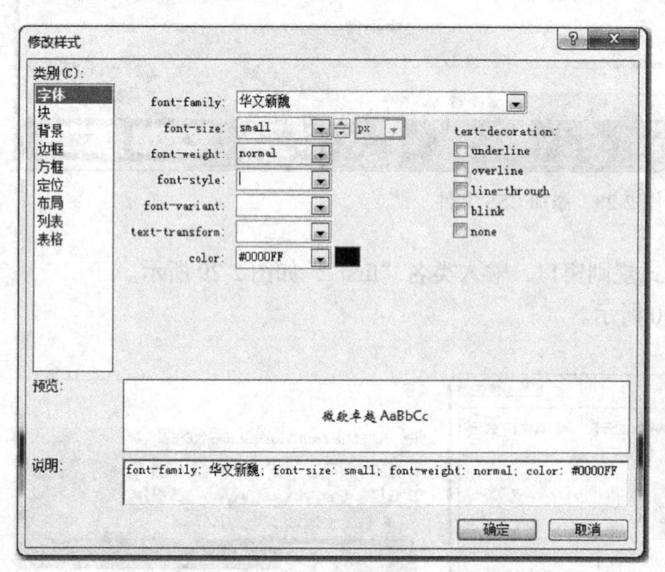

图 2-33 修改样式

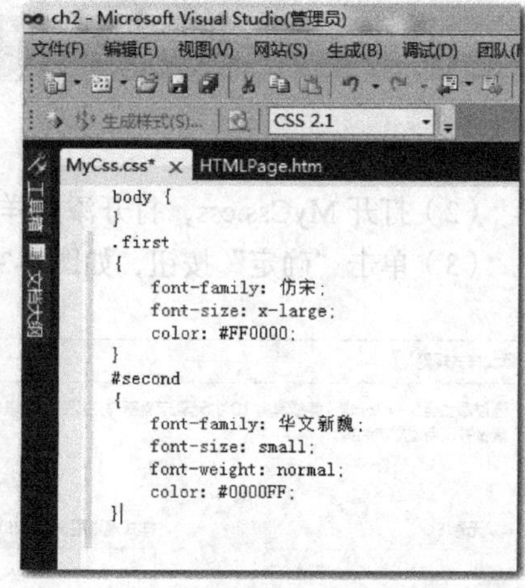

图 2-34 生成样式代码

（8）在 HTML 页面输入<p>标记，分别引用两种样式，如图 2-35 所示。

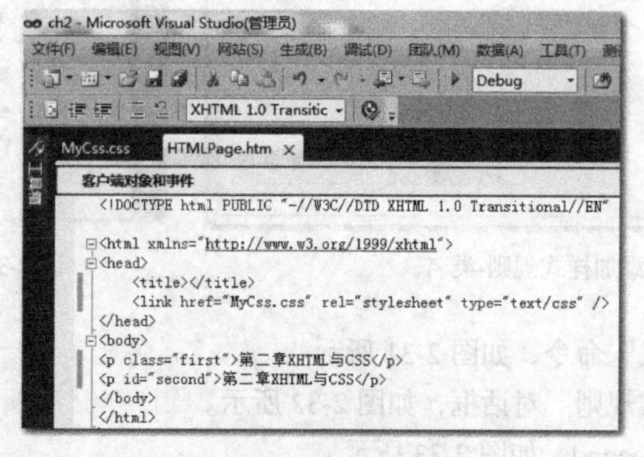

图 2-35 添加段落标记

（9）页面运行结果如图 2-36 所示。

图 2-36　运行页面

习　题

1. 在 XHTML 标记语言中，用于设置字体格式的标记有哪些？简述其功能。
2. HTML 与 XHTML 有什么区别？
3. 在 VS 中完成一个表格，要求格式如下。

字体：标题，华文行楷；表栏名，黑体；表体，楷体

字号：标题，xx-large

宽度，800px，行高，30px

4. CSS 有哪几种定义方法？
5. 利用 CSS+DIV 技术设计相关页面。

第3章 服务器控件

3.1 服务器控件概述

ASP.NET 提供了一组强大的控件库，这些控件使得应用程序的开发更加方便，ASP.NET 中用的控件主要包括 HTML 控件、HTML 服务器控件、web 服务器控件、web 用户控件等。

1. HTML 控件

HTML 控件即 HTML 标记，在客户端可以通过脚本语言对其进行控制，不能在服务器端控制。

2. HTML 服务器控件

HTML 服务控件是在 HTML 控件中加上 runat="server" 所构成的控件，它与 HTML 控件的主要区别是运行方式不同，HTML 控件运行在客户端，而 HTML 服务器控件运行在服务器端，服务器端的代码就可对其进行控制。

HTML 服务器控件也有其局限性，每一个 HTML 服务器控件都对应一个 HTML 标记，所以该服务器控件的功能实际上取决于 HTML 标记的功能。

3. Web 服务器控件

Web 服务器控件，也称为 ASP.NET 服务器控件，是 Web Form 编程的基本元素，也是 ASP.NET 所特有的，它最终会转化成一个或者多个 HTML 标记。Web 服务器控件具有如下特点。

（1）Web 服务器控件为 ASP.NET 提供了功能丰富的用户界面。

（2）ASP.NET 服务器控件提供了更加统一的编程接口，如每个 ASP.NET 服务器控件都有 Text 属性。

（3）隐藏客户端的不同，这样程序员可以把更多的精力放在业务上，而不用去考虑客户端的浏览器是 IE 还是 firefox，或者是移动设备。

（4）ASP.NET 服务器控件可以将状态数据保存状态到视图状态（ViewState）中，这样页面在从客户端回传到服务器端或者从服务器端下载到客户端的过程中都可以保存。

（5）Web 服务器控件提供了许多高级特性，如属性、方法和事件。事件处理模型与 HTML 控件也不同，HTML 标记和 HTML 服务器控件的事件处理都是在客户端的页面上，而 ASP.NET 服务器控件则是在服务器上。

（6）Web 服务器控件可以根据不同浏览器自动调整输出。

3.2　标准服务器控件

3.2.1　TextBox 控件、Label 控件与 Button 控件

1. TextBox 控件

TextBox 控件、Label 控件与 Button 控件是最常见的页面元素，在前几章我们已经接触过它们，TextBox 控件常用属性如表 3-1 所示。

表 3-1　TextBox 控件的常用属性

属 性 名	说　明
ID	控件的编程名称
Text	可通过该属性获取或设置控件的文本值
TextMode	文本框的行为模式，其取值可以是 SingleLine（默认值），MultiLine（多行文本框），Password（密码框）
AutoPostBack	表示在文本修改之后，是否自动回发到服务器。默认值为 False，输入型控件基本上都具有此属性
ReadOnly	表示是否可以更改控件中的文本。默认值为 False，若改为 True 则表示文本只能读
AccessKey	控件使用的键盘快捷键，比如设置其值为“Q”，则同时按下“ALT”和“Q”这两个键，文本框则获得焦点
MaxLength	可输入的最大字符数
Rows	多行文本框显示的行数
ToolTip	当鼠标停留在控件上时显示提示信息
Visible	指示该控件是否可见并被呈现出来。默认值为 True
ForeColor	控件中文本的颜色
BackColor	控件中背景的颜色
Height	控件的高度
Width	控件的宽度

TextBox 控件具有 TextChanged 事件，事件可以在文本框中输入完数据按下回车键时发生，如果希望在文本框失去焦点时该事件就被触发，需设置 AutoPostBack 值为 true。

可以在设计视图中双击该控件，在代码中会自动生成事件框架。

2. Label 控件

Label 控件可以显示文本信息，而且没有边框，控件也不具有事件，Label 控件常用属性如表 3-2 所示。

表 3-2　Label 控件的常用属性

属 性 名	说　明
ID	控件的编程名称
Text	标签显示的文本。默认值为 Label
ToolTip	当鼠标停留在控件上时显示提示信息

续表

属 性 名	说 明
Visible	指示该控件是否可见并被呈现出来。默认值为 True
AssociatedControlID	与标签控件关联的控件的 ID
AccessKey	控件使用的键盘快捷键，该属性一般与上面的属性结合起来使用
ForeColor	控件中文本的颜色
BackColor	控件中背景的颜色
Height	控件的高度
Width	控件的宽度

3. Button 控件

Button 控件以按钮的形式呈现，其常用属性如表 3-3 所示。

表 3-3　　Button 控件的常用属性

属 性 名	说 明
ID	控件的编程名称
Text	按钮上显示的文本值。默认值为 Button
AccessKey	控件使用的键盘快捷键
OnClientClick	在客户端 OnClick 上执行的客户端脚本
ToolTip	当鼠标停留在控件上时显示提示信息
Visible	指示该控件是否可见并被呈现出来。默认值为 True
ForeColor	控件中文本的颜色
BackColor	控件中背景的颜色
Height	控件的高度
Width	控件的宽度

Button 控件具有 Click 事件，事件可以在单击按钮时被触发，同样可以在设计视图双击该控件，在代码中会自动生成事件框架。

例 3-1：将输入的用户名和密码在页面中显示出来。

新建页面 form.aspx，添加控件 TextBox1、TextBox2、Button、Label，设计界面如图 3-1 所示。

在属性窗口修改控件的属性：

修改 TextBox2 属性 TextMode 值为“PassWord”，修改 Button1 属性 Text 值为“确定”。

在 form.aspx.cs 中添加代码：

```
public partial class form : System.Web.UI.Page
{
    protected void Page_Load(object sender, EventArgs e)
    {
    }
    protected void Button1_Click(object sender, EventArgs e)
    {
        string str;
        str = "您输入的用户名是" + TextBox1.Text + "<br/>";
        str += "您输入的密码是" + TextBox2.Text ;
        Label1.Text = "";
```

```
        Label1.Text = str;

    }
}
```

运行页面，输入用户名“admin”、密码“12345”，单击“确定”按钮，如图 3-2 所示。

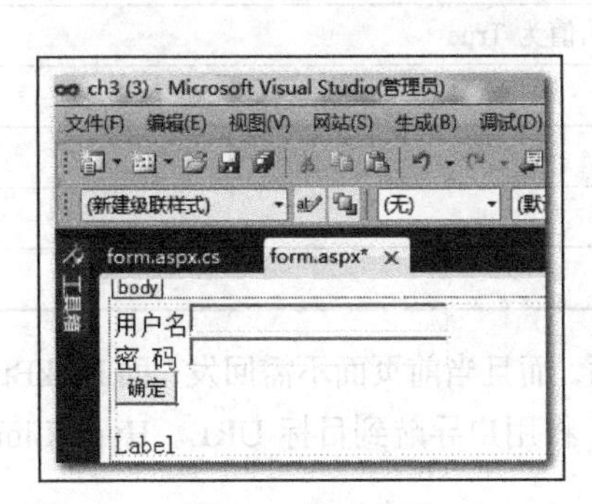

图 3-1　设计界面

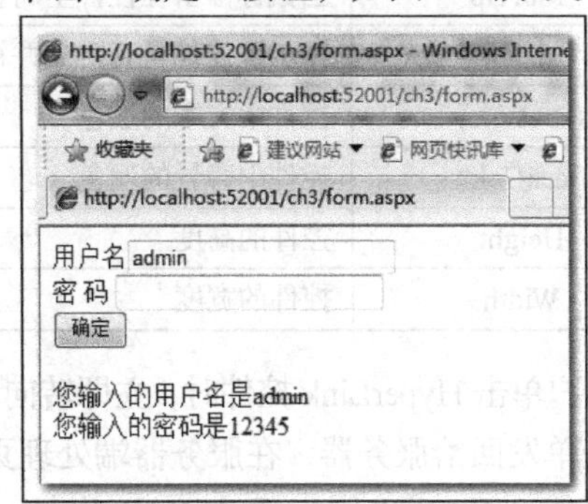

图 3-2　运行界面

3.2.2　HyperLink 控件与 LinkButton 控件

HyperLink 控件与 LinkButton 控件是用于显示超链接的两个控件，它们的属性如表 3-4、表 3-5 所示。

表 3-4　　HyperLink 控件的常用属性

属 性 名	说　明
ID	控件的编程名称
Text	超链接显示的文本。默认值是 HyperLink
AccessKey	控件使用的键盘快捷键
NavigateUrl	定位到的目标页面的 URL
Target	NavigateUrl 的目标框架
ImageUrl	要显示图像的 URL
ToolTip	当鼠标停留在控件上时显示提示信息
Visible	指示该控件是否可见并被呈现出来。默认值为 True
ForeColor	控件中文本的颜色
BackColor	控件中背景的颜色
Height	控件的高度
Width	控件的宽度

表 3-5　　LinkButton 控件的常用属性

属 性 名	说　明
ID	控件的编程名称
Text	超链接显示的文本。默认值是 LinkButton
AccessKey	控件使用的键盘快捷键
OnClientClick	在客户端 OnClick 上执行的客户端脚本
PostBackUrl	单击按钮时所发送到的 URL

续表

属 性 名	说 明
Target	NavigateUrl 的目标框架
ToolTip	当鼠标停留在控件上时显示提示信息
Visible	指示该控件是否可见并被呈现出来。默认值为 True
ForeColor	控件中文本的颜色
BackColor	控件中背景的颜色
Height	控件的高度
Width	控件的宽度

用户单击 HyperLink 控件时，立即转向目标 URL 页面，而且当前页面不需回发，而 LinkButton 需将表单发回给服务器，在服务器端处理页面跳转功能，将用户导航到目标 URL。HyperLink 不具有事件，而 LinkButton 具有 Click 事件。

3.2.3 Image 控件、ImageButton 控件与 ImageMap 控件

Image 控件、ImageButton 控件与 ImageMap 控件是和图像相关的三个服务器控件，Image 控件属性如表 3-6 所示，ImageButton 控件属性如表 3-7 所示，ImageMap 控件属性如表 3-8 所示。

表 3-6 Image 控件的常用属性

属 性 名	说 明
ID	控件的编程名称
Text	超链接显示的文本。默认值是 LinkButton
AccessKey	控件使用的键盘快捷键
ImageUrl	要显示图像的 URL
AlternateText	在图像无法显示时显示的替换文字
ToolTip	当鼠标停留在控件上时显示提示信息
Visible	指示该控件是否可见并被呈现出来。默认值为 True
ForeColor	控件中文本的颜色
BackColor	控件中背景的颜色
Height	控件的高度
Width	控件的宽度

表 3-7 ImageButton 控件的常用属性

属 性 名	说 明
ID	控件的编程名称
Text	超链接显示的文本。默认值是 LinkButton
AccessKey	控件使用的键盘快捷键
ImageUrl	要显示图像的 URL
AlternateText	在图像无法显示时显示的替换文字
OnClientClick	在客户端 OnClick 上执行的客户端脚本
PostBackUrl	单击按钮时所发送到的 URL

续表

属 性 名	说 明
ToolTip	当鼠标停留在控件上时显示提示信息
Visible	指示该控件是否可见并被呈现出来。默认值为 True
ForeColor	控件中文本的颜色
BackColor	控件中背景的颜色
Height	控件的高度
Width	控件的宽度

表 3-8 ImageMap 控件的常用属性

属 性 名	说 明
ID	控件的编程名称
Text	超链接显示的文本。默认值是 LinkButton
AccessKey	控件使用的键盘快捷键
ImageUrl	要显示图像的 URL
AlternateText	在图像无法显示时显示的替换文字
ToolTip	当鼠标停留在控件上时显示提示信息
HotSpotMode	指定图像映射是否导致回发或导航行为。其取值有 NotSet、Navigate、PostBack、Inactive
HotSpots	作用点集合
Visible	指示该控件是否可见并被呈现出来。默认值为 True
ForeColor	控件中文本的颜色
BackColor	控件中背景的颜色
Height	控件的高度
Width	控件的宽度

它们都可以用来在页面中显示一幅图片，其中 ImageButton 控件显示的图片还具有按钮的功能，类似于前面的 Button 控件，ImageMap 控件显示的图片中可以添加多个作用点，每一个作用点对应着一个区域（可以是矩形，圆形或多边形），当鼠标单击这个区域时可以跳转到一个目标页面。在实际设计中，我们可以根据需要来选择使用这三个控件。

例 3-2：新建页面 Img.aspx，在页面中添加一个 Image 控件和一个 ImageMap 控件，调整其大小如图 3-3 所示。

（1）在属性窗口设置 ImageMap 控件的 ImageUrl 属性值为“~/imag/Desert.jpg”，打开“HotSpot 集合编辑器”，如图 3-4 所示。

（2）添加“CircleHotSpot”，如图 3-5 所示。

（3）在 Img.aspx.cs 中添加以下代码。

```
public partial class Img : System.Web.UI.Page
{
    protected void Page_Load(object sender, EventArgs e)
    {
        Image1.ImageUrl = "~/imag/Desert.jpg";

    }
}
```

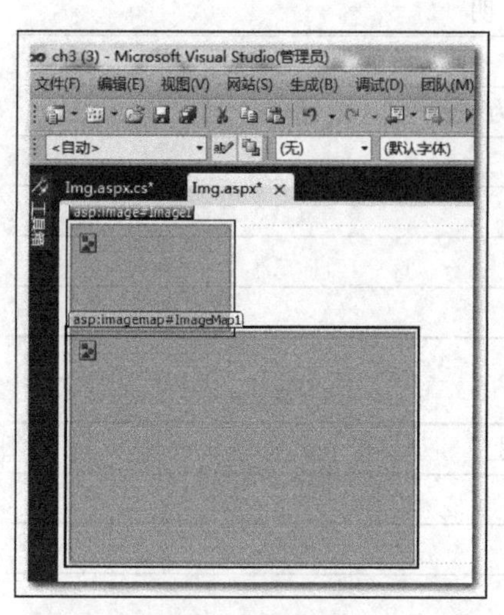

图 3-3 设计界面

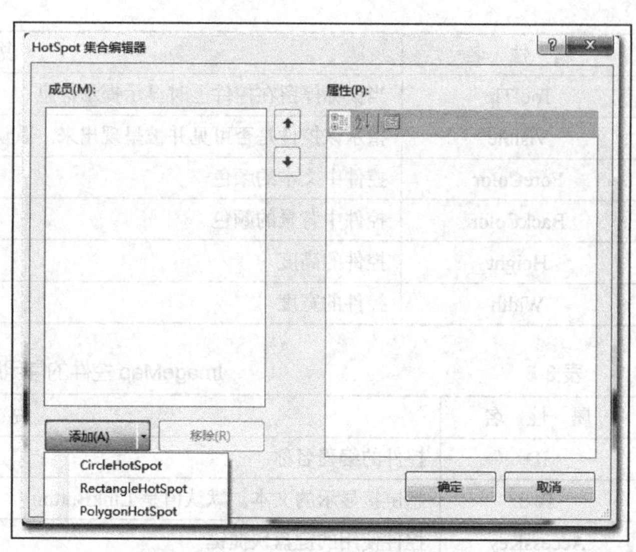

图 3-4 集合编辑器界面

（4）运行页面，鼠标停留在 ImagMap 控件作用点区域，如图 3-6 所示。

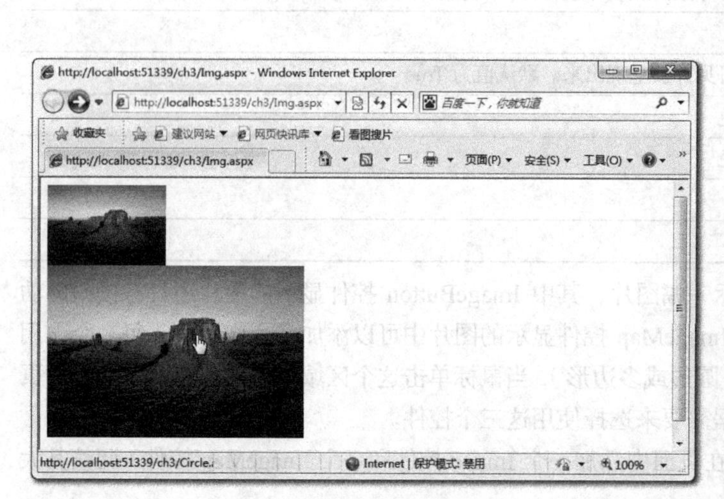

图 3-5 集合编辑器界面

图 3-6 运行界面

3.2.4 ListBox 控件与 DropDownList 控件

ListBox（列表框）和 DropDownList（下拉列表框）控件是常见的用于向用户提供输入数据选项的控件，ListBox 控件的常用属性如表 3-9 所示，DropDownList 控件的常用属性如表 3-10 所示。

表 3-9 ListBox 控件的常用属性

属 性 名	说 明
ID	控件的编程名称
Text	可通过该属性获取或设置控件的文本值

续表

属 性 名	说　明
AutoPostBack	表示当选定内容更改之后，是否自动回发到服务器。默认值为 False，输入型控件基本上都具有此属性
AccessKey	控件使用的键盘快捷键
DataSourceID	将用作数据源的控件的 ID
Rows	要显示的可见行的数目。默认值为 4
SelectionMode	列表的选择模式。其值可以是 Single（默认）和 Multiple
Items	列表中项的集合
ToolTip	当鼠标停留在控件上时显示提示信息
Visible	指示该控件是否可见并被呈现出来。默认值为 True
ForeColor	控件中文本的颜色
BackColor	控件中背景的颜色
Height	控件的高度
Width	控件的宽度

表 3-10　　DropDownList 控件的常用属性

属 性 名	说　明
ID	控件的编程名称
Text	可通过该属性获取或设置控件的文本值
AutoPostBack	表示当选定内容更改之后，是否自动回发到服务器。默认值为 False，输入型控件基本上都具有此属性
AccessKey	控件使用的键盘快捷键
DataSourceID	将用作数据源的控件的 ID
Items	列表中项的集合
ToolTip	当鼠标停留在控件上时显示提示信息
Visible	指示该控件是否可见并被呈现出来。默认值为 True
ForeColor	控件中文本的颜色
BackColor	控件中背景的颜色
Height	控件的高度
Width	控件的宽度

DropDownList 控件只能有一个选项处于选中状态，并且每次只能显示一行（一个选项），而 ListBox 控件可以设置为允许多选，并且还可以设置为显示多行。

判断控件的选择情况可以使用下面的属性，括号中是属性值的类型。

SelectedIndex（int）

SelectedValue（string）

SelectedItem（ListItem）

控件具有 SelectedIndexChanged 事件，而触发该事件必须是选择的成员索引发生变化时，其初始选择的成员索引默认为 0。

3.2.5 RadioButton 控件与 RadioButtonList 控件

RadioButton 控件与 RadioButtonList 控件用于实现单选功能，RadioButton 控件的常用属性如表 3-11 所示，RadioButtonList 控件的常用属性如表 3-12 所示。

表 3-11 RadioButton 控件的常用属性

属 性 名	说 明
ID	控件的编程名称
Text	可通过该属性获取或设置控件的文本值
AutoPostBack	表示当选定内容更改之后，是否自动回发到服务器。默认值为 False，输入型控件基本上都具有此属性
AccessKey	控件使用的键盘快捷键
Text	与单选按钮一起显示的文本
TextAlign	与单选按钮一起显示的文本相对按钮的对齐方式。其取值可以是 Right（默认）和 Left
GroupName	单选按钮所属的组
Checked	控件的已选中状态。默认值为 False
ToolTip	当鼠标停留在控件上时显示提示信息
Visible	指示该控件是否可见并被呈现出来。默认值为 True
ForeColor	控件中文本的颜色
BackColor	控件中背景的颜色
Height	控件的高度
Width	控件的宽度

表 3-12 RadioButtonList 控件的常用属性

属 性 名	说 明
ID	控件的编程名称
Text	可通过该属性获取或设置控件的文本值
AutoPostBack	表示当选定内容更改之后，是否自动回发到服务器。默认值为 False，输入型控件基本上都具有此属性
AccessKey	控件使用的键盘快捷键
RepeatDirection	按钮组中所有按钮的布局方向，其值可以是 Veritical（默认）和 Horizontal
DataSourceID	将用作数据源的控件的 ID
TextAlign	与单选按钮一起显示的文本相对按钮的对齐方式。其取值可以是 Right（默认）和 Left
ToolTip	当鼠标停留在控件上时显示提示信息
Visible	指示该控件是否可见并被呈现出来。默认值为 True
ForeColor	控件中文本的颜色
BackColor	控件中背景的颜色
Height	控件的高度
Width	控件的宽度

页面中若有多个单选按钮，需使用多个 RadioButton 控件，而且要实现单选，必须要设置其 GroupName 属性，这些控件的 GroupName 属性必须相同。RadioButton 控件具有 CheckedChanged

事件，可在设计视图中双击该控件生成。

但是若使用 RadioButtonList 控件，只需一个控件，然后可以给控件添加多个成员。RadioButtonList 控件具有 SelectedIndexChanged 事件，可在设计视图中双击该控件生成。

3.2.6 CheckBox 控件与 CheckBoxList 控件

CheckBox 控件与 CheckBoxList 控件用于实现复选功能，CheckBox 控件的常用属性如表 3-13 所示，CheckBoxList 控件的常用属性如表 3-14 所示。

表 3-13 CheckBox 控件的常用属性

属 性 名	说 明
ID	控件的编程名称
Text	可通过该属性获取或设置控件的文本值
AutoPostBack	表示当选定内容更改之后，是否自动回发到服务器。默认值为 False，输入型控件基本上都具有此属性
AccessKey	控件使用的键盘快捷键
Text	与单选按钮一起显示的文本
TextAlign	与单选按钮一起显示的文本相对按钮的对齐方式。其取值可以是 Right（默认）和 Left
ToolTip	当鼠标停留在控件上时显示提示信息
Visible	指示该控件是否可见并被呈现出来。默认值为 True
ForeColor	控件中文本的颜色
BackColor	控件中背景的颜色
Height	控件的高度
Width	控件的宽度

表 3-14 CheckBoxList 控件的常用属性

属性名	说明
ID	控件的编程名称
Text	可通过该属性获取或设置控件的文本值
AutoPostBack	表示当选定内容更改之后，是否自动回发到服务器。默认值为 False，输入型控件基本上都具有此属性
AccessKey	控件使用的键盘快捷键
RepeatDirection	按钮组中所有按钮的布局方向，其值可以是 Veritical（默认）和 Horizontal
DataSourceID	将用作数据源的控件的 ID
TextAlign	与单选按钮一起显示的文本相对按钮的对齐方式。其取值可以是 Right（默认）和 Left
ToolTip	当鼠标停留在控件上时显示提示信息
Visible	指示该控件是否可见并被呈现出来。默认值为 True
ForeColor	控件中文本的颜色
BackColor	控件中背景的颜色
Height	控件的高度
Width	控件的宽度

例 3-3：使用服务器控件设计一个调查表。

（1）新建页面 Control.aspx，设计界面如图 3-7 所示。

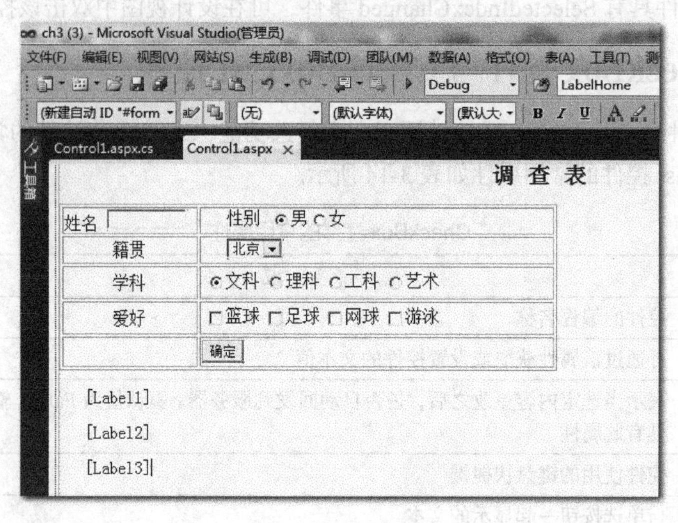

图 3-7　设计界面

（2）修改添加控件的属性，生成代码如下。

```
<table border="1" style="text-align: left">
  <tr>
      <td style="width: 125px">
          姓名
       <asp:TextBox ID="TextBox1" runat="server" Width="77px"></asp:TextBox></td>
       <td colspan="2" style="width: 329px; text-align: left">
         性别
    <asp:RadioButton ID="RadioButton1" runat="server" Checked="True"
                    GroupName="rsex" Text="男" />
    <asp:RadioButton ID="RadioButton2" runat="server" GroupName="rsex" Text="女"
/></td>
    </tr>
    <tr>
    <td style="width: 125px; text-align: center;">
    籍贯</td>
    <td colspan="2" style="width: 329px; text-align: left">
       
     <asp:DropDownList ID="DropDownList1" runat="server">
     <asp:ListItem>北京</asp:ListItem>
     <asp:ListItem>上海</asp:ListItem>
     <asp:ListItem>广州</asp:ListItem>
     <asp:ListItem>安徽</asp:ListItem>
     <asp:ListItem>江苏</asp:ListItem>
     </asp:DropDownList></td>
      </tr>
     <tr>
     <td style="width: 125px; text-align: center;">
       学科</td>
      <td colspan="2" style="width: 329px; text-align: left">
```

```
        <asp:RadioButtonList ID="r1" runat="server" RepeatColumns="4">
         <asp:ListItem Selected="True">文科</asp:ListItem>
          <asp:ListItem>理科</asp:ListItem>
          <asp:ListItem>工科</asp:ListItem>
          <asp:ListItem>艺术</asp:ListItem>
          </asp:RadioButtonList></td>
           </tr>
           <tr>
           <td style="width: 125px; height: 26px; text-align: center;">
           爱好</td>
          <td colspan="2" style="width: 329px; height: 26px; text-align: left">
          <asp:CheckBoxList ID="c1" runat="server" RepeatColumns="4">
          <asp:ListItem>篮球</asp:ListItem>
             <asp:ListItem>足球</asp:ListItem>
              <asp:ListItem>网球</asp:ListItem>
              <asp:ListItem>游泳</asp:ListItem>
              </asp:CheckBoxList></td>
            </tr>
          <tr>
          <td style="width: 125px; height: 26px">
           </td>
          <td colspan="2" style="width: 329px; height: 26px; text-align: left">
          <asp:Button ID="ButtonOK" runat="server" OnClick="ButtonOK_Click" Text="确定" />
</td>
        </tr>
        </table>
```

（3）在 Control.aspx.cs 中添加代码如下。

```
using System;
using System.Collections.Generic;
using System.Linq;
using System.Web;
using System.Web.UI;
using System.Web.UI.WebControls;

public partial class Control1 : System.Web.UI.Page
{
    protected void Page_Load(object sender, EventArgs e)
    {

    }
    protected void ButtonOK_Click(object sender, EventArgs e)
    {
        if (TextBox1.Text == "")
        {
            Label1.Text = "<b>你必须输入姓名！</b>";
            return;
        }
        string Sex = "", str = "";
        int i;
        if (RadioButton1.Checked)
        {
            Sex = "男";
        }
```

```
        else
        {
            Sex = "女";
        }
        for (i = 0; i <= c1.Items.Count - 1; i++)
        {
            if (c1.Items[i].Selected)
            {
                str = str + c1.Items[i].Text + ", ";
            }
        }
        Label1.Text = TextBox1.Text + "," + Sex + "," + "你的籍贯是:" + DropDownList1.Text;
        Label2.Text = "你的学科: " + r1.SelectedItem.Text;
        if (str == "")
        {
            str = "真可惜，你没有任何爱好！";
        }
        else
        {
            str = "你的爱好是: " + str;
            str = str.Remove(str.Length - 1, 1);

        }
        Label3.Text = str;
    }
}
```

（4）运行页面，输入数据，单击“确定”按钮，如图 3-8 所示。

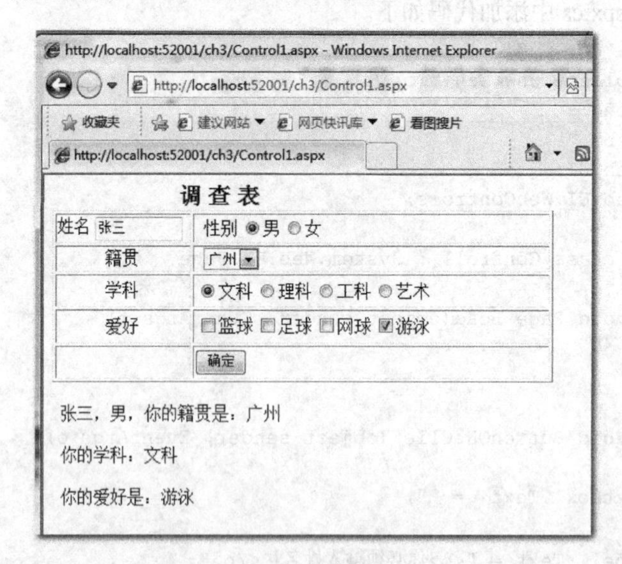

图 3-8　运行界面

3.2.7　Table 控件

Table 控件可用于动态生成表格，可以使用 Table 创建一个对象即表格对象，TableRow 创建行对象，TableCell 创建单元格对象，可将单元格添加到行上，行添加到表格中。单元格中的数据可通过其 Text 属性设置。

新建页面 Control2.aspx，设计界面如图 3-9 所示。

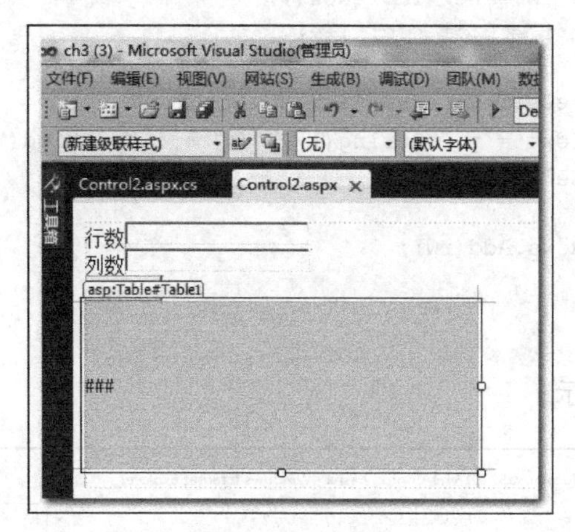

图 3-9　设计界面

在属性窗口设置部分属性如下：

```
<asp:Table ID="Table1" runat="server" CellPadding="0" CellSpacing="0"
            BorderStyle="Solid" Height="130px" Width="315px">
        </asp:Table>
Control2.aspx.cs 中添加代码如下：
using System;
using System.Collections.Generic;
using System.Linq;
using System.Web;
using System.Web.UI;
using System.Web.UI.WebControls;

public partial class Control2 : System.Web.UI.Page
{
    protected void Page_Load(object sender, EventArgs e)
    {

        Table1.GridLines = GridLines.Both;
        Table1.HorizontalAlign = HorizontalAlign.Center;
        Table1.CellPadding = 1;
        Table1.CellSpacing = 3;
        Table1.Visible = false;
        Button1.Text = "生成表格";

    }
    protected void Button1_Click(object sender, EventArgs e)
    {
        Table1.Visible = true;
        if (TextBox1.Text == "" || TextBox2.Text == "")
        {
            Table1.Caption = "<b>必须输入行、列数! </b>";
            return;
        }
        int r = int.Parse(TextBox1.Text);
        int c = int.Parse(TextBox2.Text);
        for (int j = 0; j < r; j++)
```

```
            {
                TableRow rw = new TableRow();
                for (int i = 0; i < c; i++)
                {
                    TableCell ce = new TableCell();
                    ce.Text = j.ToString() + "行" + i.ToString()+ "列";
                    rw.Cells.Add(ce);
                }
                Table1.Rows.Add(rw);
            }
        }
    }
```

运行界面如图 3-10 所示。

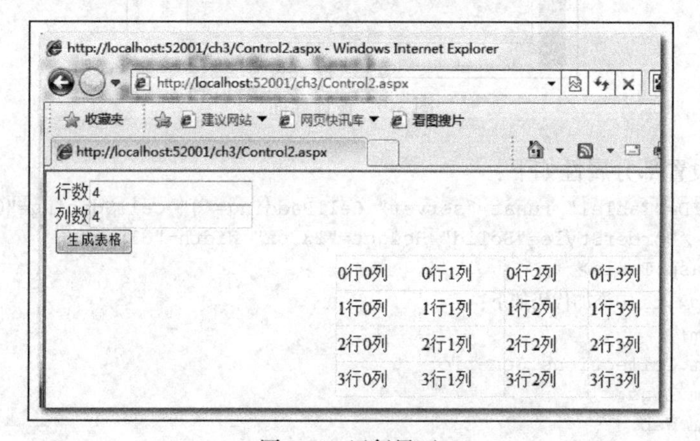

图 3-10 运行界面

3.3 数据验证控件

数据验证控件可以对其他服务器控件进行验证，用于检测用户的输入，并设置属性以指示是否通过了验证。如果验证控件发现用户输入的数据错误，则出错信息可由该验证控件显示到页面中。 常用数据验证控件属性如表 3-15 所示。

表 3-15 验证控件

控 件 名	说 明
RequiredFieldValidator	主要用于必需项验证
RangeValidator	主要用于范围验证
RegularExpressionValidator	主要用于正则表达式验证
CompareValidator	主要用于比较验证
CustomValidator	主要用于自定义验证
ValidationSummary	主要用于摘要验证

3.3.1 必需项验证控件

必需项验证控件（RequiredFieldValidator）通常用于一些表单元素的验证，比如在登录或注册时使用的用户名一般不允许为空，这时可以使用该控件完成验证。必需项验证控件的常用属性如表 3-16 所示。

表 3-16 必需项验证控件常用属性

属 性 名	说 明
ControlToValidate	需要验证控件的 ID
Text	当没有通过验证时显示的验证程序文本
ErrorMessage	当没有通过验证时在摘要验证控件中显示的信息。默认值为 RequiredFieldValidator
InitialValue	需要验证字段的初始值
ForeColor	当没有通过验证时显示文本的颜色
Enabled	控件的已启用状态。默认值为 True，若更改为 False 表示不启用验证控件
Display	可设置验证控件在页面上显示的方式。其取值可以是 Static（默认）、None、Dynamic
SetFocusOnError	用于确定当没有通过验证时，被验证控件能否获得焦点，默认值为 True
EnableClientScript	用于设置是否启用客户端验证，默认值为 True
IsValid	获取或设置一个布尔型值表示验验是否通过
ToolTip	当鼠标停留在控件上时显示提示信息
Visible	指示该控件是否可见并被呈现出来。默认值为 True
Height	控件的高度
Width	控件的宽度

InitialValue 属性默认值为空，必需项验证是将被验证控件输入的数据和该属性值比较，如果是相同的，表明没有通过验证，否则表示通过验证。如果仅仅是验证必填项，不需要设置该属性值，使用它的默认值即可。

Display 属性值 Static 表示验证控件如终占用页面空间；None 表示当没有通过验证时，文本信息在摘要验证控件（ValidationSummary）中显示；Dynamic 表示仅当没有通过验证时才占用页面空间，其他具有该属性的几个验证控件属性值的作用和该控件也是相同的。

例 3-4：设计一个注册表单，要求用户名不能为空，密码不能为"123456"。

（1）新建一页面 Login1.aspx，在设计视图中添加控件，ID 分别为 TextBox1、TextBox2、RequiredFieldValidator1、RequiredFieldValidator2、Button1、Label1，如图 3-11 所示。

图 3-11 设计界面

对添加的验证控件设置其属性，如表 3-17 所示。

表 3-17 验证控件属性设置

控 件	属 性	值
RequiredFieldValidator1	ControlToValidate	TextBox1
	Text	必须输入用户名
RequiredFieldValidator2	ControlToValidate	TextBox2
	InitialValue	123456
	Text	密码不能为 123456!

（2）在 Login1.aspx.cs 中添加代码如下。

```
public partial class _Default : System.Web.UI.Page
{
    protected void Page_Load(object sender, EventArgs e)
    {
        this.Title = "必需项验证控件应用示例";
        TextBox1.Focus();
        Label1.Text = "";
    }

    protected void Button1_Click(object sender, EventArgs e)
    {
        Label1.Text = "本页已通过验证！";

    }


}
```

（3）运行页面，若输入用户名为空，密码为“123456”，单击“提交”按钮，界面如图 3-12 所示。

图 3-12 运行界面

3.3.2 范围验证控件

范围验证控件（RangeValidator）主要用于验证被验证控件的输入数据是否在一个范围，该范围可以设置一个最大值和一个最小值。范围验证控件的常用属性如表 3-18 所示。

表 3-18 范围验证控件的常用属性

属 性 名	说 明
ControlToValidate	需要验证控件的 ID
Text	当没有通过验证时显示的验证程序文本
ErrorMessage	当没有通过验证时在摘要验证控件中显示的信息。默认值为 RangeValidator
MaximumValue	所验证控件的最大值
MinimumValue	所验证控件的最小值
Type	用于比较的值的数据类型。其取值可以是 String、Integer、Double、Date、Currency
ForeColor	当没有通过验证时显示文本的颜色
Enabled	控件的已启用状态。默认值为 True，若更改为 False 表示不启用验证控件
Display	可设置验证控件在页面上显示的方式。其取值可以是 Static（默认）、None、Dynamic
SetFocusOnError	用于确定当没有通过验证时，被验证控件能否获得焦点，默认值为 True

续表

属　性　名	说　　明
EnableClientScript	用于设置是否启用客户端验证，默认值为 True
IsValid	获取或设置一个布尔型值表示验验是否通过
ToolTip	当鼠标停留在控件上时显示提示信息
Visible	指示该控件是否可见并被呈现出来。默认值为 True
Height	控件的高度
Width	控件的宽度

例 3-5：设计一个三位数验证的页面，要求仅当输入的数为三位整数时验证通过。

（1）新建一页面 Login2.aspx，在设计视图中添加控件，ID 分别为 TextBox1、RangeValidator1、Button1、Label1，如图 3-13 所示。

图 3-13　设计界面

（2）对添加的验证控件设置其属性，如表 3-19 所示。

表 3-19　验证控件属性设置

控　　件	属　　性	值
RangeValidator1	ControlToValidate	TextBox1
	Text	不是三位数!
	Type	Integer
	MaximumValue	999
	MinimumValue	100

（3）在 Login2.aspx.cs 中添加代码如下。

```
public partial class _Default : System.Web.UI.Page
{
    protected void Page_Load(object sender, EventArgs e)
    {
        this.Title = "范围验证控件应用示例";
        TextBox1.Focus();
        Label1.Text = "";
    }

    protected void Button1_Click(object sender, EventArgs e)
    {
        Label1.Text = "本页已通过验证！";

    }

}
```

（4）运行页面，若输入数据:5678，单击“提交”按钮，界面如图 3-14 所示。

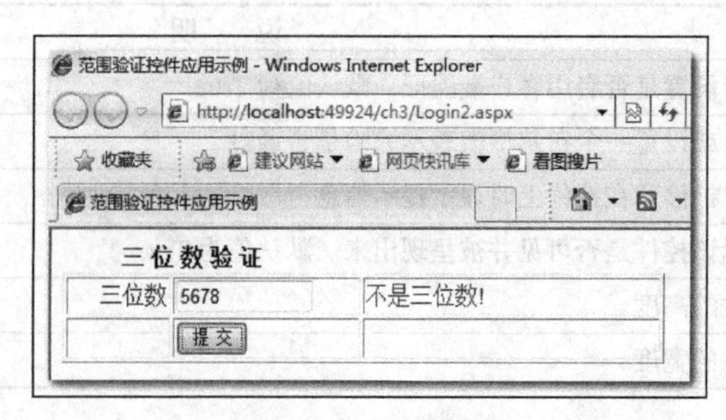

图 3-14　运行界面

3.3.3　正则表达式验证控件（RegularExpressionValidator）

主要用于验证被验证控件的输入数据是否符合一定的模式，如通常在注册表单中要求输入正确的身份证号码或电子邮件格式，此时即可使用该控件来完成验证。正则表达式验证控件的常用属性如表 3-20 所示。

表 3-20　　正则表达式验证控件的常用属性

属 性 名	说　明
ControlToValidate	需要验证控件的 ID
Text	当没有通过验证时显示的验证程序文本
ErrorMessage	当没有通过验证时在摘要验证控件中显示的信息。默认值为 RegularExpressionValidator
ValidationExpression	用于确定有效性的正则表达式
ForeColor	当没有通过验证时显示文本的颜色
Enabled	控件的已启用状态。默认值为 True，若更改为 False 表示不启用验证控件
Display	可设置验证控件在页面上显示的方式。其取值可以是 Static（默认）、None、Dynamic
SetFocusOnError	用于确定当没有通过验证时，被验证控件能否获得焦点，默认值为 True
EnableClientScript	用于设置是否启用客户端验证，默认值为 True
IsValid	获取或设置一个布尔型值表示验验是否通过
ToolTip	当鼠标停留在控件上时显示提示信息
Visible	指示该控件是否可见并被呈现出来。默认值为 True
Height	控件的高度
Width	控件的宽度

正则表达式通常由两种基本字符类型组成:正常字符和元字符。常用的元字符如表 3-21 所示。

表 3-21　　常用的元字符

元 字 符	说　明
[ ]	设置一个字符集，与括号中的字符之一匹配
\d	表示数字字符
\w	与任何单词字符匹配，包括下划线
|	表示或者
*	表示匹配前一个字符零次或几次

续表

元　字符	说　　明
+	表示匹配前一个字符一次或多次
?	表示匹配前一个字符零次或一次
{n}	表示匹配恰好 n 次
{n,}	表示匹配至少 n 次
{n,m}	表示匹配至少 n 次，至多 m 次

例 3-6： 设计一个关于页面，验证身份证号码和电子邮件地址，仅当格式正确时验证通过。

（1）新建一个页面 Login3.aspx，在设计视图中添加控件，ID 分别为 TextBox1、TextBox2、RegularExpressionValidator1、RegularExpressionValidator2、Button1、Label1，如图 3-15 所示。

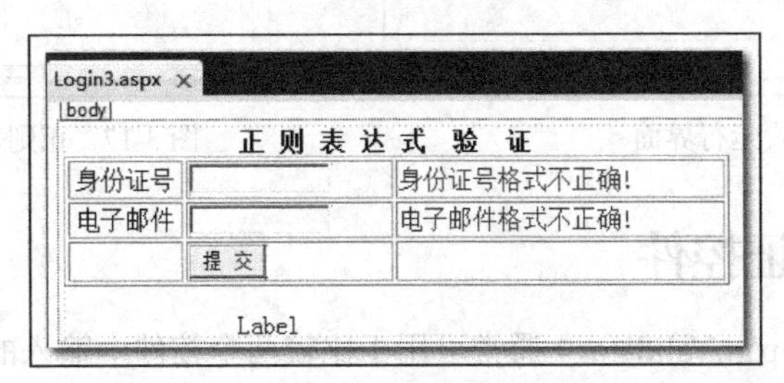

图 3-15　设计界面

（2）对添加的验证控件设置其属性，如表 3-22 所示。

表 3-22　　　　　　　　　　　　　验证控件属性设置

控　　件	属　　性	值
RegularExpressionValidator1	ControlToValidate	TextBox1
	Text	身份证号格式不正确!
	ValidationExpression	\d{17}[\d|X]|\d{15}
RegularExpressionValidator2	ControlToValidate	TextBox2
	Text	电子邮件格式不正确!
	ValidationExpression	\w+([-+.']\w+)*@\w+([-.]\w+)*\.\w+([-.]\w+)*

（3）在 Login3.aspx.cs 中添加代码如下。

```
public partial class _Default : System.Web.UI.Page
{
    protected void Page_Load(object sender, EventArgs e)
    {
        this.Title = "正则表达式验证控件应用示例";
        TextBox1.Focus();
        Label1.Text = "";
    }

    protected void Button1_Click(object sender, EventArgs e)
    {
        Label1.Text = "本页已通过验证！";
    }

}
```

（4）运行页面，若输入身份证号:342601，电子邮件：ss@12，单击“提交”，界面如图 3-16 所示。

需要注意的是，在设置 ValidationExpression 属性值时，如果是常用的正则表达式可以通过“正则表达式编辑器”来选择，如图 3-17 所示。

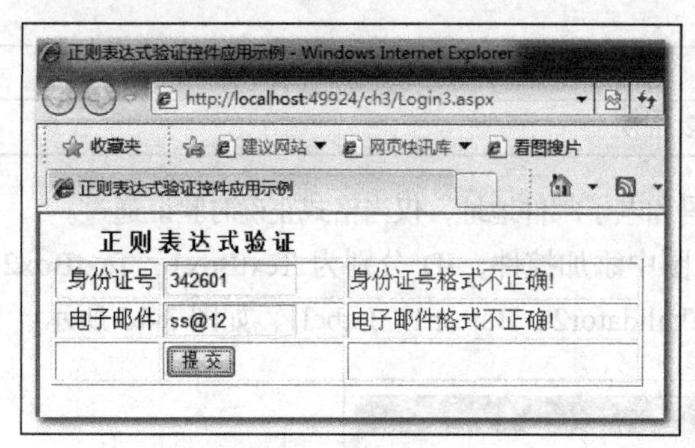

图 3-16　运行界面

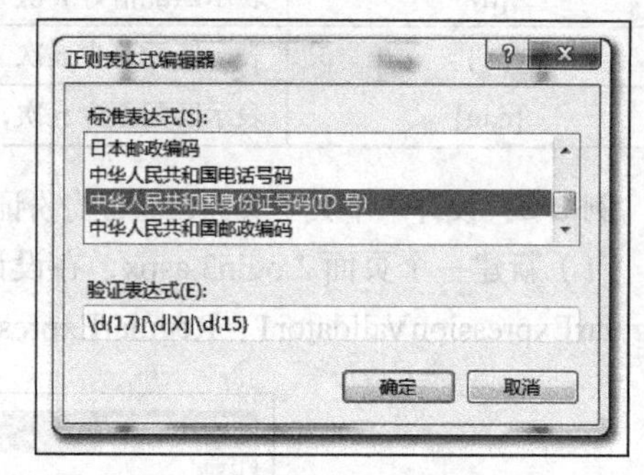

图 3-17　正则表达式编辑器界面

3.3.4　比较验证控件

比较验证控件（CompareValidator）通常可用于比较两个控件中输入的数据，如表单注册中常见的“输入密码”与“再次输入密码”，也可以将一个控件中输入的数据和一个固定值进行比较，或者还可以比较一个控件中输入数据的格式。比较验证控件的常用属性如表 3-23 所示。

表 3-23　比较验证控件的常用属性

属 性 名	说　明
ControlToValidate	需要验证控件的 ID
Text	当没有通过验证时显示的验证程序文本
ErrorMessage	当没有通过验证时在摘要验证控件中显示的信息。默认值为 CompareValidator
ControlToCompare	用于进行比较的控件的 ID
ValueToCompare	用于进行比较的值
Type	用于比较的值的数据类型。其取值可以是 String、Integer、Double、Date、Currency
Operator	对值进行的比较操作。其取值可以是 Equal（默认）、NotEquql、GreaterThanEqual、LessThan、LessThanEqual、DataTypeCheck
ForeColor	当没有通过验证时显示文本的颜色
Enabled	控件的已启用状态。默认值为 True，若更改为 False 表示不启用验证控件
Display	可设置验证控件在页面上显示的方式。其取值可以是 Static（默认）、None、Dynamic
SetFocusOnError	用于确定当没有通过验证时，被验证控件能否获得焦点，默认值为 True
EnableClientScript	用于设置是否启用客户端验证，默认值为 True
IsValid	获取或设置一个布尔型值表示验验是否通过
ToolTip	当鼠标停留在控件上时显示提示信息
Visible	指示该控件是否可见并被呈现出来。默认值为 True
Height	控件的高度
Width	控件的宽度

例 3-7：设计一个密码验证页面，要求密码不能为空，两次输入的密码相同。

（1）新建一个页面 Login2.aspx，在设计视图中添加控件，ID 分别为 TextBox1、TextBox2、RequiredFieldValidator1、CompareValidator1、Button1、Label1，如图 3-18 所示。

图 3-18 设计界面

（2）对添加的验证控件设置其属性，如表 3-24 所示。

表 3-24 控件属性设置

控 件	属 性	值
TextBox1	TextMode	Password
TextBox2	TextMode	Password
Button1	Text	提 交
RequiredFieldValidator1	ControlToValidate	TextBox1
	Text	必须输入用户名
CompareValidator1	ControlToValidate	TextBox2
	ControlToCompare	TextBox1
	Text	密码不同!

（3）在 Login4.aspx.cs 中添加代码如下。

```
public partial class _Default : System.Web.UI.Page
{
    protected void Page_Load(object sender, EventArgs e)
    {
        this.Title = "比较验证控件应用示例";
        TextBox1.Focus();
        Label1.Text = "";
    }

    protected void Button1_Click(object sender, EventArgs e)
    {
        Label1.Text = "本页已通过验证! ";

    }

}
```

（4）运行页面，若两次输入的密码不同，单击“提交”按钮，界面如图 3-19 所示。

图 3-19 运行界面

3.3.5 自定义验证控件

由于并不是每一个验证需求都有一个相应的验证控件，比如我们要验证文本框中输入的数据是否是偶数，这样的验证需求使用上面的几个验证控件都无法完成，这时可以使用自定义验证控件（CustomValidator），自定义验证控件的常用属性如表 3-25 所示。

表 3-25　　自定义验证控件的常用属性

属 性 名	说　明
ControlToValidate	需要验证控件的 ID
Text	当没有通过验证时显示的验证程序文本
ErrorMessage	当没有通过验证时在摘要验证控件中显示的信息。默认值为 CustomValidator
ForeColor	当没有通过验证时显示文本的颜色
Enabled	控件的已启用状态。默认值为 True，若更改为 False 表示不启用验证控件
Display	可设置验证控件在页面上显示的方式。其取值可以是 Static（默认）、None、Dynamic
SetFocusOnError	用于确定当没有通过验证时，被验证控件能否获得焦点，默认值为 True
EnableClientScript	用于设置是否启用客户端验证，默认值为 True
ClientValidationFunction	用于设置客户端脚本验证函数名
IsValid	获取或设置一个布尔型值表示验验是否通过
ToolTip	当鼠标停留在控件上时显示提示信息
Visible	指示该控件是否可见并被呈现出来。默认值为 True
Height	控件的高度
Width	控件的宽度

使用自定义验证控件，它会产生一个 ServerValidate 事件，在事件中需要编写验证逻辑程序，事件如下：

```
    protected void CustomValidator1_ServerValidate(object source, ServerValidateEventArgs args)
    {
    }
```

第二个参数 args，其类型是 ServerValidateEventArgs，它具有以下两个属性。

Value：用于获取被验证控件输入的数据。

IsValid：用于获取或设置是否通过验证。

例 3-8：设计一个验证页面，要求输入数据必须为偶数，否则不能通过验证。

（1）新建一页面 Custom1.aspx，在设计视图中添加控件，ID 分别为 TextBox1、CustomValidator1、Button1、Label1，如图 3-20 所示。

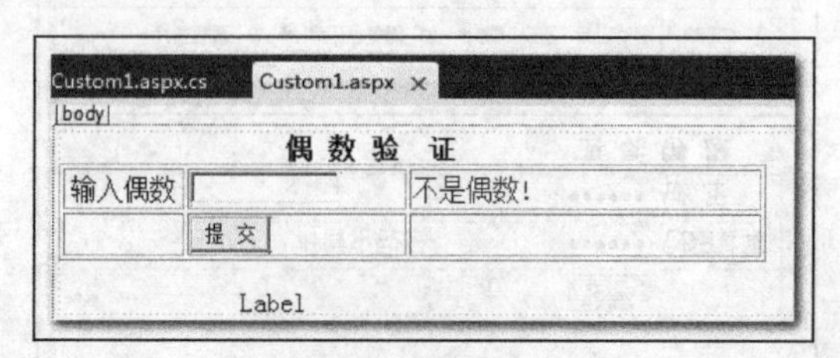

图 3-20　设计界面

（2）对添加的验证控件设置其属性，如表 3-26 所示。

表 3-26 验证控件属性

控 件	属 性	值
CustomValidator1	ControlToValidate	TextBox1
	Text	不是偶数!

（3）在 Custom1.aspx.cs 中添加代码如下。

```
    public partial class _Default : System.Web.UI.Page
    {
        protected void Page_Load(object sender, EventArgs e)
        {
            this.Title = "自定义验证控件应用示例";
            TextBox1.Focus();
            Label1.Text = "";
        }

        protected void Button1_Click(object sender, EventArgs e)
    {

        if(Page.IsValid)
            Label1.Text = "本页已通过验证！";

        }

        protected void CustomValidator1_ServerValidate(object source, ServerValidateEventArgs
args)
        {
            int i;
            i = int.Parse(args.Value);
            if (i % 2 == 0)
                   args.IsValid = true;
            else
                   args.IsValid = false;

        }
    }
```

（4）运行页面，若两次输入“23”，单击“提交”按钮，界面如图 3-21 所示。

图 3-21 运行界面

另一种方法，通过客户端验证：

添加页面 Custom2.aspx，界面设计同 Custom1.aspx，在 Custom2.aspx 源视图中<head></head>标记之间添加脚本代码如下：

```
<head>
    <script language="javascript" type="text/javascript">
    function c1(source ,args)
    {
    if((args.Value)%2==0)
    args.IsValid=true;
    else
        args.IsValid=false;

    }
    </script>
</head>
```

对添加的验证控件设置其属性，如表 3-27 所示。

表 3-27　验证控件属性设置

控　件	属　性	值
CustomValidator1	ControlToValidate	TextBox1
	EnableClientScript	True
	ClientValidationFunction	c1
	Text	不是偶数!

在 Custom2.aspx.cs 中添加以下代码：

```
public partial class _Default : System.Web.UI.Page
{
    protected void Page_Load(object sender, EventArgs e)
    {
        this.Title = "自定义验证控件应用示例";
        TextBox1.Focus();
        Label1.Text = "";
    }
    protected void Button1_Click(object sender, EventArgs e)
    {
        if(Page.IsValid)
        Label1.Text = "本页已通过验证！";
    }
}
```

运行页面，验证结果同上。当然，一个页面可以同时采取客户端验证和服务器端验证。显然，客户端验证可以减轻服务器的负担，同时也将验证代码暴露无遗，而服务器端验证可以增加验证代码的安全性。另一方面，客户端验证通常使用脚本语言，当客户端浏览器不支持该脚本时，显然客户端验证无法完成，这时只能通过服务器端验证。

3.3.6　摘要验证控件

如果页面上大量使用验证控件，当验证没有通过时会在相应的验证控件的位置显示相关信息，这时页面会很凌乱，使用摘要验证控件（ValidationSummary）可以将所有没有通过验证的信息集中在该控件位置显示。摘要验证控件的常用属性如表 3-28 所示。

表 3-28　　摘要验证控件的常用属性

属 性 名	说 明
ForeColor	当没有通过验证时显示文本的颜色
Enabled	控件的已启用状态。默认值为 True，若更改为 False 表示不启用验证控件
DisplayMode	用于设置错误摘要的显示格式。其取值可以是 BulletList（默认）、List、SingleParagraph
HeaderText	要在摘要中显示的标头文本
SetFocusOnError	用于确定当没有通过验证时，被验证控件能否获得焦点，默认值为 True
EnableClientScript	用于设置是否启用客户端验证，默认值为 True
IsValid	获取或设置一个布尔型值表示验验是否通过
ToolTip	当鼠标停留在控件上时显示提示信息
Visible	指示该控件是否可见并被呈现出来。默认值为 True
Height	控件的高度
Width	控件的宽度

使用摘要验证控件时，页面上其他验证控件没有通过验证时的文本需要设置其 ErrorMessage 属性，不能是 Text 属性。

例 3-9：设计一个验证页面，要求学号不能为空，专业必须选择，将验证不通过信息集中显示。

（1）新建一个页面 Summary.aspx，在设计视图中添加控件，ID 分别为 TextBox1、DropDownList1、RequiredFieldValidator1、RequiredFieldValidator2、Button1、Label1、ValidationSummary1，如图 3-22 所示。

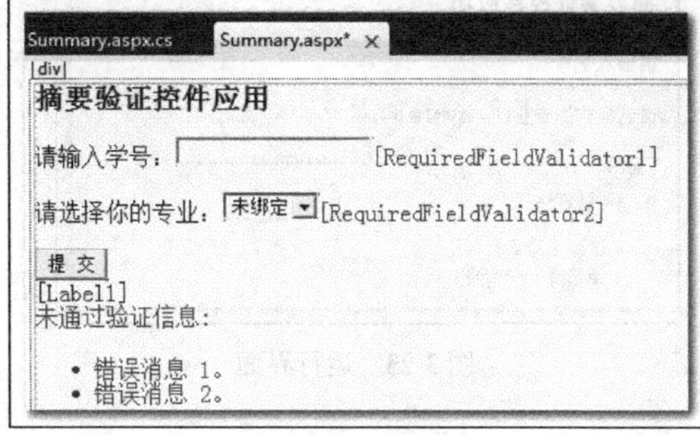

图 3-22　设计界面

（2）对添加的验证控件设置其属性，如表 3-29 所示。

表 3-29　　部分控件属性设置

控 件	属 性	值
RequiredFieldValidator1	ControlToValidate	TextBox1
	Display	None
	ErrorMessage	必须输入用户名
RequiredFieldValidator2	ControlToValidate	DropDownList1
	Display	None
	InitialValue	--请选择专业--
	ErrorMessage	请选择一个专业!
ValidationSummary1	DisplayMode	BulletList
	HeaderText	未通过验证信息:

（3）在 Summary.aspx.cs 中添加代码如下。

```
public partial class _Default : System.Web.UI.Page
{  protected void Page_Load(object sender, EventArgs e)
   {
        DropDownList1.Items.Add("--请选择专业--");
```

```
        DropDownList1.Items.Add("网络工程");
        DropDownList1.Items.Add("软件工程");
        DropDownList1.Items.Add("物联网工程");
        DropDownList1.Items.Add("电子商务");
        this.Title = "摘要验证控件应用";
    }
    protected void ButtonOK_Click(object sender, EventArgs e)
    {
Label1.Text = "你的学号是：" + TextBox1.Text + "<br>" + "你的专业是：" + DropDownList1.Text;
    }
}
```

（4）运行页面，若没有输入学号且没有选择专业，单击“提交”按钮，界面如图 3-23 所示。若输入学号且选择一个专业，单击“提交”按钮，界面如图 3-24 所示。

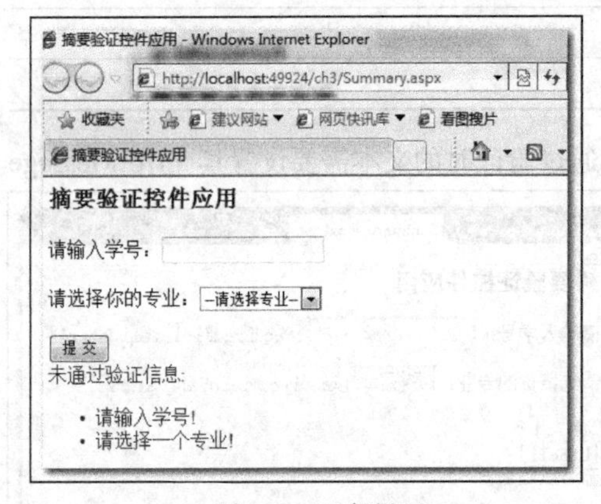

图 3-23　运行界面

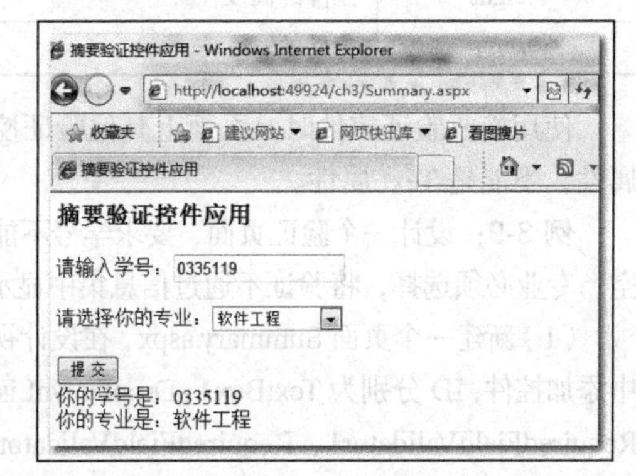

图 3-24　运行界面

在此例中需要注意以下几点。

（1）第二个必须项验证控件的属性 InitialValue 要设置值为：“--请选择专业—”，因为“--请选择专业—”控件的第一个成员是“--请选择专业—”（在代码中添加的）。

（2）另外这两个必须项验证控件的属性 Display 要设置成“None”，否则验证不通过时在这这两个控件位置仍然显示文本信息。

（3）验证不通过时的文本要通过设置这两个必须项验证控件的 ErrorMessage 属性而不是 Text 属性。

（4）ValidationSummary 控件是没有 ControlToValidate 和 ErrorMessage 属性的。

3.4　用户自定义控件

用户自定义控件的引入是为了重用 HTML 代码。通过设置用户自定义控件的属性来对 html 代码进行控制，从而更好地实现代码复用。基本用户自定义控件的使用方法与 aspx 页面相同，但是用户自定义控件不可以通过 url 来访问，只能在页面或者其他用户控件中访问。

例 3-10：添加用户控件

（1）添加新项“Web 用户控件”，名称为“MyControl.ascx”，如图 3-25 所示。

图 3-25　新建 ascx 文件

（2）在 MyControl.ascx 中添加一个 Panel 控件，ASP.NET 中 Panel 与 PlaceHolder 都属于容器控件，在其上均可以添加其他控件，Panel 不可以动态加载相应的文件，而 PlaceHolder 可以根据条件动态加载相应的文件或内容。

在 Panel 控件上添加控件 TextBox，Label，Button，如图 3-26 所示。

（3）在 MyControl.ascx.cs 添加如下代码：

```
public partial class MyControl : System.Web.UI.UserControl
{
    protected void Page_Load(object sender, EventArgs e)
    {
    }
    protected void Button1_Click(object sender, EventArgs e)
    {
        Label1.Text = TextBox1.Text;
    }
}
```

（4）新建页面 UseMyControl.aspx，在解决方案资源管理器中，将用户控件 MyControl.ascx 拖曳至窗体页面 UseMyControl.aspx 中，如图 3-27 所示。

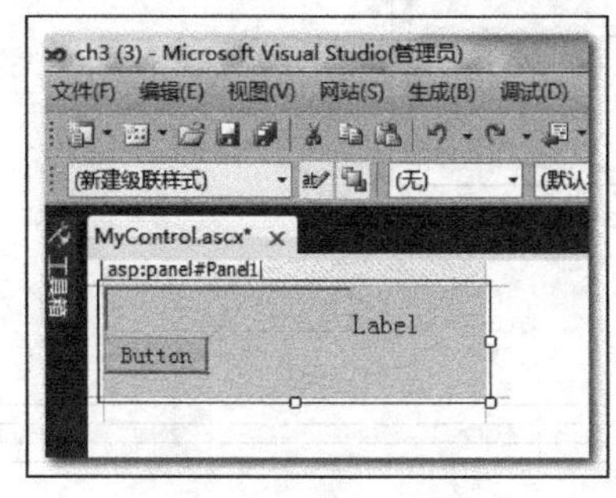

图 3-26　设计界面

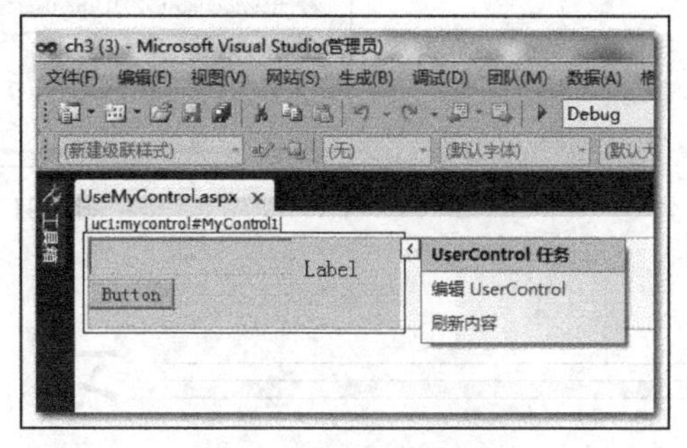

图 3-27　设计界面

控件代码：<uc1:MyControl ID="MyControl1" runat="server" />

（5）运行页面，如图 3-28 所示。

例 3-11：动态添加用户控件。

（1）新建页面 UseMyContro2.aspx，在页面添加 Panel 控件，如图 3-29 所示。

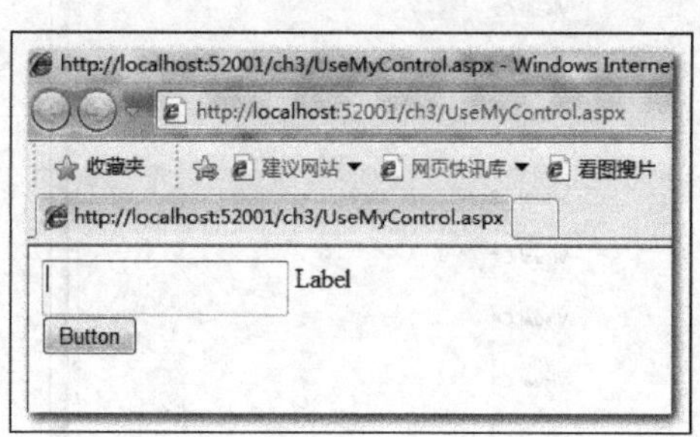

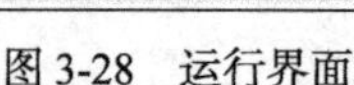

图 3-28　运行界面

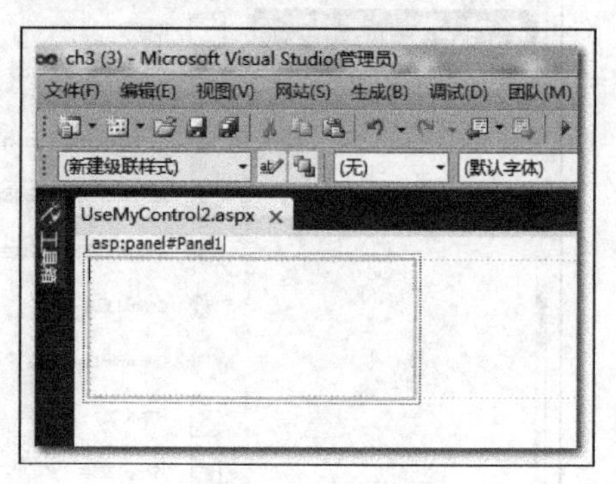

图 3-29　设计界面

（2）在 UseMyContro2.aspx.cs 中添加代码如图 3-30 所示。

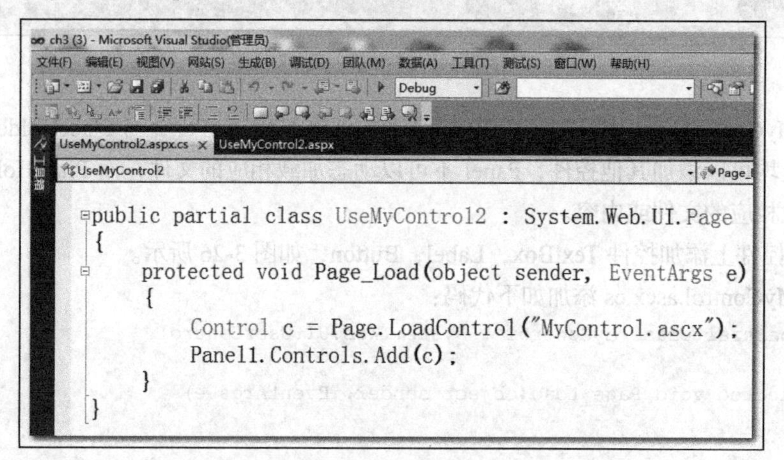

图 3-30　添加代码

（3）运行页面，如图 3-31 所示。

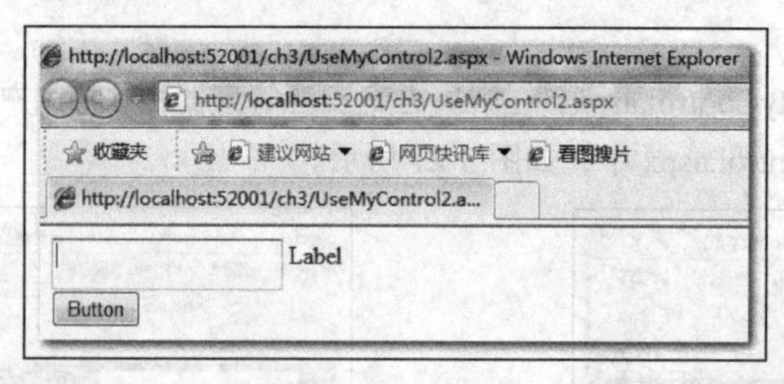

图 3-31　运行界面

习　　题

1. HTML 控件与服务器控件有何区别？

2. web服务器控件从类型上划分，可分为哪几类？

3. 在一个页面中如何快速地调整各控件的大小、间距、对齐等关系？

4. 表示超链接的服务器控件有哪些？有何区别？

5. TextBox控件的TextChanged事件发生过程是怎样的？

6. 设计一个简单的计算器页面。

7. 在页面中输出九九乘法表。

8. 简述ASP.NET页面的处理过程。

9. Imag，ImageButton，ImageMap有何区别？

10. 设计一个用于按班级名称查询课表的网页。

11. 在页面中添加五个TextBox控件，简单调整其布局，对每一个控件用数据验证控件对其进行验证。要求如下：

（1）用必须项验证控件对TextBox1验证，要求若输入数据为admin，则不通过验证，显示“输入数据不能为admin”。

（2）用比较通过验证控件对两密码框TextBox2和TextBox3进行验证，若两密码框输入数据不一致，则不通过验证，显示“两次密码不一致”。

（3）用正则表达式验证控件对TextBox4进行验证，要求若输入数据不是身份证号码格式，则不通过验证，显示“输入数据必须为身份证号码格式”。

（4）用自定义验证控件对TextBox5验证，若输入的数据不是在0～100之间，则不通过验证，显示“输入数据必须为0～100之间”。

第4章 ASP.NET内置对象

与其他 WEB 开发技术一样，ASP.NET 也提供了一些内置对象，如 Request、Response、Session、Application 和 Page，这些对象提供了丰富的属性和方法，使用它们可以轻松地实现 ASP.NET 的状态和管理，开发出更加高效的 ASP.NET 应用程序。ASP.NET 中使用的内置对象如表 4-1 所示。

表 4-1　　ASP.NET 中的内置对象

类　型	对　象	说　明
HttpResponse	Response	响应客户端请求
HttpRequest	Request	用于封装 HTTP 请求信息
HttpSessionState	Session	保存特定用户的会话
HttpApplicationState	Application	存储应用程序状态信息
HttpServerUtility	Server	获取服务器相关状态信息
Page	Page	每一个 ASP.NET 的页面对应一个页面类。Page 对象就是页面的实例

每一个 ASP.NET 对象都对应着一种类，这些类在.NET 框架中已经封装好，但是在实际使用中这些对象可以在应用程序中直接使用，不需要用类进行实例化，因为这些对象在页面初始化请求时自动创建，所以通常把它们称为内置对象。

4.1　Response 对象

Response 对象主要是服务器端响应客户端，可以向客户端输出信息。

1. Write 方法

Write 方法格式：

```
Response.Write(字符串);
```

Write 方法将信息写入输出流，从而输出到客户端浏览器，信息可以是字符串，也可以含有 HTML 标记或脚本。如：

```
string str = "world";
Response.Write("hello" + "<br/>");
Response.Write(str + "<br/>");
Response.Write("<a href=''>hello world</a>" + "<br/>");
Response.Write("<a href=''>"+str+"</a>");
```

运行结果如图 4-1 所示。

需要注意的是，默认情况下 ASP.NET 向浏览器 Write 的时候并不会每 Write 一次都会立即输出到客户端浏览器，而是会缓存数据，到一定的时机或者响应结束才会将缓冲区中的数据一起发送到浏览器，这样可以提高服务器的性能。

图 4-1　运行页面

2．WriteFile 方法

WriteFile 方法格式：

```
Response.WriteFile(文件);
```

WriteFile 方法将参数中指定的文件内容写入 HTTP 输出流，从而输出到客户端浏览器。如服务器端根目录下有一个“企业信息表.xls”，现下载到客户端浏览器，可使用下列代码：

```
Response.ContentType = "application/vnd.ms-excel";
Response.ContentEncoding = System.Text.Encoding.GetEncoding("GB2312");
Response.WriteFile("~/企业信息表.xls");
```

运行结果如图 4-2、图 4-3 所示。

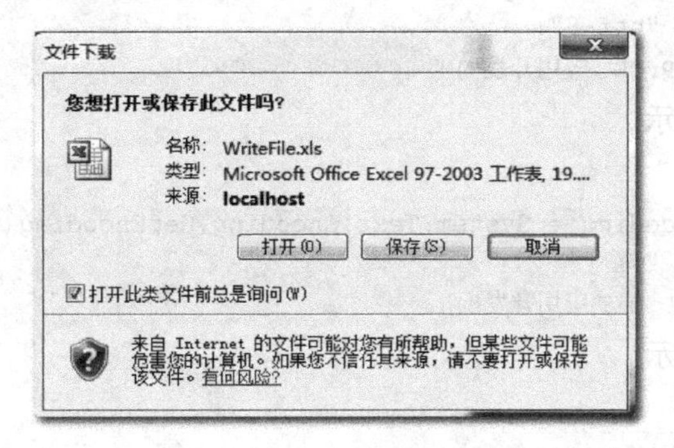

图 4-2　运行页面

	A	B	C	D
1	企业信息表			
2	单位名称	行业代码	法定代表人	主要产品
3	精密工业（苏州）有限公	3452	钱盛	齿轮减速马达
4	苏州装饰股份有限公司	5010	朱新	建筑装饰装修工程

图 4-3　运行页面

3．ContentType 属性

Response 对象的 ContentType 属性用来设置输出流的内容类型，即 MIME 类型。MIME 类型就是设定某种扩展名的文件用一种应用程序来打开的方式类型，当该扩展名文件被访问的时候，浏览器会自动使用指定应用程序来打开。多用于指定一些客户端自定义的文件名，以及一些媒体文件打开方式。

HTTP 协议设计之初，并没有附加的数据类型信息，所有传送的数据都被客户端浏览器解释为 HTML 文档，而为了支持多媒体数据类型，HTTP 协议中就使用了附加在文档之前的 MIME 数据类型(如表 4-2 所示)信息来标识数据类型。

表 4-2　常用文件的 MIME 类型

扩 展 名	MIME 类型
.txt	text/html
.doc	application/msword
.docx	application/vnd.openxmlformats-officedocument.wordprocessingml.document

续表

扩 展 名	MIME 类型
.xls	application/vnd.ms-excel
.xlsx	application/vnd.openxmlformats-officedocument.spreadsheetml.sheet
.gif	image/gif
.jpeg	image/jpeg

4．ContentEncoding 属性与 Charset 属性

Response 对象的 ContentEncoding 属性与 Charset 属性用来设置编码方式，避免文件中的内容在浏览器页面显示成乱码。ContentEncoding 是标识输出内容是采用什么编码的，而 Charset 是控制客户端用什么编码显示的。如果没有指定 Charset 或者指定的 Charset 有错误时，会自动用 ContentEncoding 的属性作为 charset。

例如：

```
Response.ContentEncoding = System.Text.Encoding.GetEncoding("gb2312");
Response.Charset = "utf-8";
Response.Write("ASP.NET应用开发");
```

运行结果如图 4-4 所示。

若设置属性如下：

```
Response.ContentEncoding = System.Text.Encoding.GetEncoding("gb2312");
Response.Charset = "";
Response.Write("ASP.NET应用开发");
```

运行结果如图 4-5 所示。

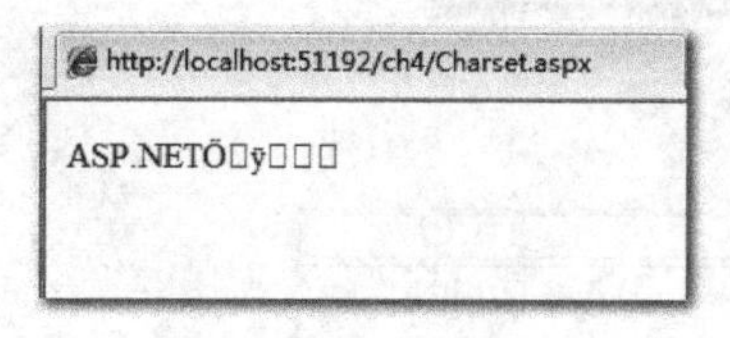

图 4-4 运行结果页面

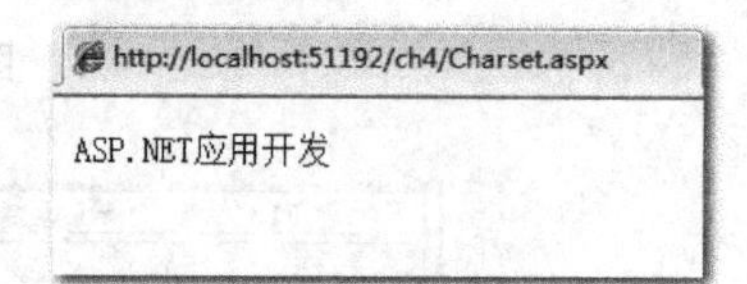

图 4-5 运行结果页面

5．Redirect 格式

Redirect 方法格式：

```
Response.Redirect(url);
```

Redirect 方法可以实现页面的跳转，跳转到方法参数中指定的 url 页面，该方法通常用于根据相关的条件引导进入不同的页面，如根据输入的帐号进入管理员页面或普通用户页面。

如文本框 TextBox1 中输入的是 admin 则进入 admin.aspx 页面，否则进入 user.aspx 页面。

```
if (TextBox1.Text == "admin")
    Response.Redirect("admin.aspx");
else

  Response.Redirect("user.aspx");
```

需要注意的是，这种重定向是发生在客户端的，它先发送一个 HTTP 响应到客户端，告诉客户端跳转到一个新的页面，客户端再发送跳转请求到服务器。使用此方法时，将无法保存所有的内部控件数据，即目标页面是无法获取源页面提交的数据。此时可以通过在 url 地址后加上查询字符串的方式将数据从源页面传递到目标页面。如上例中，我们将输入的用户名传递到目标页面，

可以使用下面写法。

```
if (TextBox1.Text == "admin")
     Response.Redirect("admin.aspx?name="+TextBox1.Text);
else
     Response.Redirect("user.aspx"+"? name="+ TextBox1.Text);
```

6．其他属性或方法

Response.Buffer 用来控制是否采用响应缓存，默认为 true。

Response.Flush()将缓冲区中的数据发送给浏览器。这在需要将 Write 出来的内容立即输出到浏览器的场合非常适用。

Response.Clear()清空缓冲器中的数据，这样缓存区中的没有发送到浏览器端的数据被清空，不会被发送到浏览器。

Response.Cookies 返回给浏览器的 Cookie 的集合，可以通过它设置 Cookie。

Response.End()终止响应，将之前缓存中的数据发迷给浏览器，End()之后的代码不会被继续执行。在终止一些非法请求的时候，可以用 End()立即终止请求。

4.2　Request 对象

Request 对象主要用于获取来自客户端的数据，如用户填入表单的数据、保存在客户端的 Cookie、客户端浏览器相关信息等。

1. Request.From 获取表单信息

（1）使用 Request.From 获取表单信息必须要求表单提交方式为 post，如下例 fm.htm:

```
<html xmlns="http://www.w3.org/1999/xhtml">
<head>
    <title></title>
</head>
<body>
<form action="fm_action.aspx" method="post">
    用户名<input name="Text1" type="text" /><br />
    密　码<input name="Text2" type="password" /><br />
    <input id="Submit1" type="submit" value="提交" />
</form>
</body>
</html>
```

（2）在 fm_action.aspx 中添加一个 Label 控件，ID 为 Label1，fm_action.aspx.cs 代码如下：

```
protected void Page_Load(object sender, EventArgs e)
     {
          string s1, s2, qs;
          s1 = Request.Form["Text1"];
          s2 = Request.Form["Text2"];
          Label1.Text = "用户名" + s1 + "<br/>" + "密 码" + s2;
          qs = "?name=" + s1 + "&" + "pwd=" + s2;
}
```

（3）运行 fm.htm 的结果如图 4-6 所示。

（4）单击“提交”按钮，页面跳转到 fm_action.aspx，如图 4-7 所示。

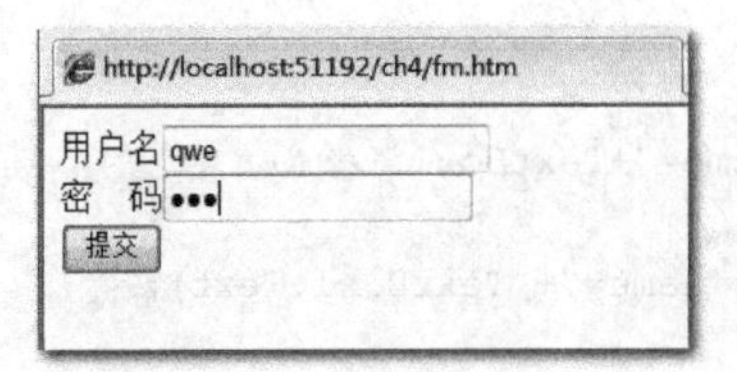

图 4-6　运行结果页面

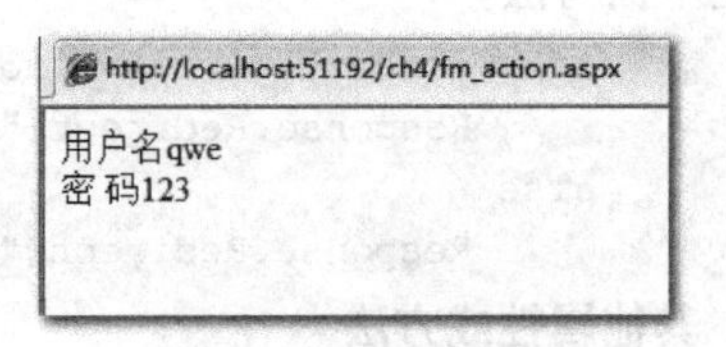

图 4-7　运行结果页面

2．Request.QueryString 获取表单信息

（1）使用 Request.QueryString 获取表单信息必须要求表单提交方式为 get，上例中 fm.htm 将 method 属性值改为“get”，在 fm_action.aspx.cs 中修改代码：

```
s1 = Request. QueryString ["Text1"];
s2 = Request. QueryString ["Text2"];
```

其他代码不变，运行结果页面如图 4-8 所示。

（2）单击“提交”按钮，注意浏览器地址栏的变化，如图 4-9 所示。

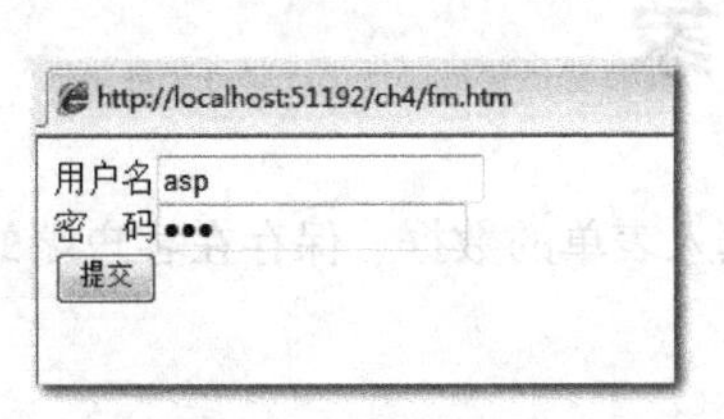

图 4-8　运行结果页面

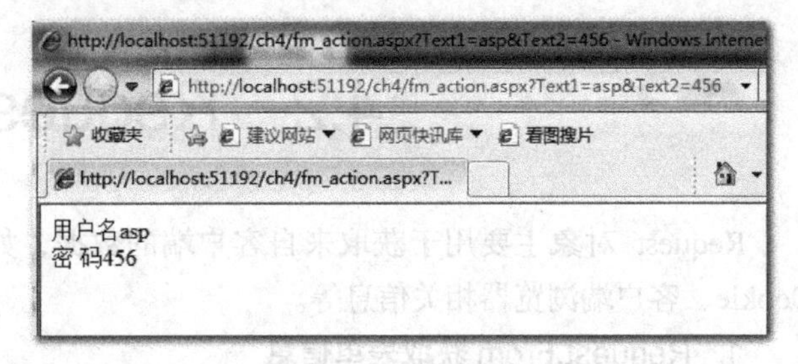

图 4-9　运行结果页面

3．Request.QueryString 获取查询字符串信息

（1）新建页面 Nav1.aspx 和 Nav2.aspx，在 Nav1.aspx 页面添加 HyperLlnk 控件（ID 为 HyperLlnk1），设置其 Text 属性和 NavigateUrl 属性，如图 4-10 所示。

（2）在 Nav1.aspx.cs 中添加以下代码：

```
protected void Page_Load(object sender, EventArgs e)
{
    HyperLink1.NavigateUrl += "?name=admin";
}
```

在 Nav2.aspx.cs 中添加以下代码（Label1 是在页面中添加的 Label 控件的 ID）：

```
protected void Page_Load(object sender, EventArgs e)
{
    Label1.Text = Request.QueryString["name"];
}
```

（3）运行 Nav1.aspx 页面，如图 4-11 所示。

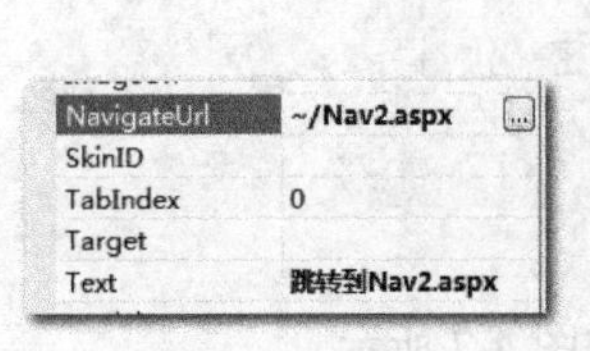

图 4-10　设置属性

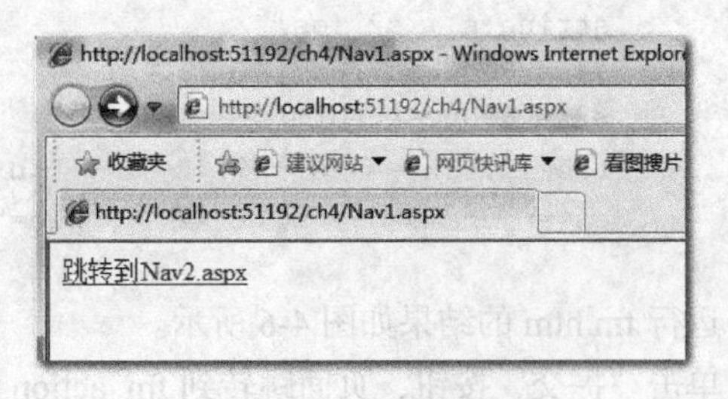

图 4-11　运行结果页面

（4）单击超链接，跳转到 Nav2aspx 页面，如图 4-12 所示。

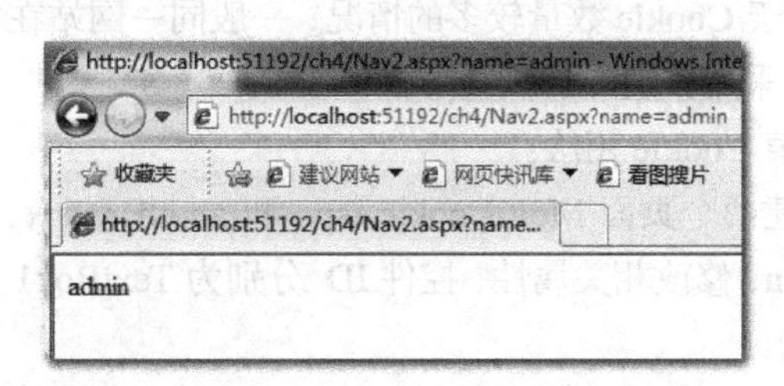

图 4-12 运行结果页面

4．获取客户端 IP

获取客户端 IP 可以使用属性 UserHostAddress 即 Request.UserHostAddress。

4.3 Cookie

由于 HTTP 协议的无状态性，使得在页面间跳转或重复请求同一个页面时，服务器端不能自动保存相关的数据， 比如一个用户在购物网站的一个页面选择了相关商品，在另一个页面这些商品信息就失效了，不能访问，显然 HTTP 协议的这个特点不利于程序员的设计和实现相关的功能。为了解决这一问题，我们可以使用相关方法实现 ASP.NET 的状态管理，Cookie 是其中之一。

Cookie 可以用来存储一段文本信息，这种信息是存储在客户端的，并且该信息具有一定的有效期。

1. 存储 Cookie

将相关信息存储在 Cookie 中可以使用下面的语法格式：

```
Response.Cookies["名称"].Value="信息";
```

存储的信息必须是字符串类型的，而不是 object 类型。

2．设置 Cookie 有效期

如果仅仅存储 Cookie 而并没有设置它的有效期，那么当会话结束时该 Cookie 就不存在了，通常使用下面的格式设置 Cookie 有效期：

```
Response.Cookies["名称"].Expires=日期;
```

表示只有在该日期之前 Cookie 才是有效的，即使会话结束。

日期也可以使用 DateTime 类，比如设置有效期是从现在算起之后的 10 天时间，可以用：

```
Response.Cookies["名称"].Expires=DateTime.Now.AddDays(10);
```

3．读取 Cookie

直接读取 Cookie 同样是字符串，可以使用下面的形式：

```
stirng str=Request.Cookies["名称"].Value;
```

如果这种名称的 Cookie 不存在时会发生错误，所以在读取 Cookie 值之前一般先判断其是否存在，比如可以使用下面的形式：

```
If(Request.Cookies["名称"]!=null)
stirng str=Request.Cookies["名称"].Value;
```

4．多值 Cookie

多值 Cookie 通常适用于 Cookie 数量较多的情况，一般同一网站在客户端存储的 Cookie 数量不能超过 20 个，所以可以采用多值 Cookie 解决。

通过下面例子来看多值 Cookie 用法：

（1）在同一网站下新建两个页面 MultiCookie.aspx 和 another.aspx，其中 MultiCookie.aspx 中添加一个 TextBox 和 Button，修改相关属性，控件 ID 分别为 TextBox1 和 Button1，界面如图 4-13 所示。

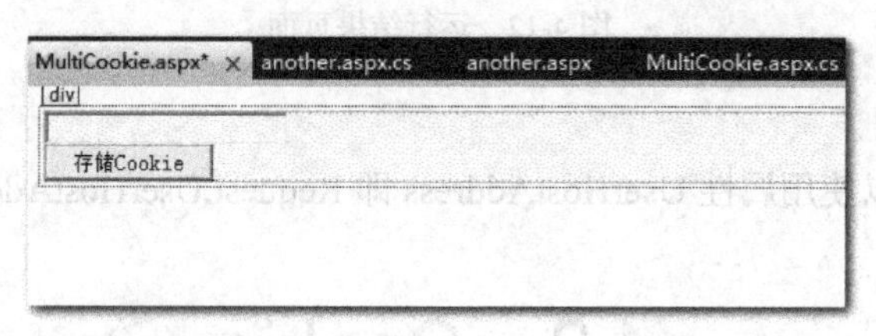

图 4-13　设计界面

（2）在 MultiCookie.aspx.cs 中添加如下代码：

```
protected void Button1_Click(object sender, EventArgs e)
    {
        Response.Cookies["info"]["name"] = TextBox1.Text;
        Response.Cookies["info"]["date"] = DateTime.Now.ToLongDateString();
        Response.Cookies["info"]["time"] = DateTime.Now.ToLongTimeString();
        Response.Cookies["info"].Expires = DateTime.Now.AddHours(1);

}
```

（3）在 another.aspx 中添加一个 Button 和 Label，修改相关属性，控件 ID 分别为 Button1 和 Label1，界面如图 4-14 所示。

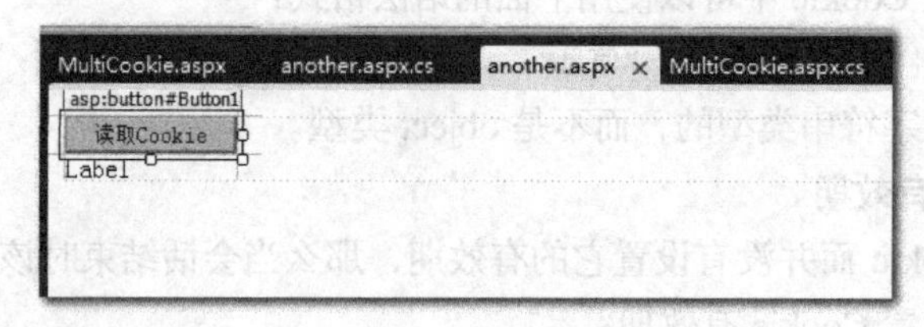

图 4-14　设计界面

（4）在 another.aspx.cs 中添加如下代码：

```
protected void Button1_Click(object sender, EventArgs e)
    {
        Label1.Text = "";
        if (Request.Cookies["info"] != null)
        {
        Label1.Text += Request.Cookies["info"]["name"]+"<br/>";
        Label1.Text += Request.Cookies["info"]["date"] + "<br/>";
        Label1.Text += Request.Cookies["info"]["time"];
    }
    }
```

（5）分别运行这两个页面，先运行 MultiCookie.aspx，输入“abc”，单击“存取 Cookie”按钮，显示界面如图 4-15 所示。

（6）再运行 another.aspx 页面，运行之前可以关闭 MultiCookie.aspx（也可以不关闭），显示界面如图 4-16 所示。

（7）单击“读取 Cookie”按钮，显示界面如图 4-17 所示。

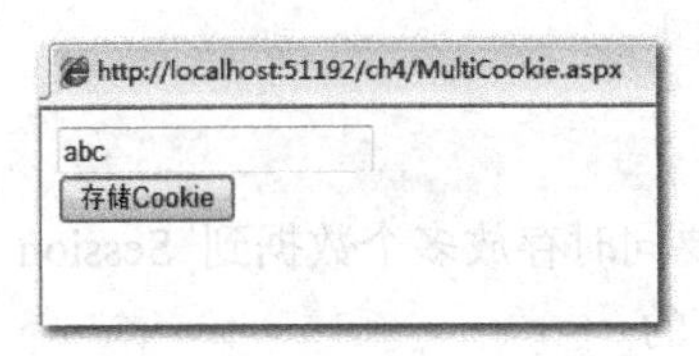

图 4-15　运行结果页面

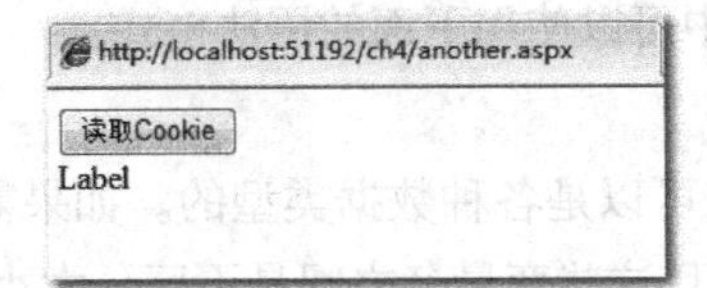

图 4-16　运行结果页面

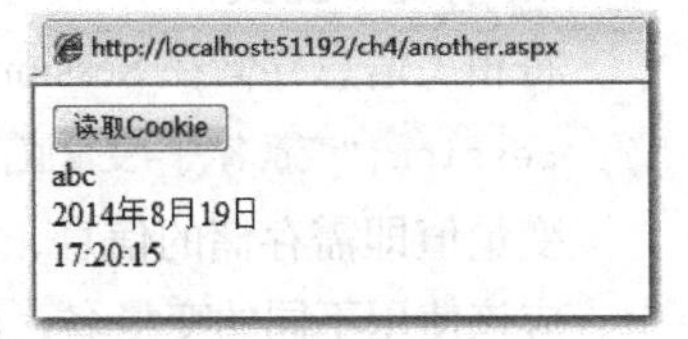

图 4-17　运行结果页面

另一种存储 Cookie 和读取 Cookie 的方法是创建 HttpCookie 对象，我们用这种方法对上面的例子进行改写。

在 MultiCookie.aspx.cs 中添加以下代码：

```
protected void Button1_Click(object sender, EventArgs e)
{
     HttpCookie ck=new HttpCookie("info");
          ck["name"] = TextBox1.Text;
          ck["date"] = DateTime.Now.ToLongDateString();
          ck["time"] = DateTime.Now.ToLongTimeString();
          Response.Cookies.Add(ck);
ck.Expires = DateTime.Now.AddHours(1);

}
```

在 another.aspx.cs 中添加以下代码：

```
protected void Button1_Click(object sender, EventArgs e)
{
HttpCookie ck=Request.Cookies["info"];
          Label1.Text = "";
          If(ck!=null)
{
          Label1.Text += ck["name"]+"<br/>";
          Label1.Text += ck["date"] + "<br/>";
          Label1.Text +=ck["time"];
          }
}
```

总之 Cookie 的使用很方便，不管使用我们前面介绍过的哪一种方法都是可以的，我们需要记住的是存储 Cookie 使用的是 Response 对象，读取 Cookie 使用的是 Request 对象， 这两个对象都提供了 Cookies 集合属性。

4.4　Session 对象

实现 ASP.NET 状态管理的另一种方法是使用 Session 对象，Session 又称为会话，它针对特定的用户，每当有用户请求访问网站的某个页面时，系统会自动创建一个 Session，而且它有唯一的编号 SessionID，不论该用户通过链接或其他方式访问网站的其他页面。该用户在访问某一个页面时可以把相关信息存储在 Session 中，其他任何页面都可以直接读取存储的信息。

Session 的有效期是从会话创建开始直到用户结束访问所有的页面或者会话超时（在设定的时间内没有任何访问操作）。

1. 存储 Session

将相关信息存储在 Session 中可以使用下面的语法格式：

```
Session["变量名"]=变量值;
```

变量值即需存储的信息，它可以是各种数据类型的。如果需要同时存放多个数据到 Session 中，应该使用不同的变量名，而且这些变量名之间是不区分大小写的。

或者也可以使用下面的格式：

```
Session .Add("变量名",变量值);
```

2. 读取 Session

读取 Session 信息可以直接使用下面的语法格式：

```
Session["变量名"]
```

读取 Session 信息是 object 类型的，所以需要注意转换为相应的类型，如具体使用时可以使用：

```
object obj;
obj= Session["变量名"];
或者
string str;
str=(string) Session["变量名"];
```

一般情况下如果读取的是一个根本不存在的 Session，换句话说之前没有信息存储在该 Session 中，那么会引发"未将对象引用设置到对象实例"的异常。因此，一般应该先存储 Session，后读取 Session，如果确实需要先读取而后存储，可以在读取之前进行判断。

```
if(Session["变量名"]!=null)
{
string str;
str=(string) Session["变量名"];
}
```

例如，利用 Session 对象，通过下面的程序显示某用户访问页面的次数，刷新页面能使次数增加，并且每个页面都会显示出其 SessionID。代码如下：

```
protected void Page_Load(object sender, EventArgs e)
{
     if (Session["s"] == null)
         Session["s"] = "1";
    else
     {
         int num = int.Parse(Session["s"].ToString()) + 1;
         Session["s"] = num.ToString();
     }
    Response.Write("当前用户的 SessionID 是: "+Session.SessionID+"<br/>"+"当前用户的访问次
数是: "+Session["s"].ToString());
    }
```

第一次访问页面，如图 4-18 所示。

刷新该页面，运行结果如图 4-19 所示。

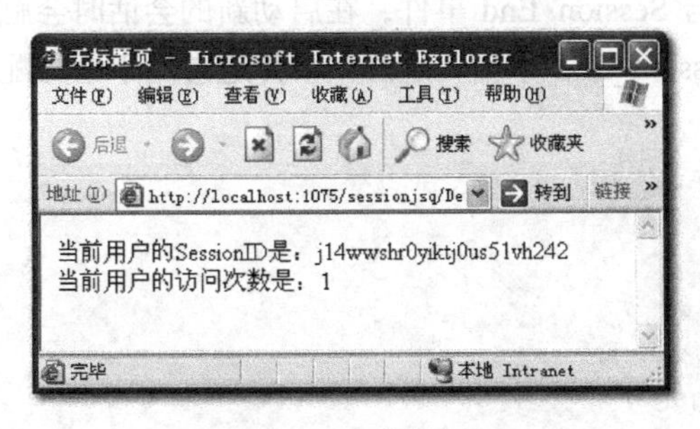

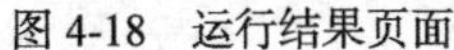
图 4-18　运行结果页面

图 4-19　运行结果页面

可以发现刷新页面后 SessionID 与第一次访问页面是相同的，没有变化，而且该 SessionID 是随机产生的字符串。如果关闭浏览器，再重新运行该程序，我们会发现访问次数不管之前已经是多少次了，这一次都是从第一次开始。这是由于 Session 的有效期决定的。

3．Session 对象的常用属性、方法与事件

（1）SessionID 属性

SessionID 是在会话创建时系统分配的，它的产生是随机的也是唯一的。SessionID 可以实现对会话进行管理和跟踪。

（2）IsNewSession 属性

IsNewSession 表示 Session 是否是新创建的，其值是布尔型的，如果用户是从该网站的其他页面跳转到某一页面进行访问的，此时该属性值是 false，只有在创建会话时属性值是 true，通过该属性能够方便地实现很多功能，比如在统计页面次数的时候要求刷新页面而不能增加次数，这时就可以利用这一属性。

（3）Abandon( )方法

使用 Abandon( )方法可以提前结束当前的用户会话，但它并不是立即使当前会话失效，而是等待当前页面处理完。在页面中添加如下代码：

```
protected void Page_Load(object sender, EventArgs e)
    {
        Session["var"] = "hello";
        Response.Write(Session["var"]);
        Session.Abandon();
        Response.Write(Session["var"]); //仍然可以读取出该 Session
}
```

运行结果如图 4-20 所示。

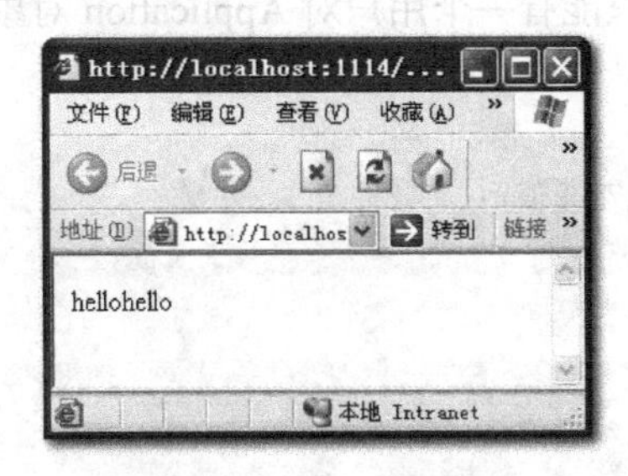

图 4-20　运行结果页面

（4）Session_Start 事件与 Session_End 事件

Session 对象具有两个事件：Session_Start 事件与 Session_End 事件，在启动新的会话时会触发 Session_Start 事件，在结束一个会话时会触发 Session_End 事件，这两个事件通常用于全局配置文件 Global.asax 中。

```
    void Session_Start(object sender, EventArgs e)
    {
        // 在新会话启动时运行的代码
    }

    void Session_End(object sender, EventArgs e)
    {
        // 在会话结束时运行的代码
}
```

对于 Session_End 事件还需注意以下两点：

（1）只有在 Web.config 文件中的 sessionstate 模式设置为 InProc 时，才会引发 Session_End 事件。

（2）如果会话模式设置为 StateServer 或 SQLServer，则不会触发该事件。

4.5 Application 对象

利用 Session 可以存储与特定用户相关的信息，但是 Session 有固定的生命期，如果需要存储和读取的不是针对特定用户而是针对所有用户的信息，比如网站主页的访问次数，这时就需要使用 Application 对象。利用 Application 对象进行存储或读取信息的用法与 Session 对象类似。不同的是，任一用户可以将相关信息存储在 Application 对象中，其他用户可以读取，Application 对象的有效期是直到服务器关闭。使用 Application 对象是实现 ASP.NET 的状态管理的另一种方法。

1. 存储 Application

将相关信息存储在 Application 对象中可以使用有下面几种方式：

（1）直接创建

```
Application.Lock( );
Application ["变量名"]=变量值;
Application.UnLock( );
```

由于多个用户可以存储同一个 Application，所以在存储之前使用 Lock 方法，存储之后使用 UnLock 方法，以确保同一时刻只能有一个用户对 Application 对象值进行改变。

（2）使用其 Set 方法

```
Application.Lock( );
Application .Set("变量名",变量值);
Application.UnLock( );
```

（3）使用 Add 方法

```
Application.Lock( );
Application .Add("变量名",变量值);
Application.UnLock( );
```

2. 读取 Application

读取 Application 信息可以直接使用下面的语法格式：

```
Application ["变量名"]
```

与读取 Session 信息一样，读取 Application 信息也是 object 类型的，所以需要注意转换为相应的类型，如具体使用时可以使用：

```
object obj;
obj= Application ["变量名"];
或者
string str;
str=(string) Application ["变量名"];
```

如果读取的是一个不存在的 Application，同样会引发“未将对象引用设置到对象实例”的异常。因此，一般可以在读取之前进行判断。

```
if(Application ["名称"]!=null)
{
string str;
str=(string) Application ["变量名"];
}
```

例 4-1：统计某网站主页的点击次数。

（1）在页面 Default.aspx 中显示次数的位置添加 Label 控件，ID 为 Label1。

（2）在 Default.aspx.cs 中添加以下代码：

```
protected void Page_Load(object sender, EventArgs e)
    {
        if (Application["s"] == null)
        {
            Application.Lock();
            Application["s"] = 1;
            Application.UnLock();
        }
        else
        {
            Application.Lock();
            int num = (int)(Application["s"]) + 1;
            Application["s"] = num;
            Application.UnLock();
        }
        Label1.Text = Application["s"].ToString();
    }
```

显然此处不能使用 Session 对象保存次数信息，必须使用 Application 对象保存次数信息。此例中，刷新页面次数会增加，如果要求刷新页面次数不能增加，则可将程序修改为：

```
protected void Page_Load(object sender, EventArgs e)
    {
        if (Application["s"] == null)
        {
            Application.Lock();
            Application["s"] = 1;
            Application.UnLock();
        }
        else
        {
            if(Session.IsNewSession)
            {
```

```
                Application.Lock();
                int num = (int)(Application["s"]) + 1;
                Application["s"] = num;
                Application.UnLock();
            }
        }
        Label1.Text = Application["s"].ToString();
    }
```

3．Application 对象的事件

Application 对象具有三个事件：Application_Start 事件、Application_End 事件与 Application_Error 事件，在启动应用程序时会触发 Application_Start 事件，在结束一个应用程序时会触发 Application_End 事件，在应用程序中出现未处理的错误时会触发 Application_Error 事件，这三个事件和 Session 对象的两个事件通常都用于全局配置文件 Global.asax 中。

```
    void Application_Start(object sender, EventArgs e)
    {
        // 在应用程序启动时运行的代码
    }

    void Application_End(object sender, EventArgs e)
    {
        //  在应用程序关闭时运行的代码
    }

    void Application_Error(object sender, EventArgs e)
    {
        // 在出现未处理的错误时运行的代码
}
```

4．全局配置文件 Global.asax

Global.asax 是应用程序的全局配置文件，它是应用程序的可选文件，该文件放在应用程序的根目录下，它不支持以 URL 形式访问，在 VS2010 以上版本中新建一网站在解决方案资源管理器下可以看见全局配置文件 Global.asax（如图 4-21 所示），在 VS2010 以下版本中新建一网站默认不会有该文件，需要另外添加新项。

图 4-21　运行结果页面

打开该文件，其代码是 Session 和 Application 对象相关的事件（如图 4-22 所示），前面我们已经介绍何时触发这些事件，我们可以根据需要在这些事件体中选择部分事件完成代码。

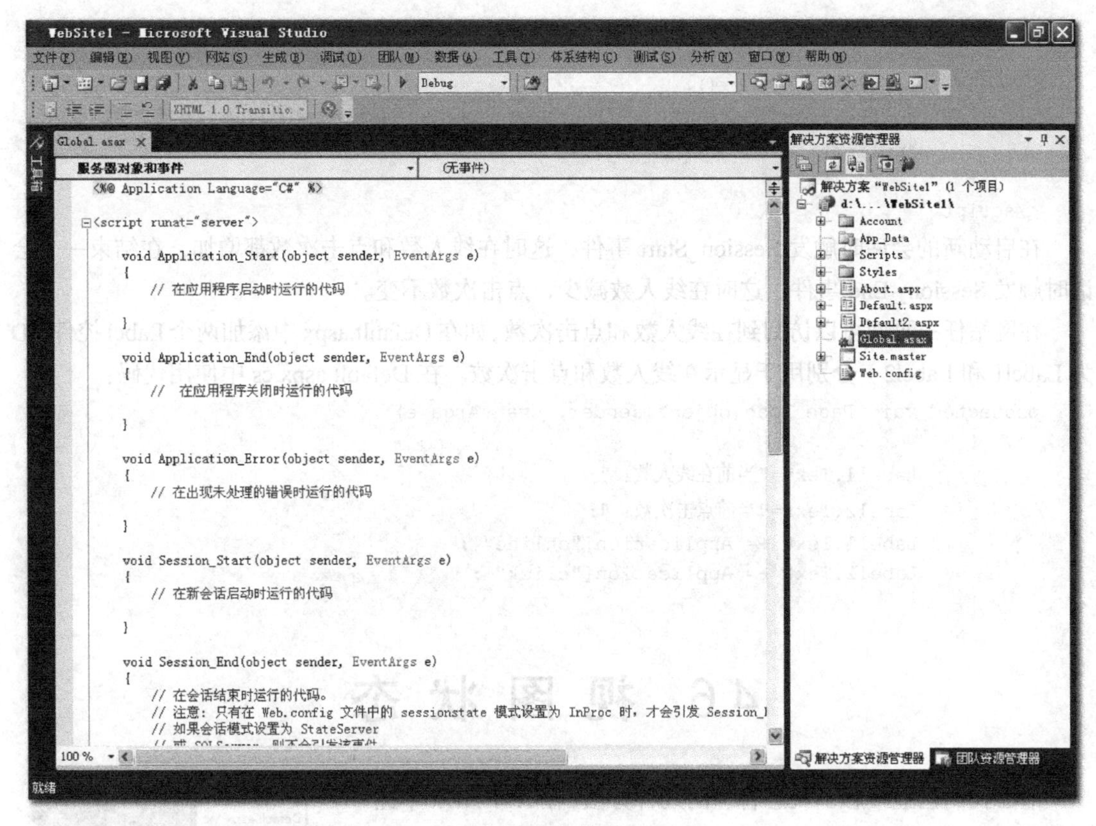

图 4-22 运行结果页面

例 4-2：现在要统计一个网站的在线人数和一个网站主页的点击次数，用全局配置文件 Global.asax 实现，代码如下：

```
<%@ Application Language="C#" %>
<script runat="server">
    void Application_Start(object sender, EventArgs e)
    {
        Application["online"] = 0;
        Application["click"] = 0; //点击次数初始化
    }

    void Session_Start(object sender, EventArgs e)
    {
        if (Application["online"] != null)
        {
            Application.Lock();
            Application["online"] = (int)Application["online"] + 1; //在线人数增加
            Application.UnLock();
        }
        if (Application["click"] != null)
        {
            Application.Lock();
            Application["click"] = (int)Application["click"] + 1; //点击次数增加
            Application.UnLock();
        }
```

```
    }
    void Session_End(object sender, EventArgs e)
    {
        Application.Lock();
        Application["online"] = (int)Application["online"] - 1; //在线人数减少
        Application.UnLock();
    }
</script>
```

在启动新的会话时触发 Session_Start 事件，这时在线人数和点击次数都增加，在结束一个会话时触发 Session_ End 事件，这时在线人数减少，点击次数不变。

在网站任一页面可以访问到在线人数和点击次数，如在 Default.aspx 中添加两个 Label 控件（ID 为 Label1 和 Label2）分别用于显示在线人数和点击次数。在 Default.aspx.cs 中使用代码：

```
protected void Page_Load(object sender, EventArgs e)
    {
        Label1.Text="当前在线人数：";
        Label2.Text="当前点击次数：";
        Label1.Text += Application["online"];
        Label2.Text += Application["click"];
    }
```

4.6 视图状态

前面我们已经接触了状态管理的几种方法，在 ASP.NET 中经常还使用一种方法来保存状态信息即视图状态，它通常用于在单个页面之间保持状态信息。

例 4-3：利用窗体级变量存取信息

（1）设计 Default.aspx 页面，控件 ID 分别为 TextBox1、Label1、read、write 如图 4-23 所示。

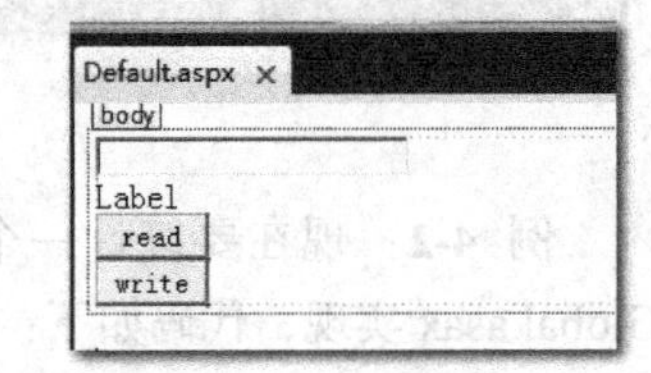

图 4-23　设计界面

（2）在 Default.aspx.cs 中添加代码如下：

```
public partial class _Default : System.Web.UI.Page
{
    string str;  //窗体级变量
    protected void read_Click(object sender, EventArgs e)
    {
        str = TextBox1.Text; //读取到窗体级变量
        Label1.Text = str;
    }
    protected void write_Click(object sender, EventArgs e)
    {
        Label1.Text = str;  //从窗体级变量写到 Label 位置
    }
}
```

（3）运行该页面，如图 4-24 所示。

（4）在文本框中输入“hello”，界面如图 4-25 所示。

（5）单击“read”按钮，显示界面如图 4-26 所示。

（6）再单击“write”按钮，显示界面如图 4-27 所示。

图 4-24　运行结果页面

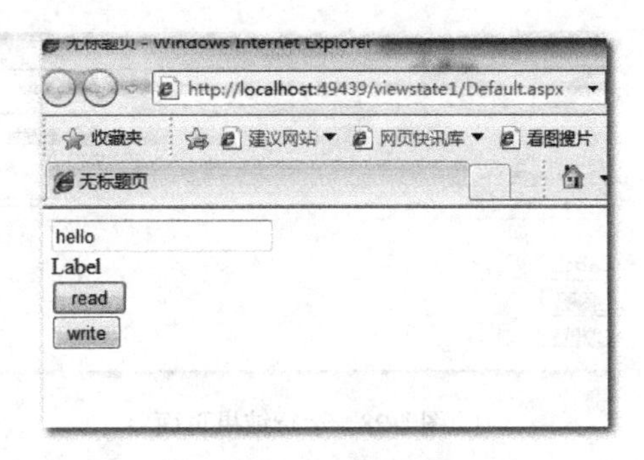

图 4-25　运行结果页面

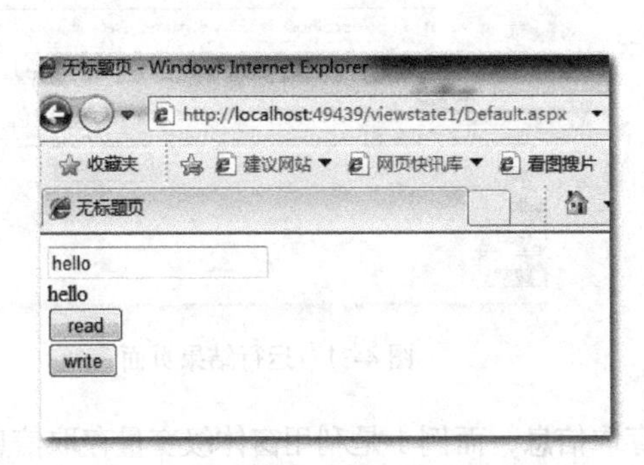

图 4-26　运行结果页面

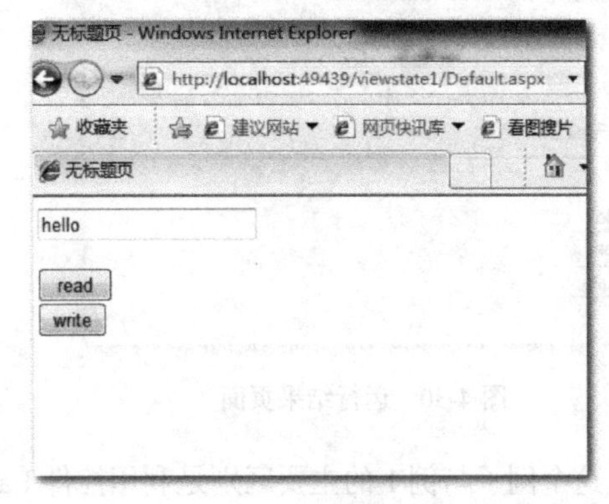

图 4-27　运行结果页面

发现 Label 控件中并没有显示“hello”，我们之前虽然在执行读操作时将文本框中输入的“hello”存放到窗体级变量 str 中，但是执行写操作时页面已经回发了，str 中之前的信息无法保存，这是由于 HTTP 协议的无状态性导致的。

换句话说，在同一个页面，当页面没有回发的情况下，我们可以利用窗体级变量保存信息，反之则不可以。

例 4-4：利用控件 Label1 保存信息。

（1）将上例中 Default.aspx.cs 的代码修改为：

```
public partial class _Default : System.Web.UI.Page
{
    protected void read_Click(object sender, EventArgs e)
    {
        Label1.Text = TextBox1.Text;
        TextBox1.Text = "";
    }
    protected void write_Click(object sender, EventArgs e)
    {
        TextBox1.Text = Label1.Text;
    }
}
```

（2）运行该页面，如图 4-28 所示。

（3）在文本框中输入“hello”，界面如图 4-29 所示。

（4）单击“read”按钮，显示界面如图 4-30 所示。

（5）再单击“write”按钮，显示界面如图 4-31 所示。

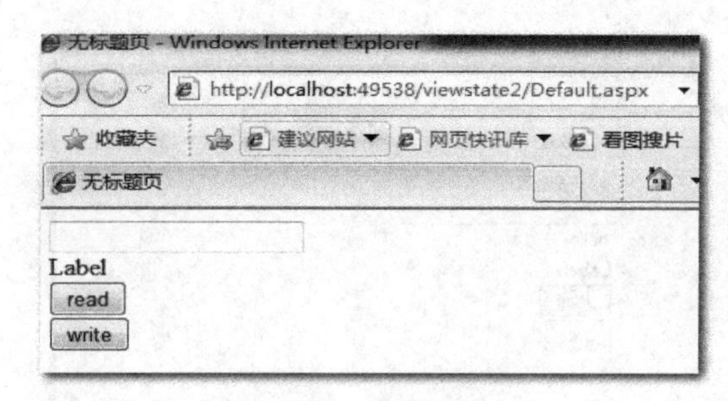

图 4-28 运行结果页面

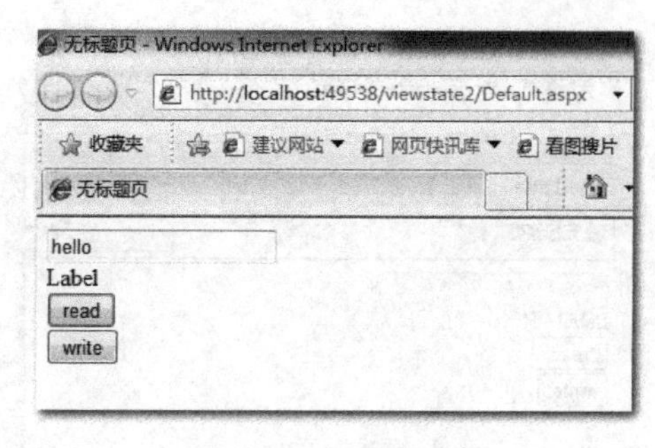

图 4-29 运行结果页面

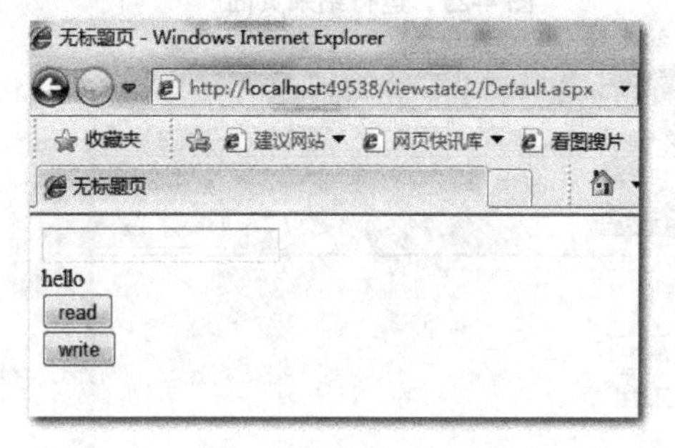

图 4-30 运行结果页面

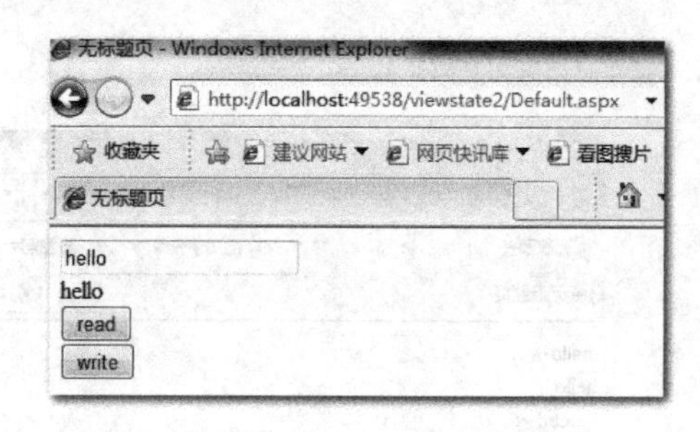

图 4-31 运行结果页面

这个例子与例 1 的主要区别是利用控件 Label1 存取信息，而例 1 是利用窗体级变量存取信息，同样先读后写，利用控件 Label1 保存信息却成功了，按照我们前例的分析应该不能将字符串写入 TextBox1，这是什么原因呢?

这是因为 Label 控件的属性 EnableViewState（如图 4-32 所示），它用于设置控件是否自动保存其状态以用于往返过程，其默认值是 True，它能够自动将文本信息保存在视图状态。这样单击“write”按钮时，页面虽然回发了，Label1.Text 的值是保存在视图状态中的信息。

图 4-32 设置属性

如果将 EnableViewState 属性改为 False，则不能保存信息。这里我们只是以 Label 控件为例，对于其他控件也是如此。简而言之，当 WEB 控件的 EnableViewState 属性为 True 时，WEB 控件将把其绝大部分属性保存在视图状态中。

例 4-5：直接从视图状态中存取信息。

将上例中 Default.aspx.cs 的代码修改为：

```
public partial class _Default : System.Web.UI.Page
{
    protected void read_Click(object sender, EventArgs e)
    {
        ViewState["ss"] = TextBox1.Text;//存储到视图状态
        TextBox1.Text = "";

    }
    protected void write_Click(object sender, EventArgs e)
    {
```

```
        Label1.Text = ViewState["ss"].ToString();//从视图状态中读取信息写到 Label 控件

    }
}
```

可以运行该程序，会发现存储到视图状态中的信息在页面回发后仍然是可以读取的。

4.7　Server 对象

Server 对象提供了相关属性和方法，这些属性和方法可以获取服务器相关状态信息。

1. Server 对象属性

（1）ScripTimeout 获取或设置请求超时的时间。如果一个文件的执行超过此属性的时间会自动停止执行。

（2）MachineName 获取服务器的计算机名称。

2. Server 对象方法：

（1）HTML 编码

如果需要在页面上显示相关的 HTML 标记，此时不能直接使用 HTML 标记，因为浏览器会对标记解释，页面上是不能看到该标记的。这时可以使用 Server 对象的 HtmlEncode 方法对标记先进行编码，然后再使用 HTML 标记，可用下列格式：

```
string str=Server. HtmlEncode("标记");
```

如下面的例子：

新建 Server_ HtmlEncode.aspx 页面，添加两个 Label 控件，ID 分别为 Label1 和 Label2，Server_HtmlEncode.aspx.cs 添加代码：

```
protected void Page_Load(object sender, EventArgs e)
    {
        Label1.Text = "<I>hello world</I>";
        Label2.Text = Server.HtmlEncode("<I>hello world</I>");
}
```

页面运行结果如图 4-33 所示。

（2）HTML 解码

HTML 解码与 HTML 编码刚好是相反的过程，Server 对象的 HtmlDecode 方法可以将编码后的字符串解码成编码前的字符串，可用下列格式：

```
string str=Server. HtmlDecode ("字符串");
```

如在上例中 HtmlEncode.aspx.cs 添加以下代码：

```
protected void Page_Load(object sender, EventArgs e)
    {
        Label1.Text = "<I>hello world</I>";
        Label2.Text =Server.HtmlDecode( Server.HtmlEncode("<I>hello world</I>"));
}
```

页面运行结果如图 4-34 所示。

图 4-33　运行结果页面　　　图 4-34　运行结果页面

（3）URL 编码

我们已经知道 URL 地址后可以附加查询字符串，如下面形式：

```
http://localhost/default.aspx?name=wangsir
```

其中“name=wangsir”即查询字符串，并且该查询字符串中的数据是可以传递到 url 地址指定的页面 default.aspx，但是查询字符串中一般是不允许出现空格和特殊字符的，如果出现非法字符在有些浏览器上不能得到正确的数据。

例如上面的查询字符串变成“name=wang sir”，在里面加了空格，这时可用 URL 编码方法进行处理，可用下列格式：

```
string str=Server. UrlEncode("字符串");
```

如下例：

新建一页面，添加以下代码：

```
protected void Page_Load(object sender, EventArgs e)
    {
        string url;
        url = "http://localhost/default.aspx?name=";
        url += Server.UrlEncode("wang sir ");
        Response.Write(url);
}
```

页面运行结果如图 4-35 所示。

（4）URL 解码

URL 解码与 URL 编码刚好是相反的过程， Server 对象的 UrlDecode 方法可以将编码后的字符串解码成编码前的字符串，可用下列格式：

```
string str=Server. UrlDecode ("字符串");
```

如果在目标页面，获取查询字符中的数据是使用 UrlEncode 方法编码过的，可以使用此方法还原数据。

例 4-6：创建 URL 编码和解码。

（1）新建页面 urlcode.aspx，视图如图 4-36 所示。

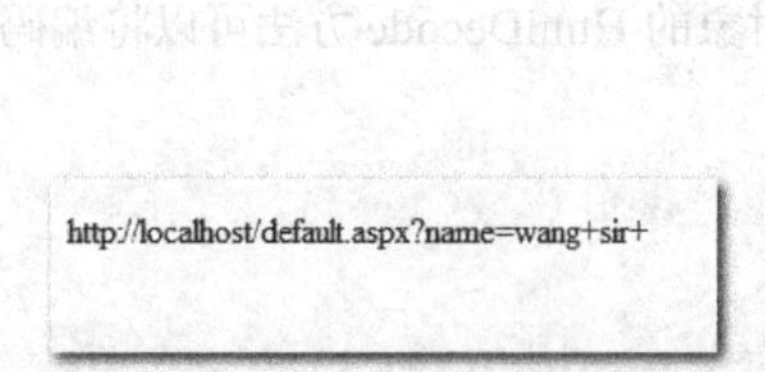

图 4-35　运行结果页面

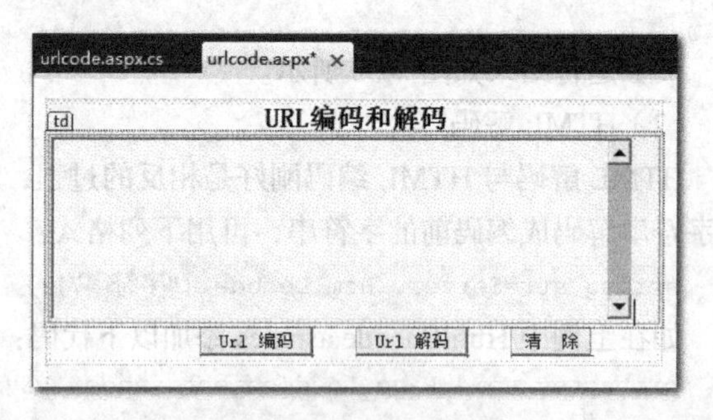

图 4-36　设计页面

TextBox 控件 ID 为 txtString，三个 Button 控件 ID 分别为 btnUrlEn、btnUrlDe、btnClear

（2）在 urlcode.aspx.cs 中添加以下代码：

```
public partial class _Default : System.Web.UI.Page
{
    protected void Page_Load(object sender, EventArgs e)
    {
        this.Title = "URL 编码、解码示例";
        txtString.Focus();
```

```
        }
        protected void Button_Click(object sender, EventArgs e)
        {
            Button btn = (Button)sender;
            switch (btn.Text)
            {
                case "Url 编码":
                    txtString.Text = Server.UrlEncode(txtString.Text);
                    break;
                case "Url 解码":
                    txtString.Text = Server.UrlDecode(txtString.Text);
                    break;
                case "清  除":
                    txtString.Text = "";
                    break;
            }
        }
    }
```

（3）运行页面，输入“ASP.NET 程序设计”，界面如图 4-37 所示。

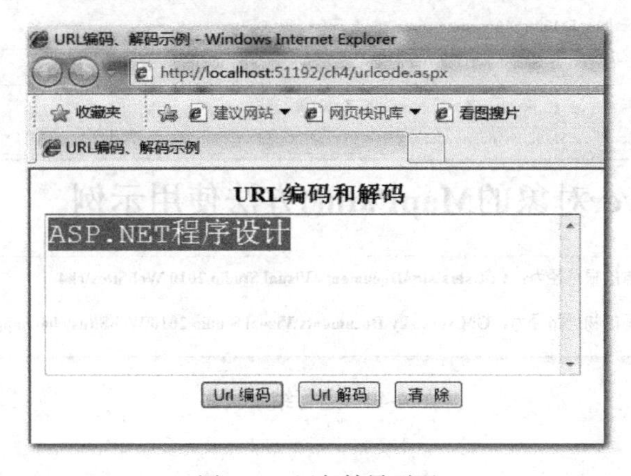

图 4-37　运行结果页面

（4）单击“Url 编码”按钮，界面如图 4-38 所示。

（5）单击“Url 解码”按钮，界面如图 4-39 所示。

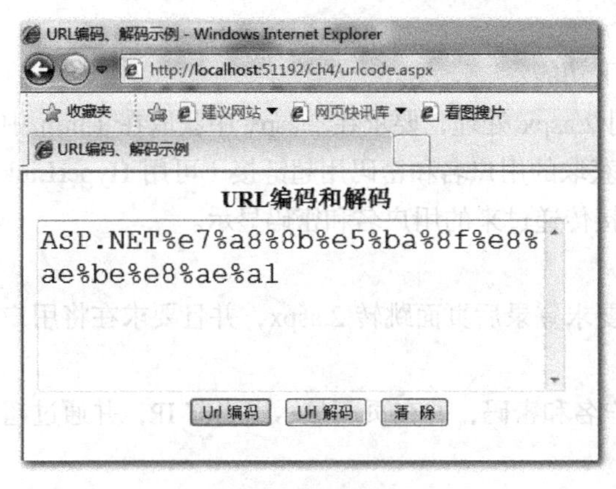

图 4-38　运行结果页面

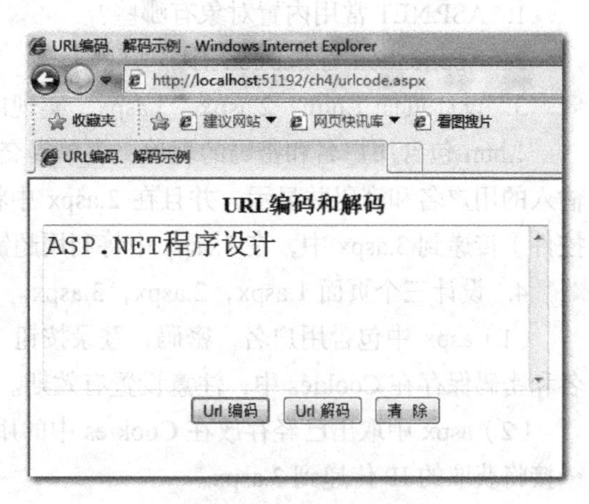

图 4-39　运行结果页面

5. MapPath 方法

Server 对象的 MapPath 方法可以将虚拟路径转换成物理路径，这样可以增强程序的可移植性，所以一般程序中涉及路径时我们都不直接使用物理路径，而是使用此方法先进行转换。

例 4-7：添加页面 mappath.aspx。

在 mappath.aspx.cs 中添加代码：

```
public partial class mappath : System.Web.UI.Page
{
    protected void Page_Load(object sender, EventArgs e)
    {
        Response.Write("<h1>Server 对象的 MapPath()方法使用示例</h1>");
        Response.Write("<hr/>");
        Response.Write("当前站点的根路径为:<b>" + Server.MapPath("~/") + "</b><br><br>");
        Response.Write("当前页面的物理路径为:<b>" + Server.MapPath("~/mappath.aspx") +
"</b>");
    }
}
```

运行页面，如图 4-40 所示。

图 4-40　运行结果页面

习　题

1. ASP.NET 常用内置对象有哪些？
2. Application 与 Session 有哪些区别？
3. 设计页面 1.htm，2.aspx，3.aspx，实现以下功能：

1.htm 包含用户名和密码的表单，表单提交到 2.aspx 处理，要求在 2.aspx 中获取在 1.htm 中输入的用户名和密码并显示，并且在 2.aspx 中将获取的用户名和密码用超链接（可用 HyperLink 控件）传递到 3.aspx 中，在 3.aspx 中将利用超链接传递过来的用户名和密码显示。

4. 设计三个页面 1.aspx，2.aspx，3.aspx。

（1）aspx 中包含用户名，密码，登录按钮，要求登录后页面跳转 2.aspx，并且要求在将用户名和密码保存在 Cookies 中，注意设置有效期。

（2）aspx 中取出已经存放在 Cookies 中的用户名和密码，并在页面显示出当前 IP，并通过超链接将获取的 IP 传递到 3.aspx。

（3）aspx 中显示传递过来的 IP。

第5章 主题与母版

5.1 主题技术

我们已经知道，CSS 的出现给网页设计提供了极大的便利，它提供了许多 HTML 无法实现的功能。同时利用 CSS 可以对 ASP.NET 服务器控件添加样式和特征，如通过设置控件的 CssClass 属性，但是这种通过 CSS 对服务器控件属性的设置是有限的，比如对于 RadioButtonList 控件设置其成员的排列方式，CSS 则无法控制。另一方面，如果还想定义控件的某些行为，CSS 也无法做到。

ASP.NET 从 2.0 开始引入主题技术。主题技术的出现不是取代 CSS，它是 CSS 的有效补充。特别是当属性不被 CSS 支持时，可以使用主题技术。

1. 添加 App_Themes 文件夹

主题文件都存放在文件夹 App_Themes 中，新建主题时会自动创建该文件夹，添加主题文件夹如图 5-1 所示。

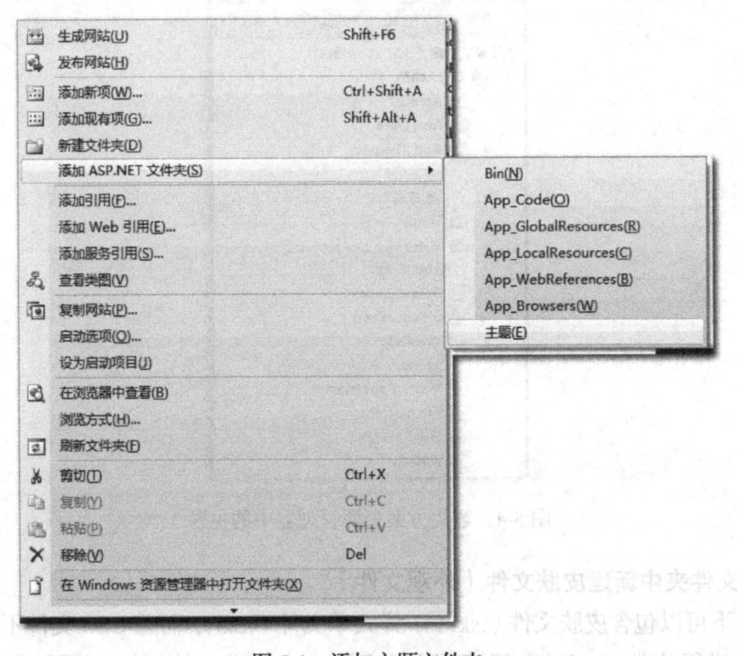

图 5-1 添加主题文件夹

添加后，解决方案资源管理器中会生成文件夹“App_Themes”，在其下可以有多个子文件夹（主题文件夹），即一个网站可以设置多个主题，每一个子文件夹的名称即主题的名称，如添加文件夹“App_Themes”后已有一默认主题为“主题 1”。主题在解决方案资源管理器中的目录如图 5-2 所示。

2. 添加主题文件夹

同样在解决方案资源管理器中的“App_Themes”上单击鼠标右键，可继续添加主题，如图 5-3 所示。

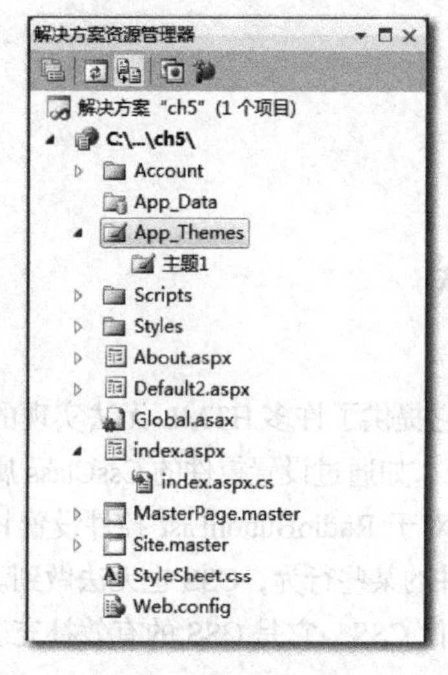

图 5-2 解决方案资源管理器中的主题

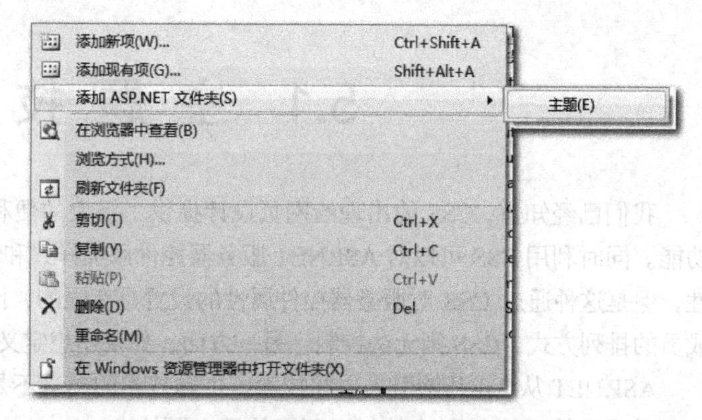

图 5-3 添加主题

多个主题同时存在于文件夹 App_Themes 下，如图 5-4 所示。

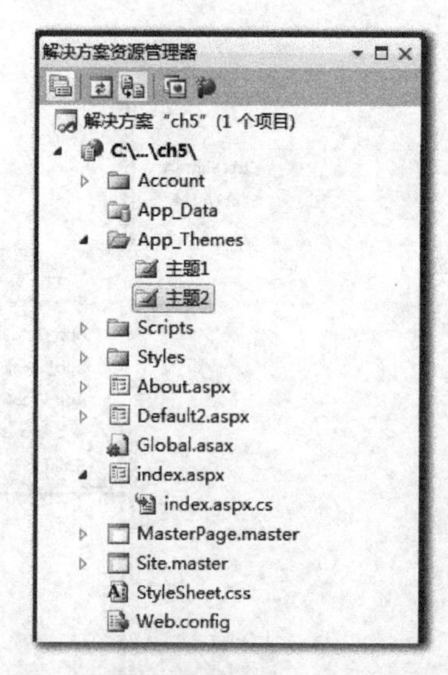

图 5-4 解决方案资源管理器中的主题

3. 在主题文件夹中新建皮肤文件（外观文件）

主题文件夹下可以包含皮肤文件（.skin），样式单文件（.css），而且 CSS 文件不需要使用<link>标记和相关页面进行关联，一旦页面引用了该主题，CSS 自动生效。在“主题 1”中右键单击“添加新项”/“外观文件”，如图 5-5 所示。

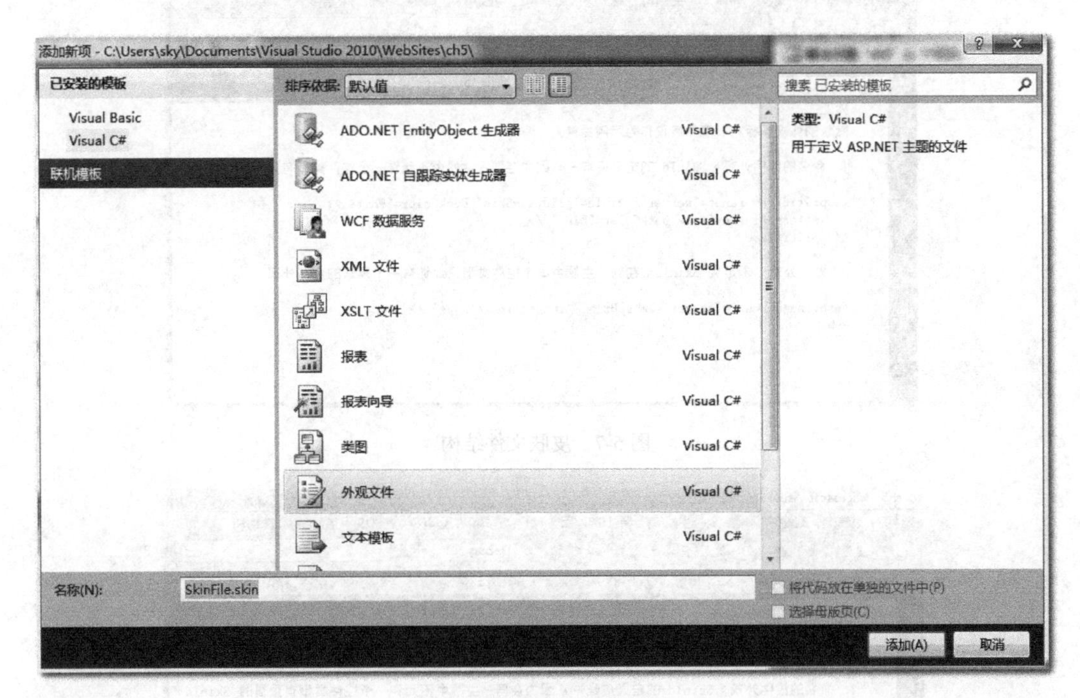

图 5-5　新建皮肤文件

将皮肤文件存放在主题文件夹中，如图 5-6 所示。

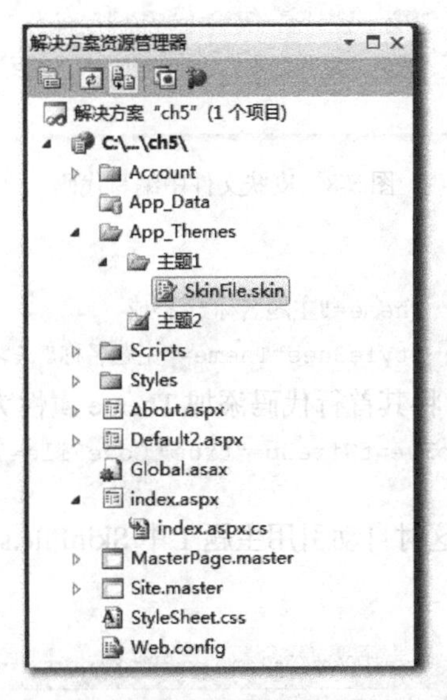

图 5-6　主题中的皮肤文件

打开 SkinFile.skin 文件结构如图 5-7 所示。

其中<%……%>中为注释，提示编写 skin 文件注意事项，skin 文件代码可在注释之外编写。如通过下面代码（可从 aspx 文件中复制再修改）对 Label 控件进行统一设置，如图 5-8 所示。

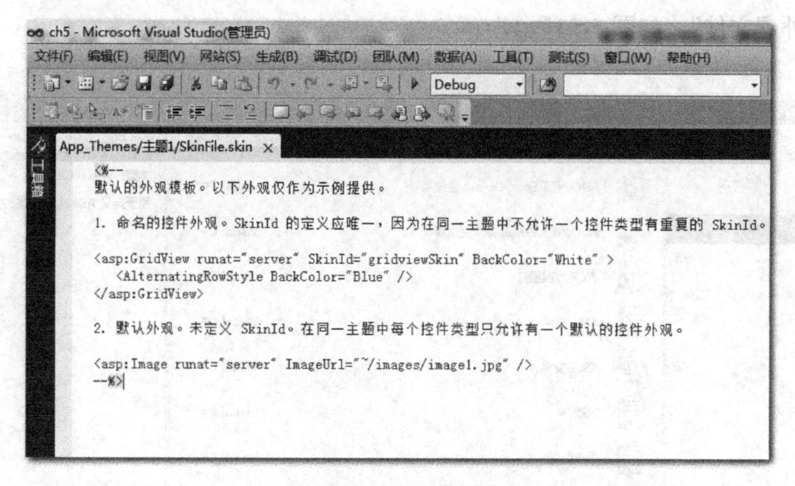

图 5-7　皮肤文件结构

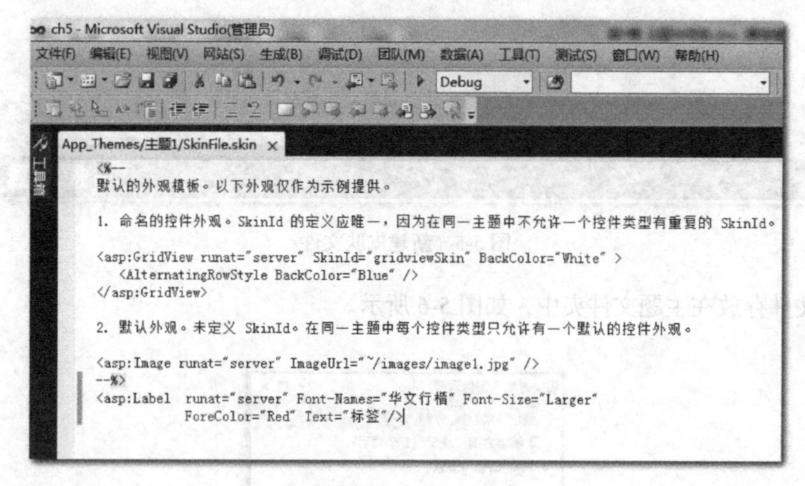

图 5-8　皮肤文件中编写代码

4. 页面引用主题

```
<%@ Page Language="C#" ……Theme="主题名称" %>或
<%@ Page Language="C#" ……StyleSheetTheme="主题名称" %>
```

新建页面 CiteTheme1.aspx，将其首行代码添加 Theme 属性为"主题 1"：

```
<%@ Page Language="C#" AutoEventWireup="true" CodeFile="CiteTheme1.aspx.cs" Inherits=
"CiteTheme1"Theme="主题 1" %>
```

在页面中添加 Label 控件，这时自动引用主题 1 中 SkinFile.skin 文件设置的样式。运行页面，如图 5-9 所示。

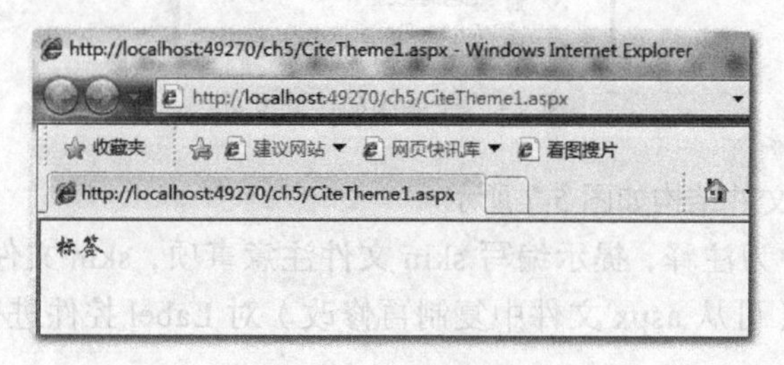

图 5-9　引用主题

StyleSheetTheme 与 Theme 的区别：

Theme 引用主题时，控件的自身属性设置与皮肤文件中的属性的设置不一致时，起作用的是主题中皮肤文件中的属性的设置。

StyleSheetTheme 引用主题时，控件的自身属性设置与皮肤文件中的属性的设置不一致时，起作用的是控件的自身属性设置。

5. 同一控件定义多种多观

可以在皮肤文件中为同一控件定义多种外观，方法和前面介绍的创建皮肤文件相同，只是需要使用属性 SkinId 加以区分。如将“主题 1”中的皮肤文件 SkinFile.skin 改写成下列形式：

```
<asp:Label  runat="server" Font-Names="华文行楷" Font-Size="Larger"
            ForeColor="Red" SkinID="lab1"Text="标签"/>
<asp:Label runat="server" Font-Bold="True" Font-Names="华文隶书"
            Font-Size="XX-Large" ForeColor="Blue" SkinID="lab2" Text="标签二"/>
```

在之前已设计的页面 CiteTheme1.aspx 中继续添加一个 Label 控件，如图 5-10 所示。

图 5-10　设计页面

在 CiteTheme1.aspx“源”视图中分别添加 SkinID="lab1"和 SkinID="lab2"，如图 5-11 所示。

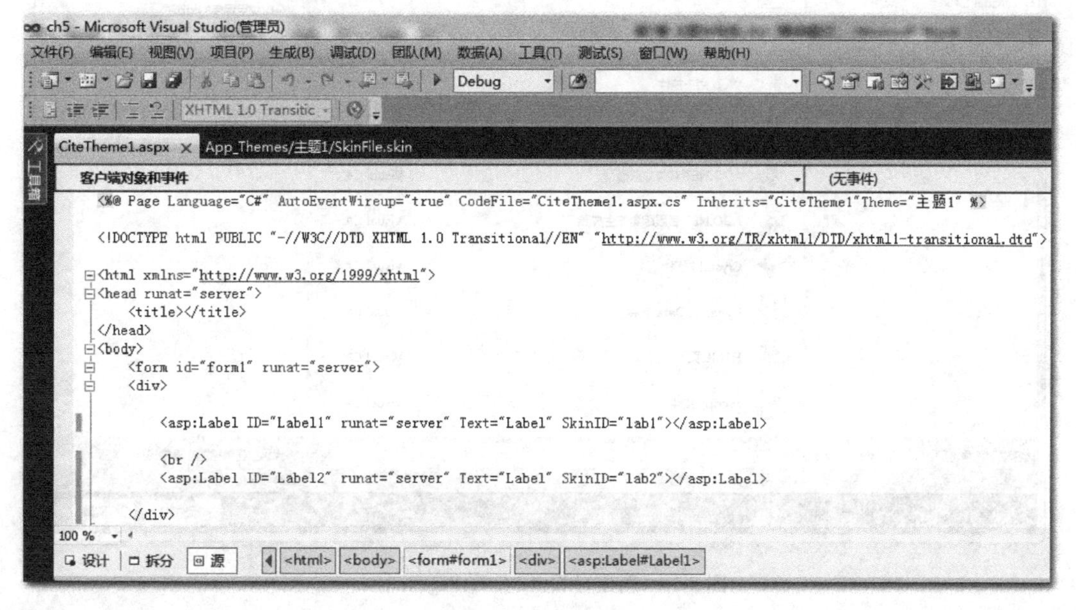

图 5-11　添加 SkinId

运行页面，如图 5-12 所示。

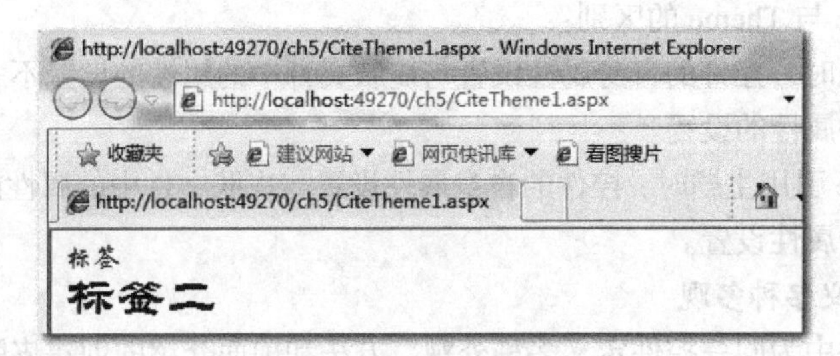

图 5-12　运行页面

需要注意的是，主题也可以动态应用，动态应用可以在代码中通过 Page.Theme 或 Page.StyleSheetTheme 属性设置，而且这种设置需要在 Page_Init 事件中完成。

5.2 母版技术

一般情况下，一个网站中的很多页面风格和布局是相同的，比如页面的导航栏、侧栏或页脚等，如果在开发过程中重复设计页面中这些相同的部分，这种工作显然是低效的。ASP.NET 从 2.0 开始引入母版技术，使用母版页就是为应用程序创建统一的用户界面和样式。

1. 新建母版页 MasterPage.master

（1）在解决方案资源管理器中，添加新项，选择“母版页”，如图 5-13 所示。

图 5-13　新建母版页 MasterPage.master

其代码结构如下：

```
<%@ Master Language="C#" AutoEventWireup="true" CodeFile="MasterPage.master.cs" Inherits=
"MasterPage" %>
```

```
    <!DOCTYPE html PUBLIC "-//W3C//DTD XHTML 1.0 Transitional//EN" "http://www.w3.org/
TR/xhtml1/DTD/xhtml1-transitional.dtd">

    <html xmlns="http://www.w3.org/1999/xhtml">
    <head runat="server">
        <title></title>
        <asp:ContentPlaceHolder id="head" runat="server">
        </asp:ContentPlaceHolder>
    </head>
    <body>
        <form id="form1" runat="server">
        <div>
            <asp:ContentPlaceHolder id="ContentPlaceHolder1" runat="server">

            </asp:ContentPlaceHolder>
        </div>
        </form>
    </body>
    </html>
```

（2）ContentPlaceHolder 控件只能在母版页中使用，它相当于一个占位符，母版页的内容是不能在<asp:ContentPlaceHolder ……>和</asp:ContentPlaceHolder>之间的。在母版页中设计界面如图 5-14 所示。

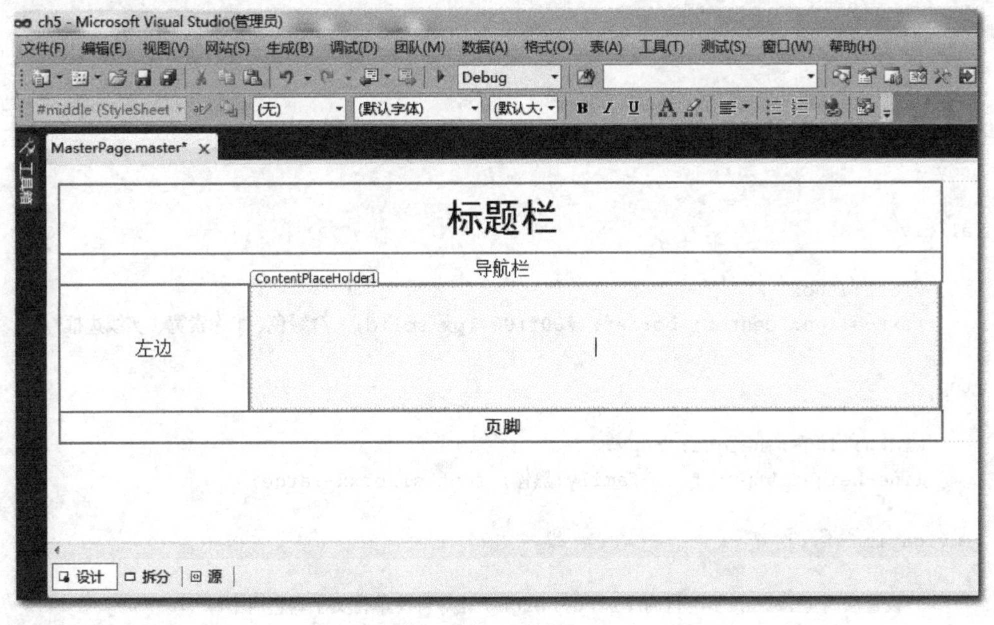

图 5-14　设计母版页

其代码如下：

```
    <%@ Master Language="C#" AutoEventWireup="true" CodeFile="MasterPage.master.cs" Inherits=
"MasterPage" %>

    <!DOCTYPE html PUBLIC "-//W3C//DTD XHTML 1.0 Transitional//EN" "http://www.w3.org/
TR/xhtml1/DTD/xhtml1-transitional.dtd">

    <html xmlns="http://www.w3.org/1999/xhtml">
```

```
<head runat="server">
    <title></title>
    <link href="StyleSheet.css" rel="stylesheet" type="text/css" />
    <asp:ContentPlaceHolder id="head" runat="server">
    </asp:ContentPlaceHolder>
</head>
<body>
 <form id="form2" runat="server">
        <div class="alldiv">
            <div id="top" class="alldiv">
                <asp:Label ID="Label2" runat="server" Text="标题栏"></asp:Label>
            </div>
            <div id="navigation" class="alldiv">
                <asp:Label ID="Label3" runat="server" Text="导航栏"></asp:Label>
 </div>
            <div id="left" class="alldiv"> <asp:Label ID="Label1" runat="server"
Text="侧栏"></asp:Label>
            </div>
            <div id="middle" class="alldiv">
        <asp:ContentPlaceHolder id="ContentPlaceHolder1" runat="server">
        </asp:ContentPlaceHolder></div>
            <div id="bottom" class="alldiv">
                <asp:Label ID="Label4" runat="server" Text="页脚"></asp:Label>
            </div>
        </div>
    </form>
</body>
</html>
```

StyleSheet.css 文件代码：

```
body {
}
.alldiv
{
    width:760px;
    text-align: center; border: #00ff00 1px solid;  /*绿色、1 像素宽、实线边框*/
}
#top
{
    width: 100%; height: 56px;
    line-height:56px; font-family:黑体; font-size:xx-large;
}
#navigation
{
    /*设置层高（height）与行高（line-heigh）相等可使单行文字垂直居中*/
    width: 100%; height: 24px; line-height:24px;
}
#left
{
    width: 162px;
height: 104px; line-height:104px; float: left;  /*“float:left”表示元素向左浮动，使后续
元素可跟随在该元素的右侧*/
}
#middle
{
```

```
     width: 593px;
    height: 104px; line-height:104px; float: left;
    }
    #bottom
    {
        width: 100%; height: 24px; line-height:24px;  font-family:黑体;  clear: both; /*
"clear:both"表示不允许元素的左右两边有浮动元素*/
    }
```

（3）新建页面 index.aspx，如图 5-15 所示。

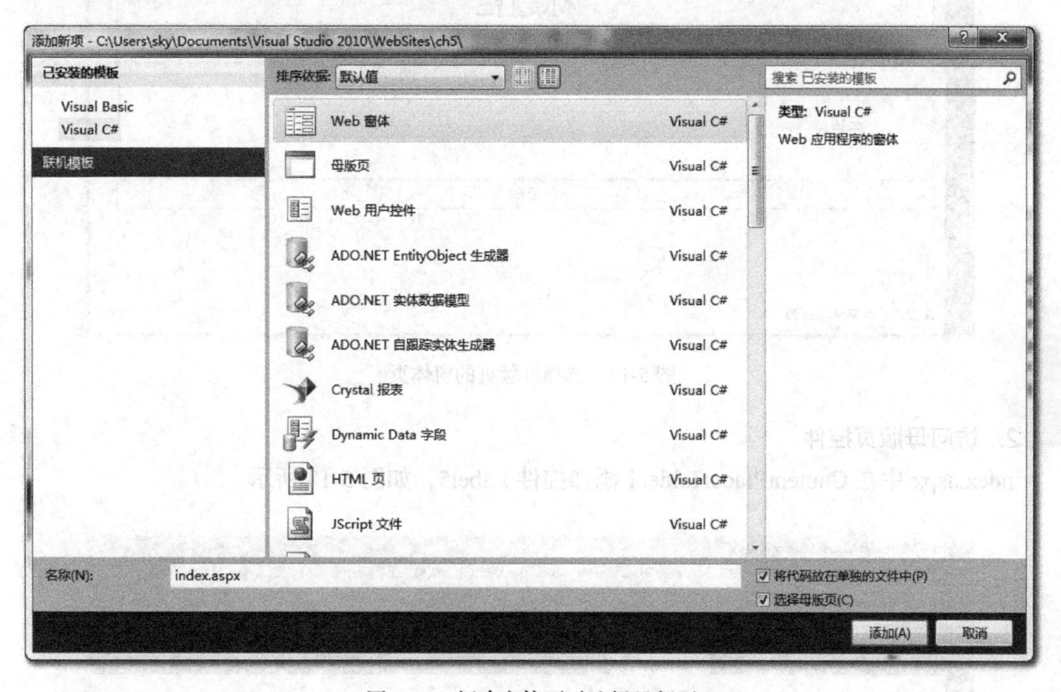

图 5-15　新建窗体页时选择母版页

（4）选择母版页如图 5-16 所示。

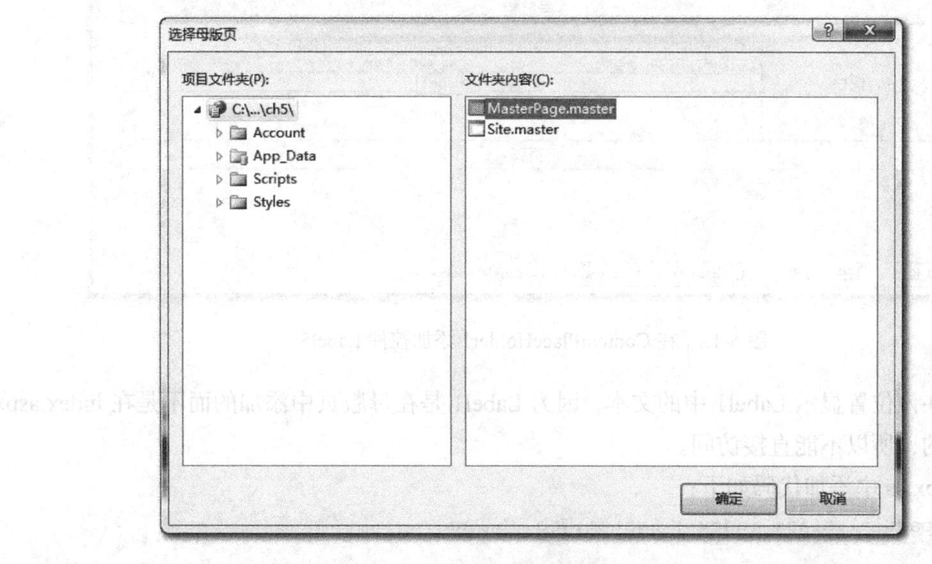

图 5-16　选择母版页

（5）选择母版页的页面 index.aspx 如图 5-17 所示。

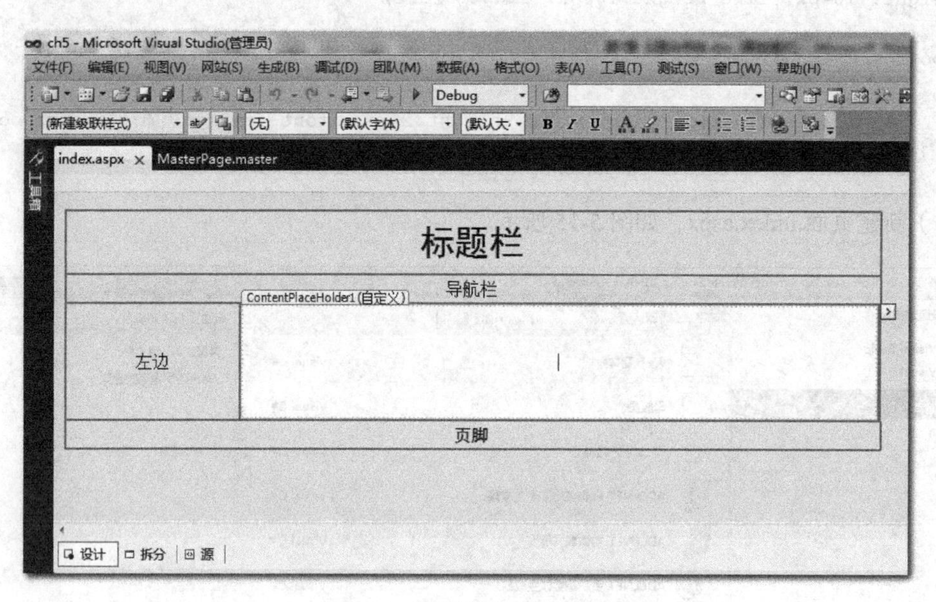

图 5-17　选择母版页的窗体页

2. 访问母版页控件

index.aspx 中在 ContentPlaceHolder1 添加控件 Label5，如图 5-18 所示。

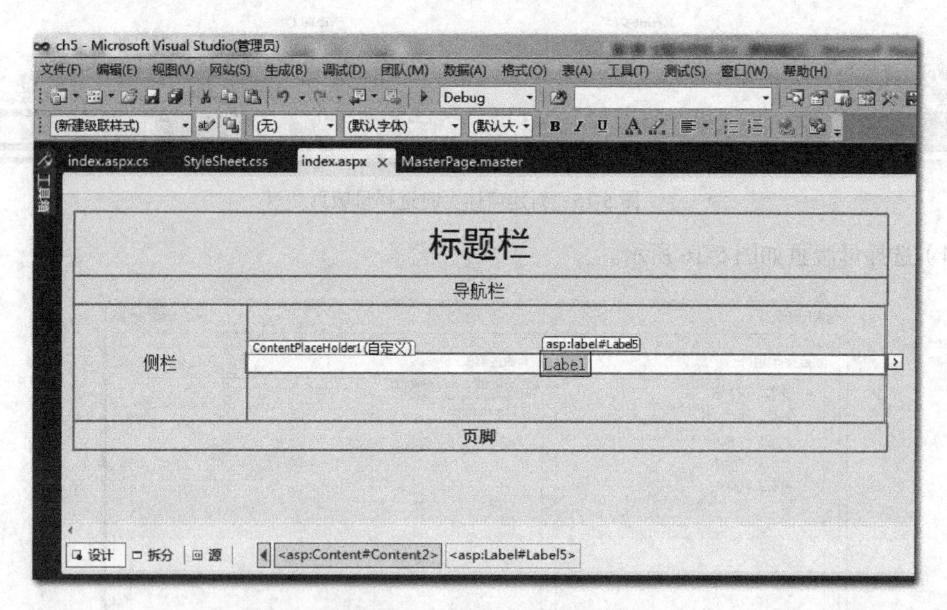

图 5-18　在 ContentPlaceHolder1 添加控件 Label5

现在要在该位置显示 Label1 中的文本，因为 Label1 是在母版页中添加的而不是在 index.aspx 页面中添加的，所以不能直接访问。

index.aspx.cs 中添加代码如下：

```
public partial class index : System.Web.UI.Page
{
    protected void Page_Load(object sender, EventArgs e)
```

```
        {
            Label lb = (Label)Master.FindControl("Label1");
            Label5.Text ="访问母版页的 Label 控件"+ lb.Text;
        }
    }
```

页面运行如图 5-19 所示。

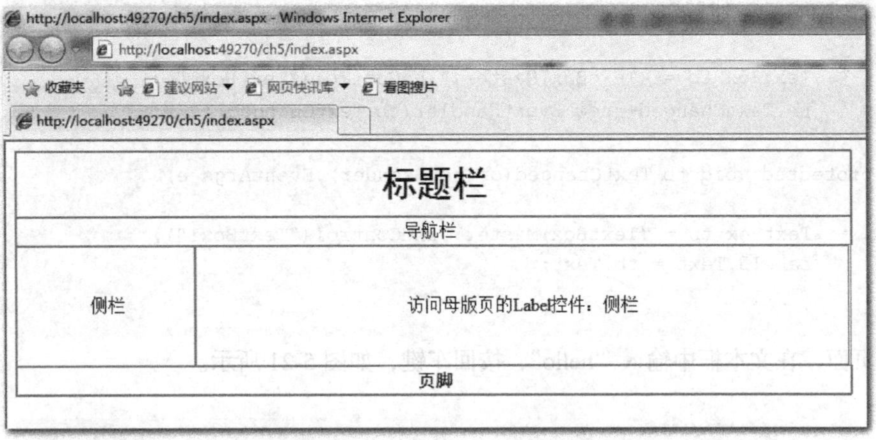

图 5-19　运行 index.aspx 页面

格式：

```
        Master.FindControl("母版页中的控件 ID");
```

获取的值是 object 类型的，之前要强制转换成其控件类型。

为了说明如何内容页中实现母版页中控件的事件，在上例的母版页中添加一个 TextBox 控件（TextBox1），如图 5-20 所示。

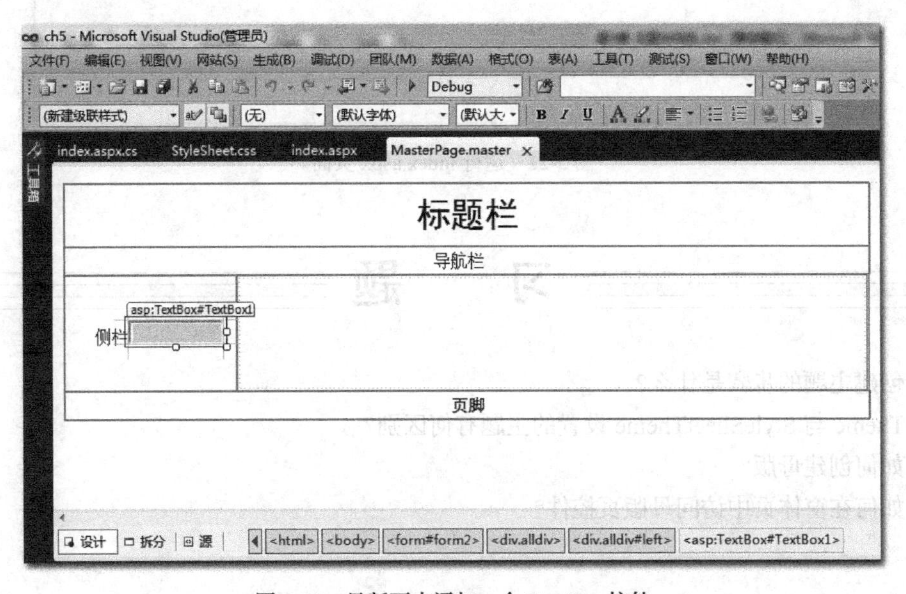

图 5-20　母版页中添加一个 TextBox 控件

3. 将母版页中控件的事件委托给某个方法来处理

格式：

```
控件名称.事件名称+=new EventHandler("实现该事件的方法名");
```

由于 TextBox 控件具有 textChanged 事件，现希望在内容页 index.aspx.cs 编写其事件体，在事件体中将 TextBox1（母版页中）中输入的信息在 Label5（内容页中）位置显示出来。

在 index.aspx.cs 中添加以下代码：

```
public partial class index : System.Web.UI.Page
{
    protected void Page_Load(object sender, EventArgs e)
    {
        TextBox tb = (TextBox)Master.FindControl("TextBox1");
        tb.TextChanged+=new EventHandler(tb_TextChanged);
    }
    protected void tb_TextChanged(object sender, EventArgs e)
    {
        TextBox tb = (TextBox)Master.FindControl("TextBox1");
        Label5.Text = tb.Text;
    }
}
```

运行页面，在文本框中输入“hello”，按回车键，如图 5-21 所示。

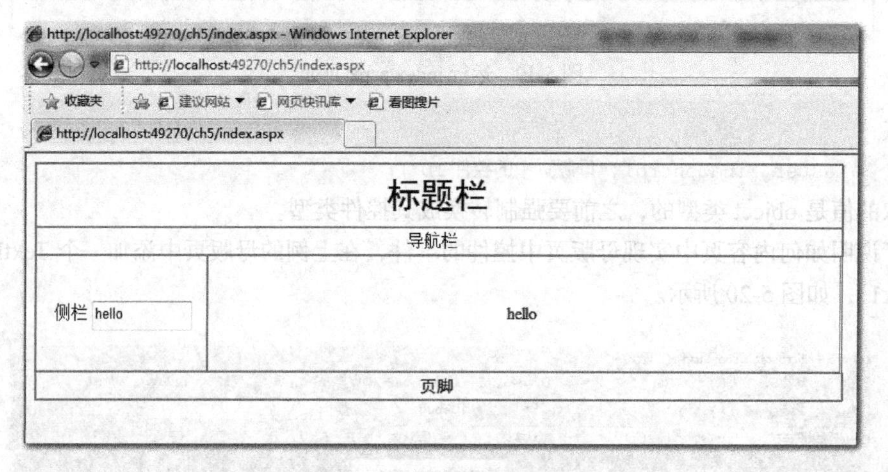

图 5-21　运行 index.aspx 页面

习　题

1. 创建主题的步骤是什么？
2. Theme 与 StyleSheetTheme 设置的主题有何区别？
3. 如何创建母版？
4. 如何在窗体页中访问母版页控件？

第 6 章 数据控件

.NET 开发的目标是减少代码的编写，可充分利用现有的数据控件（如图 6-1 所示），使用数据源控件 AccessDataSource 或 SqlDataSource 连接数据库，配置数据源的过程均在对话框中完成。如果对数据库的操作是查询，可以使用数据显示控件 GridView、DataList 或 FormView 等将结果在页面中显示，而且可以实现分页、排序和编辑等功能，对数据库的访问整个过程几乎不涉及任何代码的编写。

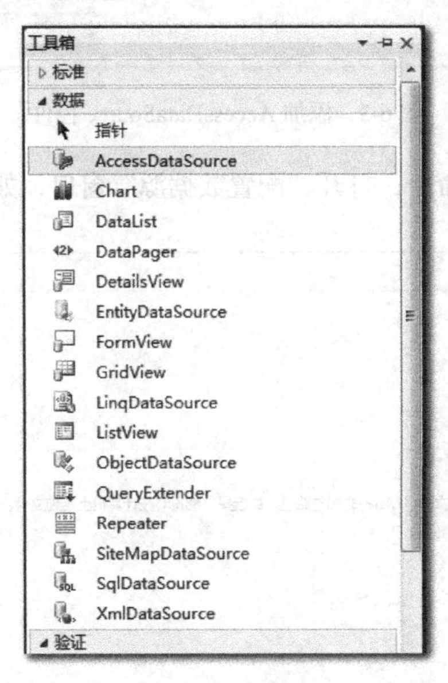

图 6-1 数据控件

6.1 AccessDataSource 与 GridView

AccessDataSource 主要用于连接 Access 数据库，并可以配置数据源。GridView 用于显示查询结果，这两个控件可以结合使用。

例 6-1：现使用 AccessDataSource 控件，将 Northwind.mdb 数据库“产品”表中库存量大于 30 的所有记录在页面上 GridView（ID 为 GridView1）位置显示出来。

（1）新建网站 ch6，在 App_Data 中添加示例数据库 Northwind.mdb，如图 6-2 所示。

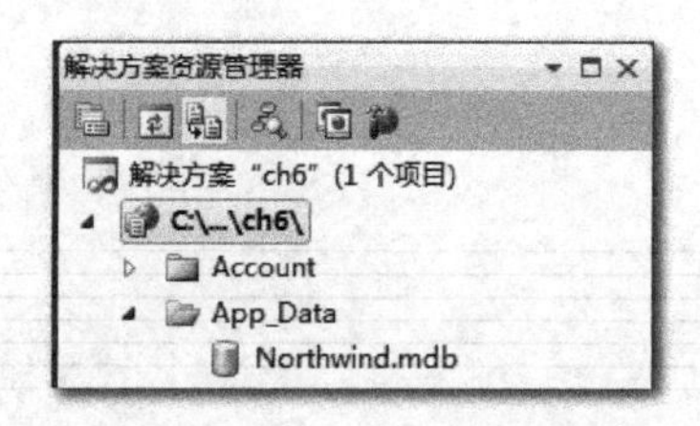

图 6-2　解决方案资源管理器

（2）在网站 ch9 中新建一个页面 Access1.aspx，并在页面中添加一个 AccessDataSource 控件，如图 6-3 所示。

图 6-3　添加 AccessDataSource 控件

（3）单击"配置数据源"命令，打开"配置数据源"窗口，如图 6-4 所示。

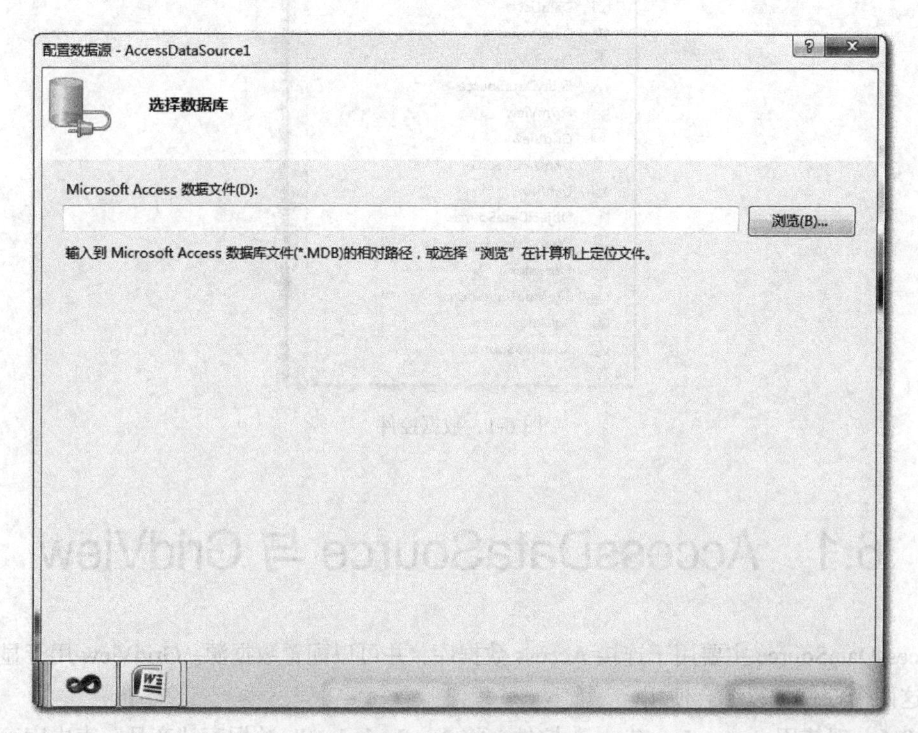

图 6-4　配置数据源

（4）单击"浏览"按钮，"选择数据库"页面如图 6-5 所示。

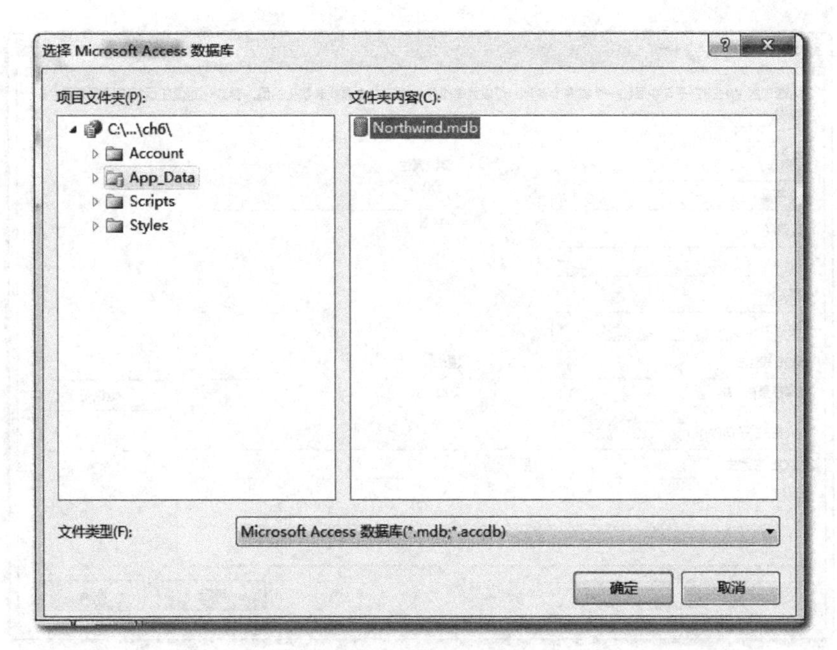

图 6-5　选择数据源

（5）单击“确定”和“下一步”按钮，选择“产品”表相关字段，如图 6-6 所示。

图 6-6　配置 Select 语句

（6）单击“WHERE”按钮，在对话框“添加 WHERE 子句”中选择“列”为“库存量”，“运算符”为“>”，源为“None”，值为“100”，单击“添加”和“确定”按钮，如图 6-7 所示。

添加 WHERE 子句

向语句的 WHERE 子句中添加一个或多个条件。可以为每个条件指定文本值或参数化的值。参数化的值在运行时根据其属性获取值。

列(C):
库存量
运算符(P):
>
源(S):
None
参数属性
值(V):
100
SQL 表达式:
[库存量] > ?
值:
100
添加(A)
WHERE 子句(W):
SQL 表达式
值
移除(R)
确定
取消

图 6-7　添加 Where 子句

通过上面系列对话框的设置，数据源已设置好，在 aspx 中该控件的代码如下：

```
    <asp:AccessDataSource ID="AccessDataSource1" runat="server"
                DataFile="~/App_Data/Northwind.mdb"
                SelectCommand="SELECT [产品 ID], [产品名称], [供应商 ID], [类别 ID], [库存量]
FROM [产品] WHERE ([库存量] &gt; ?)">
                <SelectParameters>
                    <asp:Parameter DefaultValue="100" Name="库存量" Type="Int16" />
                </SelectParameters>
    </asp:AccessDataSource>
```

此时查询的结果并不会在页面上显示出来，如果要在页面上显示查询结果，可以使用数据显示控件，如 GridView，在页面中添加 GridView 控件，选择数据源为 AccessDataSource1，如图 6-8 所示。

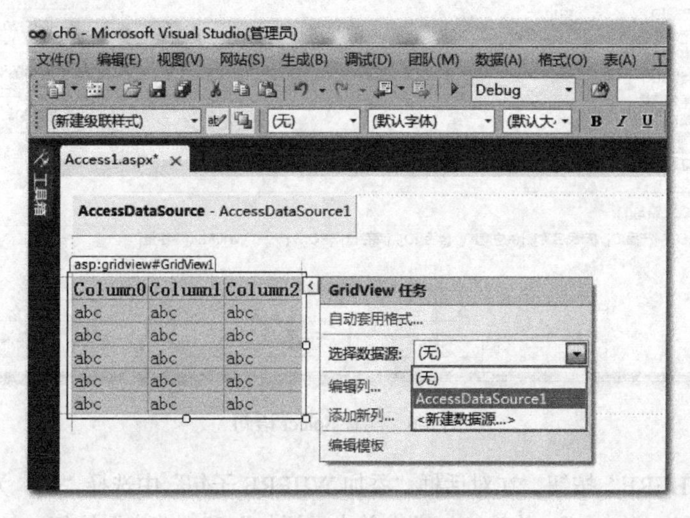

图 6-8　添加 GridView 控件

（7）运行页面，如图 6-9 所示。

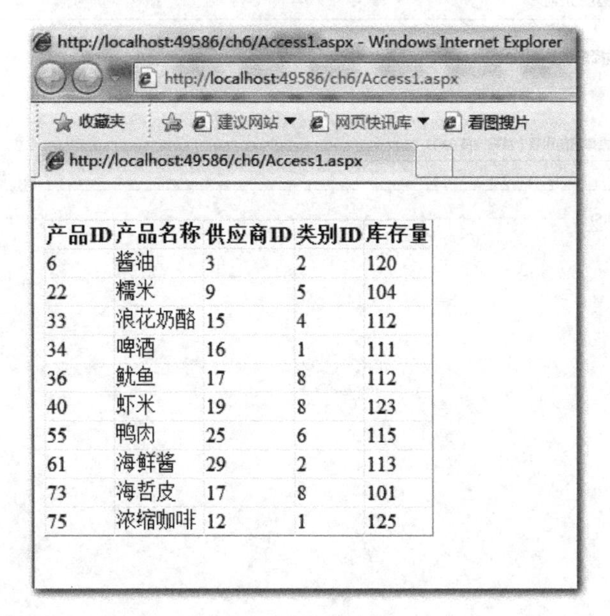

产品ID	产品名称	供应商ID	类别ID	库存量
6	酱油	3	2	120
22	糯米	9	5	104
33	浪花奶酪	15	4	112
34	啤酒	16	1	111
36	鱿鱼	17	8	112
40	虾米	19	8	123
55	鸭肉	25	6	115
61	海鲜酱	29	2	113
73	海哲皮	17	8	101
75	浓缩咖啡	12	1	125

图 6-9　运行页面

6.2　SqlDataSource 与 GridView

SqlDataSource 用于连接 Sql Server 数据源，它也可以与 GridView 控件结合使用。

例 6-2：SqlDataSource 与 GridView 控件的应用

（1）在网站 ch6 下新建一个页面 sql1.aspx。在页面中添加一个 SqlDataSource 控件，如图 6-10 所示。

图 6-10　添加一个 SqlDataSource 控件

（2）单击“配置数据源”，打开“配置数据源”窗口，如图 6-11 所示。

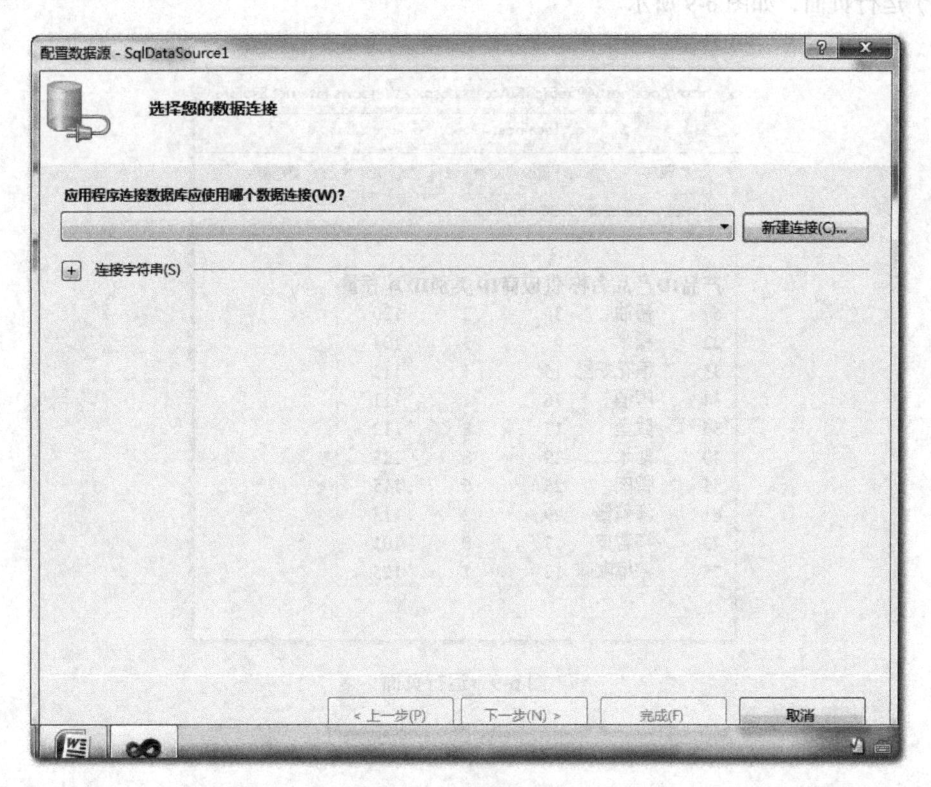

图 6-11　配置数据源

（3）单击“新建连接”按钮，打开“选择数据源”窗口，如图 6-12 所示。

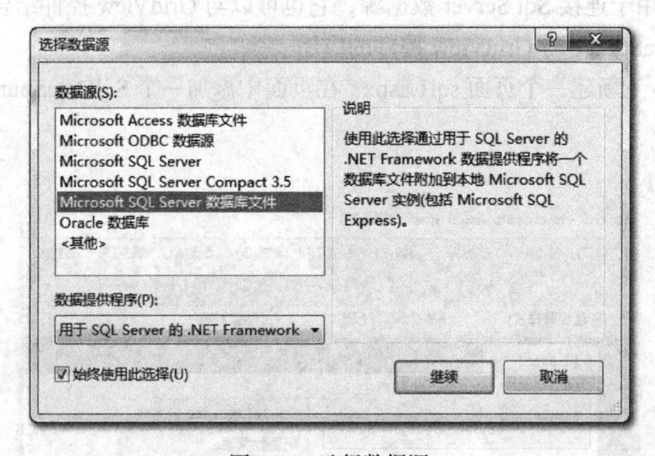

图 6-12　选择数据源

（4）单击“继续”按钮，打开“添加连接”窗口，单击“浏览”按钮，选择数据库，如图 6-13 所示。

（5）单击“确定”按钮，打开“配置数据源”窗口，将连接保存到应用程序配置文件中，此处使用的名字是 MyPetShopConnectionString，如图 6-14 所示。

图 6-13　添加连接

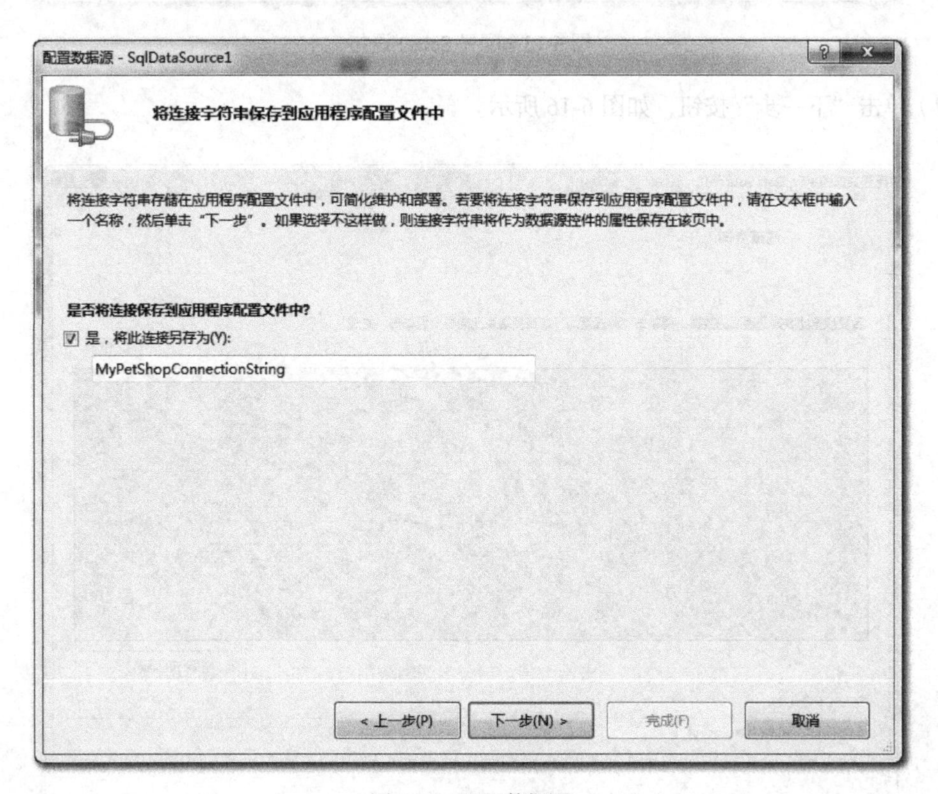

图 6-14　配置数据源

（6）单击"下一步"按钮，打开"配置 Select 语句"窗口，如图 6-15 所示。

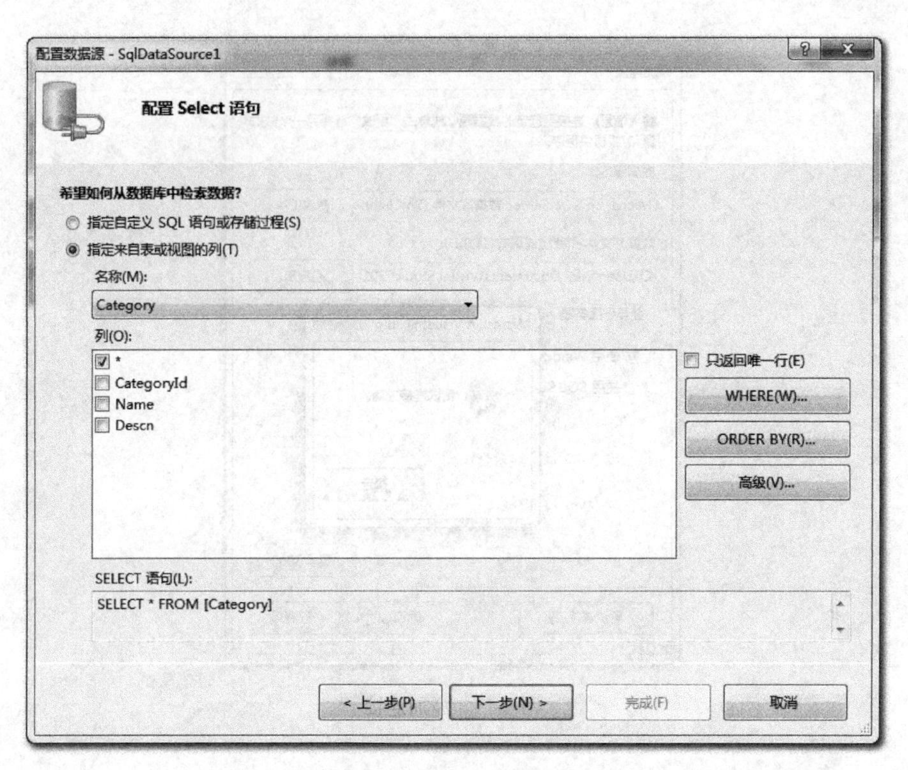

图 6-15　配置 Select 语句

（7）单击“下一步”按钮，如图 6-16 所示。

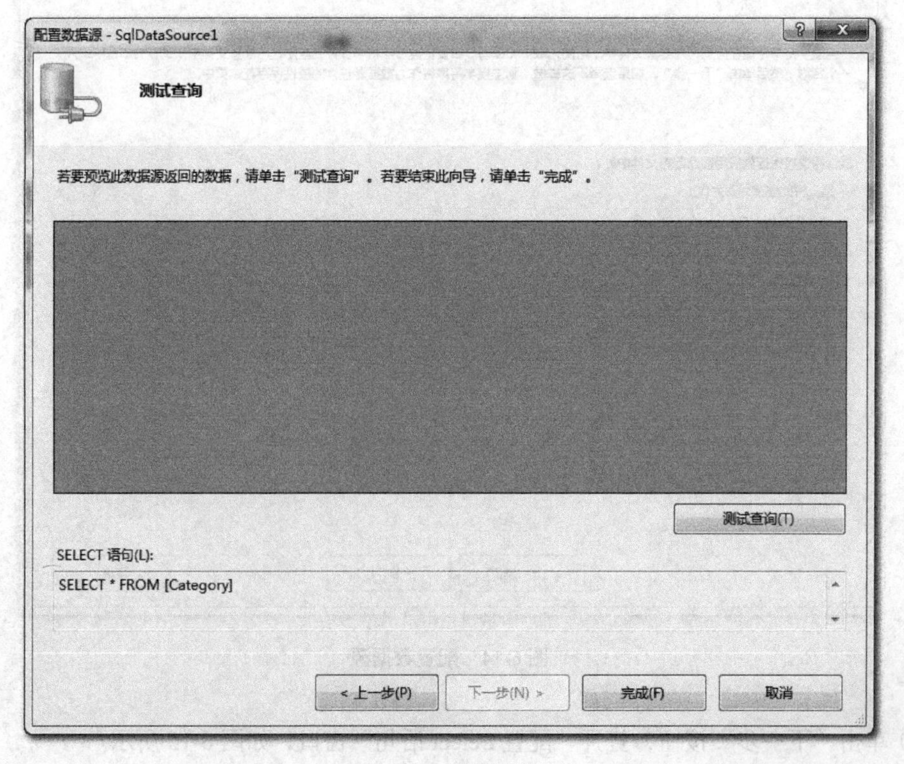

图 6-16　测试查询

（8）单击“完成”按钮。此时可以查看到 SqlDataSource 控件的代码已自动完成，如下：

```
<asp:SqlDataSource ID="SqlDataSource1" runat="server"
            ConnectionString="<%$ ConnectionStrings:MyPetShopConnectionString %>"
            SelectCommand="SELECT * FROM [Category]"></asp:SqlDataSource>
```

其中“MyPetShopConnectionString”是保存在 Web.config 中的连接字符串，在前面配置数据源过程中，提示是否将连接保存到应用程序配置文件中。

Web.config 中的连接字符串如图 6-17 所示。

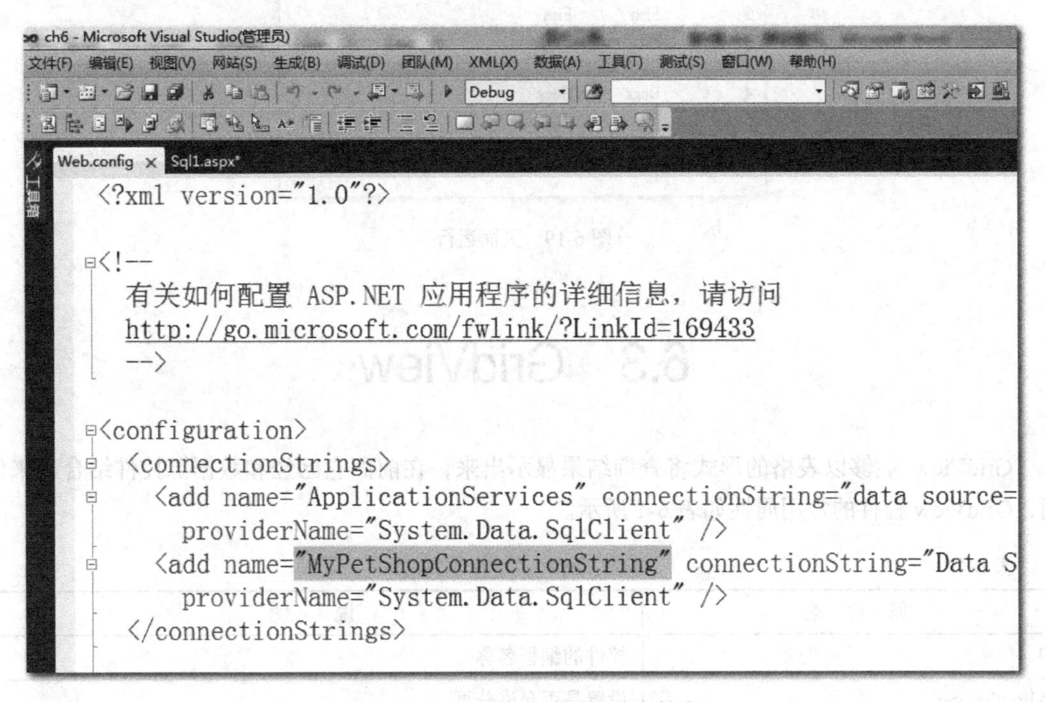

图 6-17　Web.config 中的连接字符串

（9）继续在页面添加 GridView 控件，执行“选择数据源”命令，如图 6-18 所示。

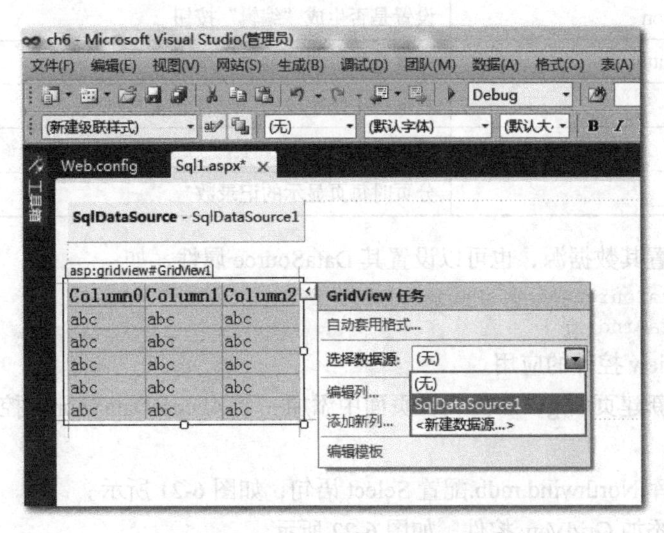

图 6-18　添加 GridView 控件

（10）运行页面，如图 6-19 所示。

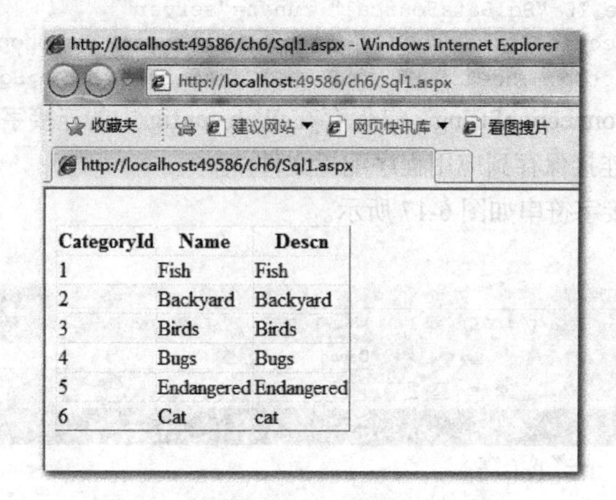

图 6-19 页面运行

6.3 GridView

GridView 能够以表格的形式将查询结果显示出来，在前面它已经和数据源控件结合起来使用，GridView 控件的常用属性如表 6-1 所示。

表 6-1 GridView 控件的常用属性

属 性 名	说 明
ID	控件的编程名称
AllowPaging	设置是否允许分页
AllowSorting	设置是否允许排序
AutoGenerateDeleteButton	设置是否生成“删除”按钮
AutoGenerateEditButton	设置是否生成“编辑”按钮
AutoGenerateSelectButton	设置是否生成“选择”按钮
DataKeyNames	数据源中键字段的以逗号分隔的列表
DataSource	设置数据源
PageSize	分页时每页显示的记录数

如果是动态设置其数据源，也可以设置其 DataSource 属性，如：

```
GridView1.DataSource=AccessDataSource1;
GridView1.DataBind();
```

例 6-3：GridView 控件的应用。

（1）在 ch6 中新建页面 gv1.aspx，在页面中添加一个 AccessDataSource 控件，配置数据源，如图 6-20 所示。

（2）选择数据库 Northwind.mdb.配置 Select 语句，如图 6-21 所示。

（3）在页面中添加 GridVew 控件，如图 6-22 所示。

图 6-20　添加 AccessDataSource 控件

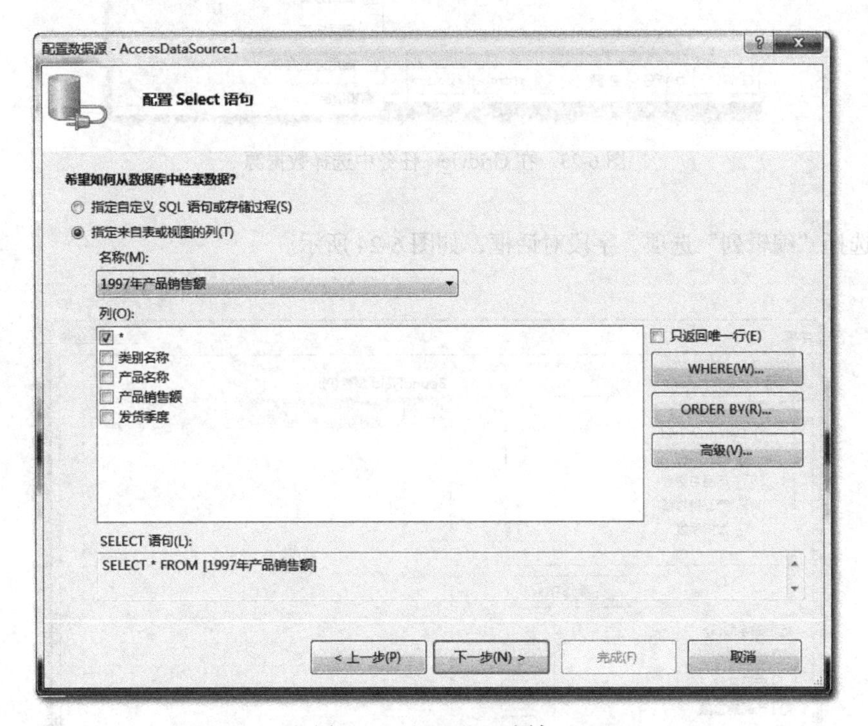

图 6-21　配置 Select 语句

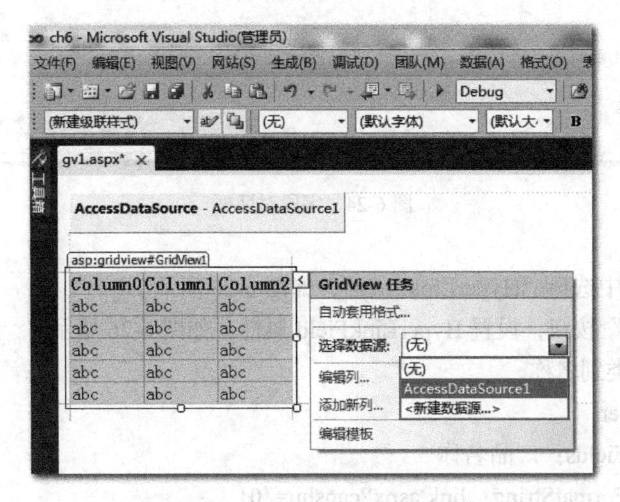

图 6-22　在页面中添加 GridViiew 控件

（4）选择数据源，如图 6-23 所示。

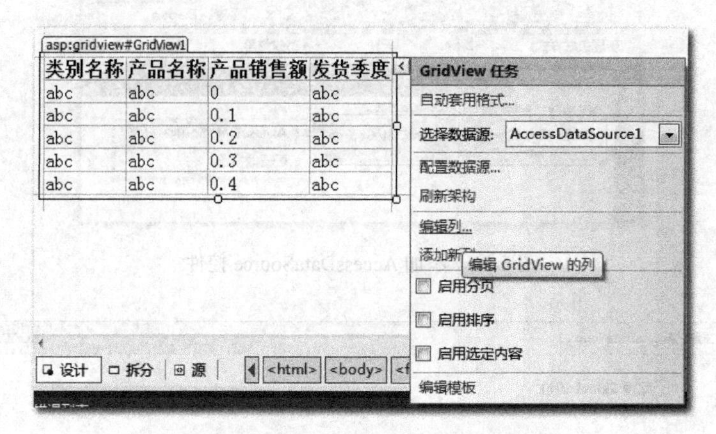

图 6-23　在 Gridview 任务中选择数据源

（5）选择“编辑列”选项，字段对话框，如图 6-24 所示。

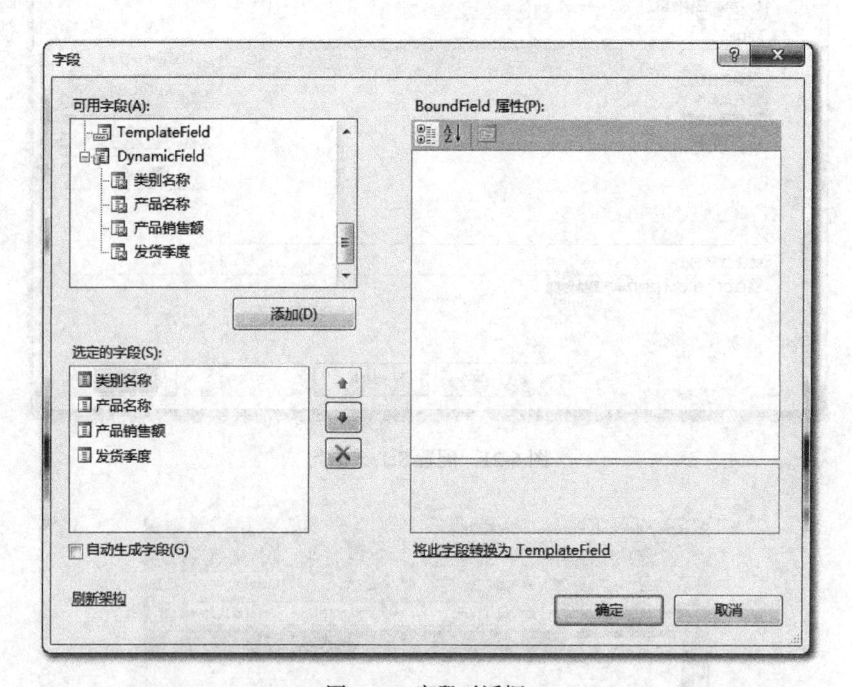

图 6-24　字段对话框

（6）在可用字段中选择“HyperLinkField”，如图 6-25 所示。

（7）单击“添加”按钮，设置 HyperLinkField 属性，如图 6-26 所示。

DataTextField：类别名称

HeaderText：hyper

DataNavigateUrlFields：产品名称

DataNavigateUrlFormatString：link.aspx?canshu={0}

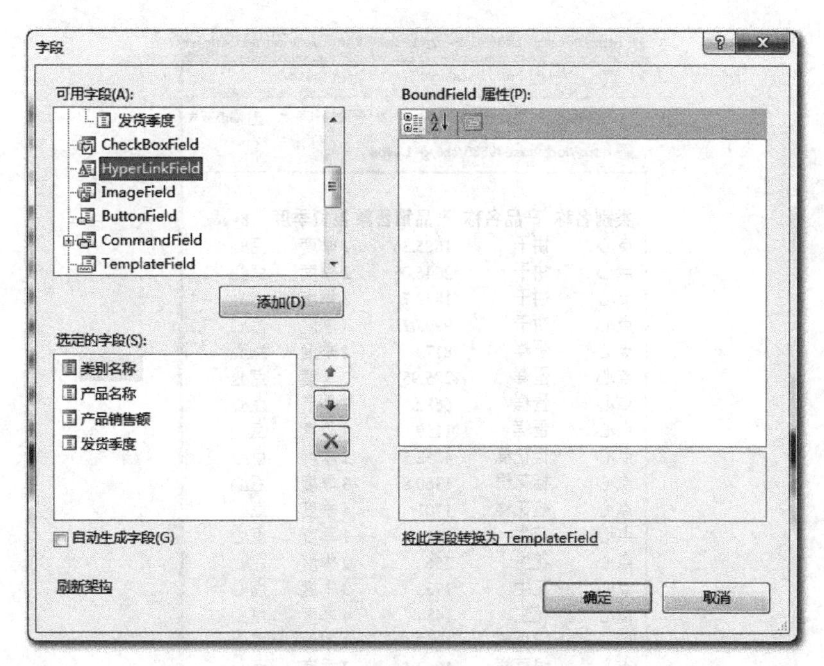

图 6-25　添加 HyperLinkField 属性

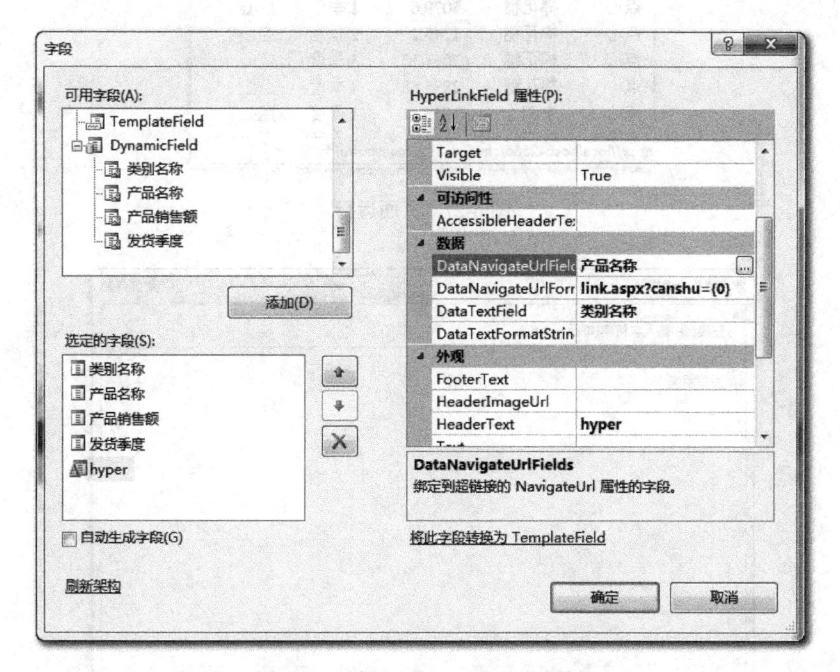

图 6-26　设置 HyperLinkField 属性

（8）运行页面，如图 6-27 所示。

（9）通过 DataNavigateUrlFields 属性，打开字符串集合编辑器，继续添加字符串“发货季度”，如图 6-28 所示。

图 6-27　页面运行

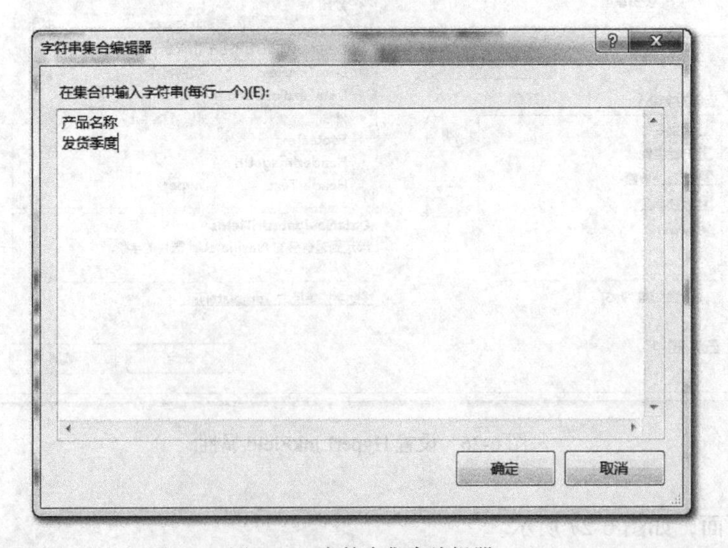

图 6-28　字符串集合编辑器

（10）修改 DataNavigateUrlFormatString 的值，如图 6-29 所示。

```
link.aspx?canshu={1}
```

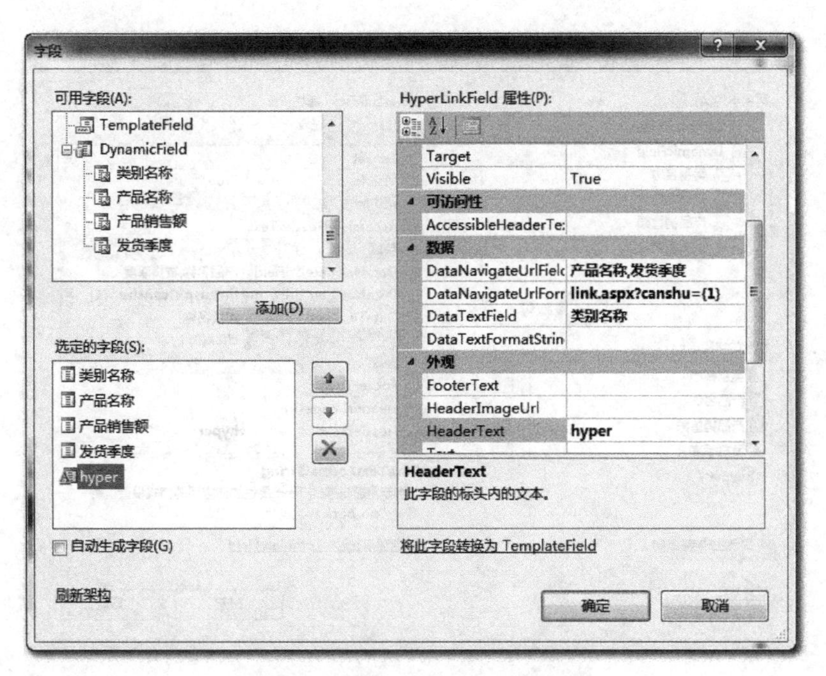

图 6-29　设置 HyperLinkField 属性

（11）运行页面，如图 6-30 所示。

类别名称	产品名称	产品销售额	发货季度	hyper
点心	饼干	1685.36	1 季度	点心
点心	饼干	2646.08	2 季度	点心
点心	饼干	1849.7	3 季度	点心
点心	饼干	999.01	4 季度	点心
点心	蛋糕	817	1 季度	点心
点心	蛋糕	285.95	2 季度	点心
点心	蛋糕	668.8	3 季度	点心
点心	蛋糕	1159	4 季度	点心
点心	桂花糕	4252.5	2 季度	点心
点心	桂花糕	1360.8	3 季度	点心
点心	桂花糕	1701	4 季度	点心
点心	花生	1418	1 季度	点心
点心	花生	756	2 季度	点心
点心	花生	1733	3 季度	点心

图 6-30　页面运行

（12）为 HyperLinkField 添加以下属性，如图 6-31 所示。

DataNavigateUrlFields：产品名称

DataTextFormatString：click{0}

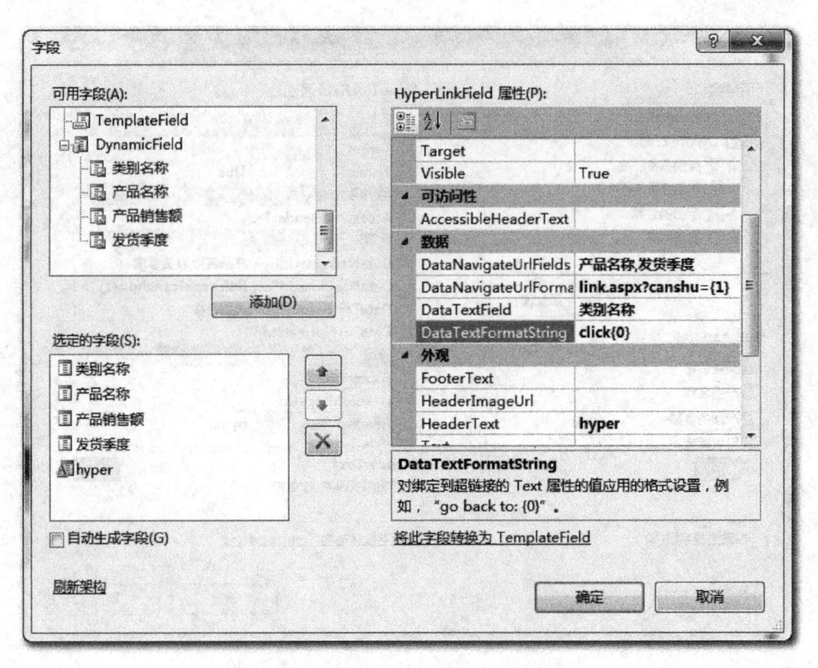

图 6-31　添加 HyperLinkField 属性

（13）运行页面，如图 6-32 所示。

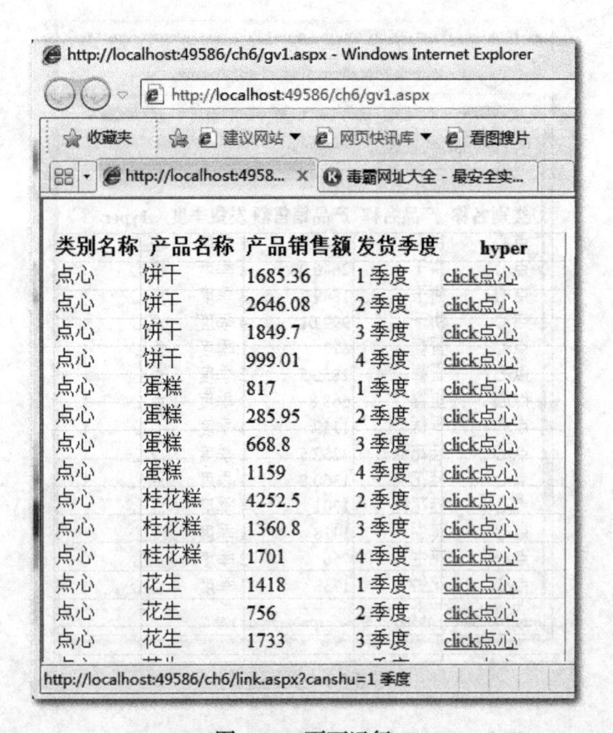

图 6-32　页面运行

（14）在 link.aspx 中添加 Label 控件，在 link.aspx.cs 中添加代码，如图 6-33 所示。

（15）单击第一个超链接，如图 6-34 所示。

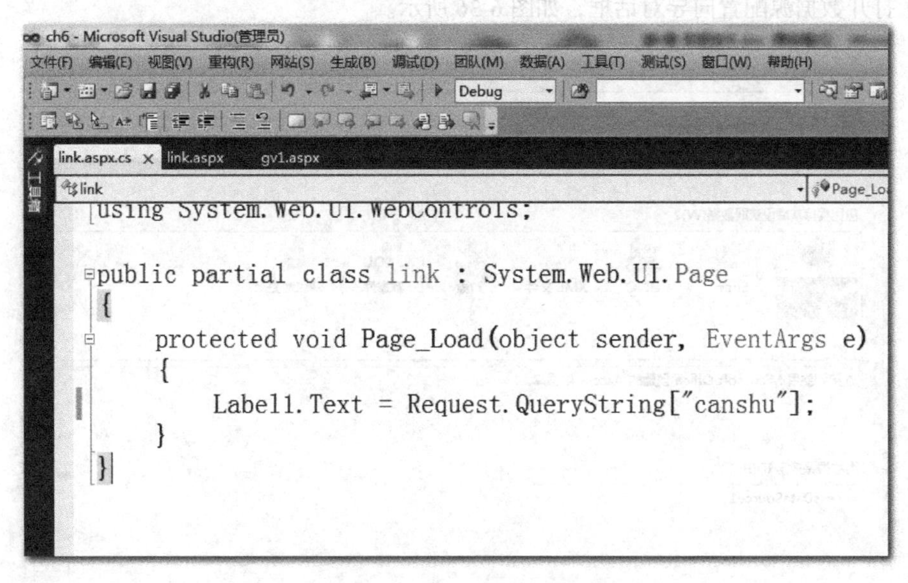

图 6-33　link.aspx.cs 代码

图 6-34　页面运行

例 6-4：使用 GridView 实现多表查询。

多表查询，对供应商表进行查询，当对查询结果中的某一行“选定”一行时，按选定行的“城市”字段值对“供应商”进行查询。

（1）在 ch6 中新建页面 gv2.aspx，在页面添加一个 GridView 控件，选择数据源：新建数据源，如图 6-35 所示。

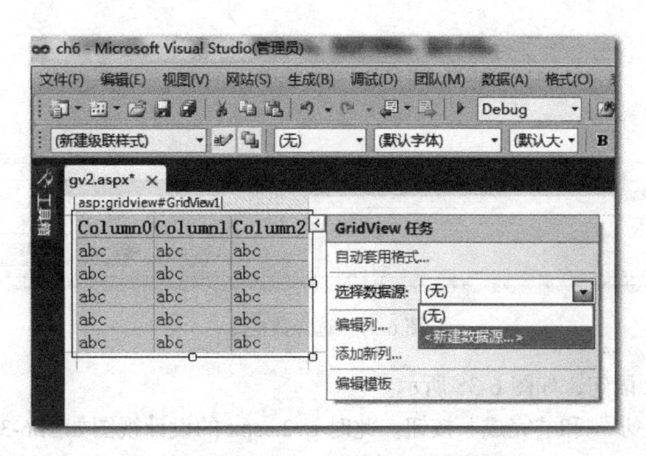

图 6-35　添加 GridView 控件，选择数据源

（2）打开数据源配置向导对话框，如图 6-36 所示。

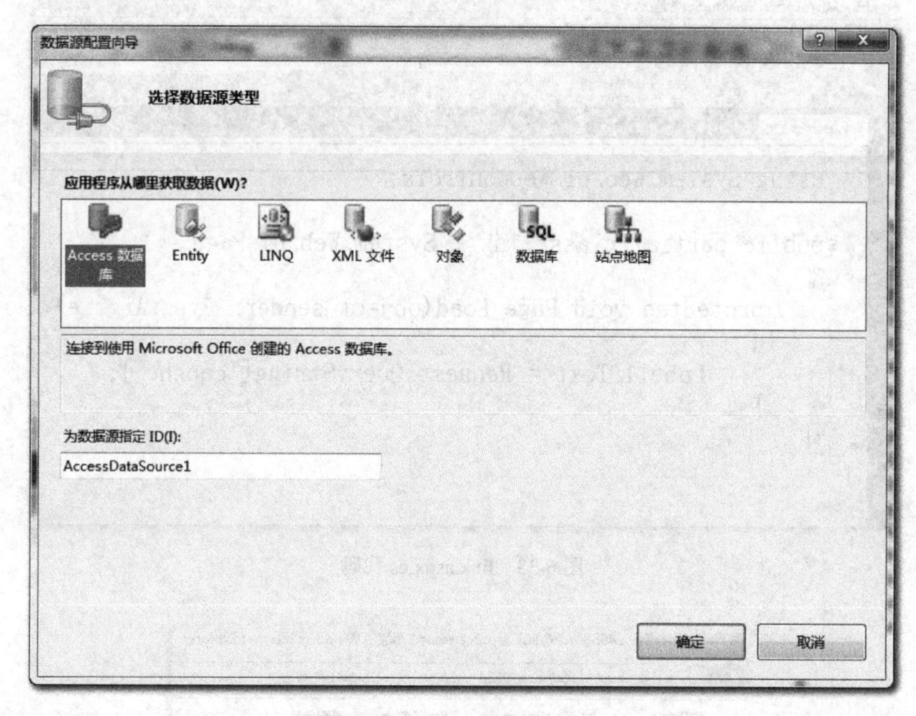

图 6-36　数据源配置向导

（3）选择 Access 数据库，如图 6-37 所示。

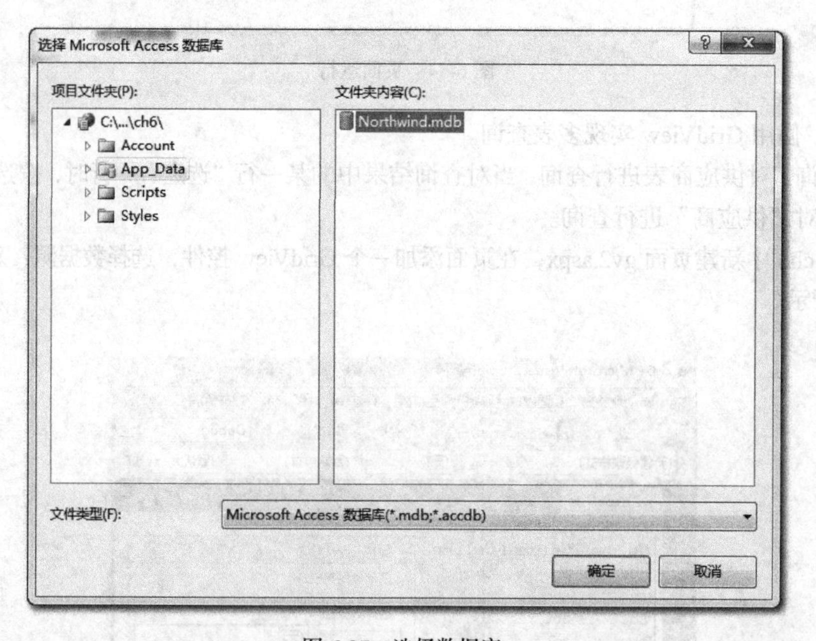

图 6-37　选择数据库

（4）配置 Select 语句，如图 6-38 所示。

（5）单击“下一步”和“完成”按钮。此时 gv2.aspx 的设计视图如图 6-39 所示。

（6）启用选定内容，如图 6-40 所示。

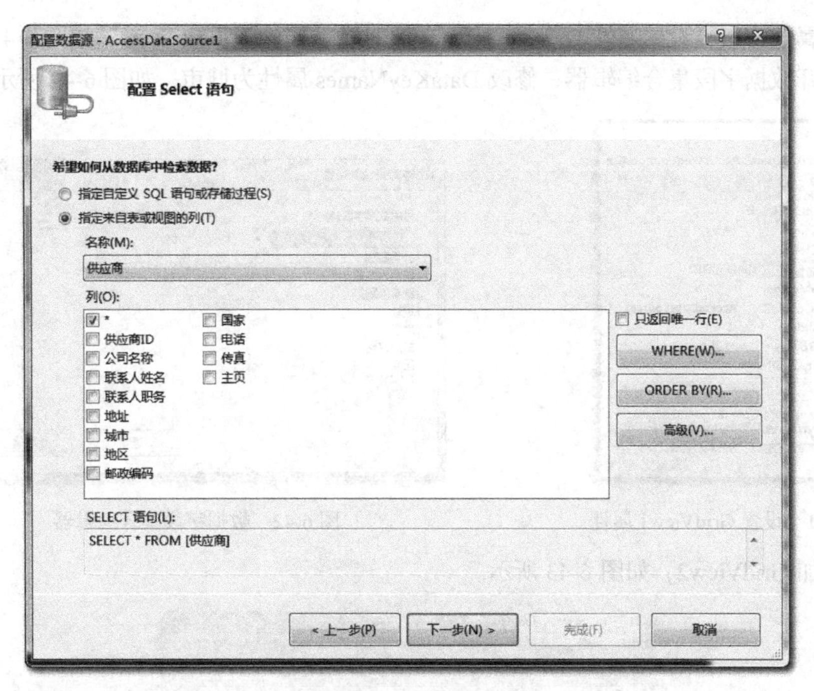

图 6-38　配置 Select 语句

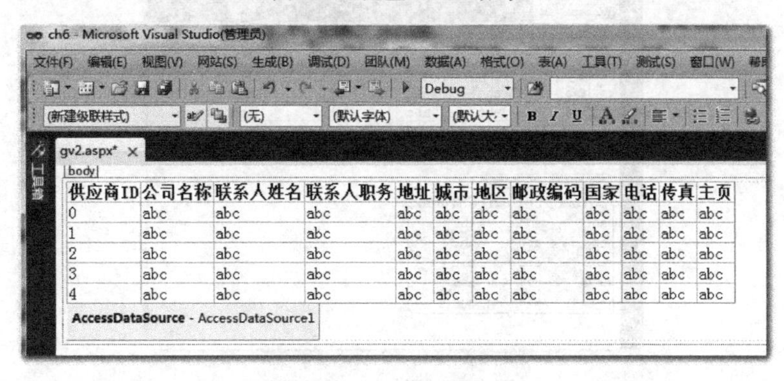

图 6-39　gv2.aspx 的设计视图

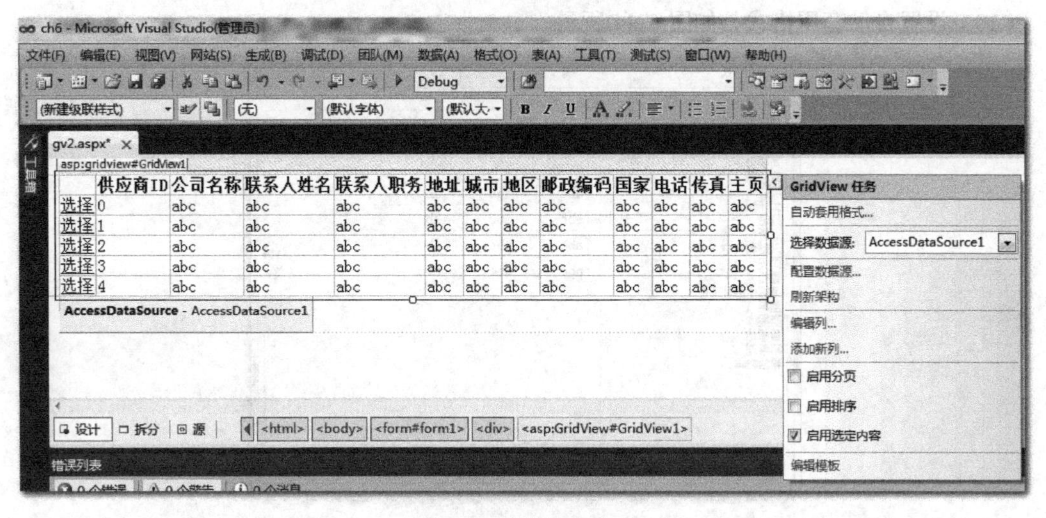

图 6-40　启用选定内容

（7）在属性窗口，设置属性 DataKeyNames 此时默认属性为供应商 ID，如图 6-41 所示。

（8）打开数据字段集合编辑器，修改 DataKeyNames 属性为城市，如图 6-42 所示。

图 6-41　设置 GridView1 属性

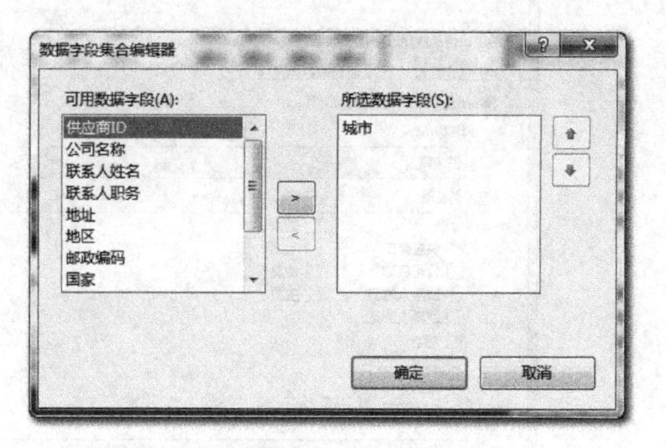

图 6-42　数据字段集合编辑器

（9）添加 GridView2，如图 6-43 所示。

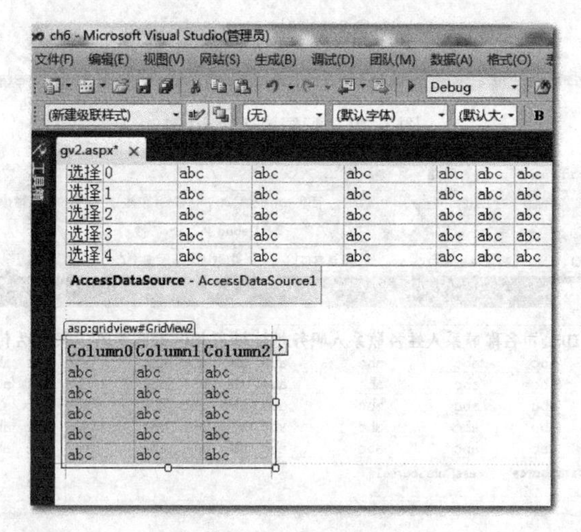

图 6-43　添加 GridView2

（10）设置自动套用格式，如图 6-44 所示。

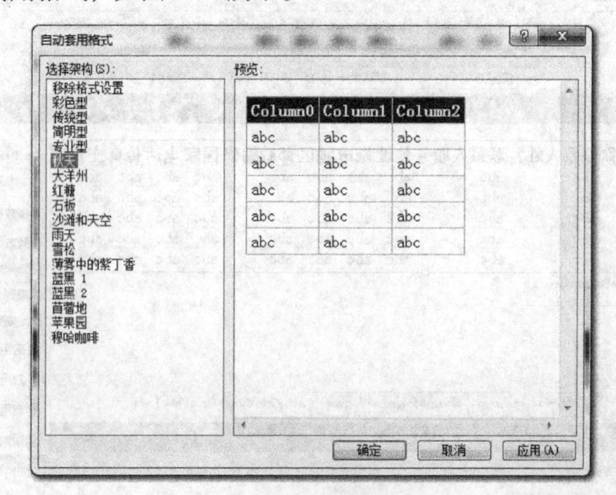

图 6-44　设置自动套用格式

（11）选择数据源：新建数据源，如图 6-45 所示。

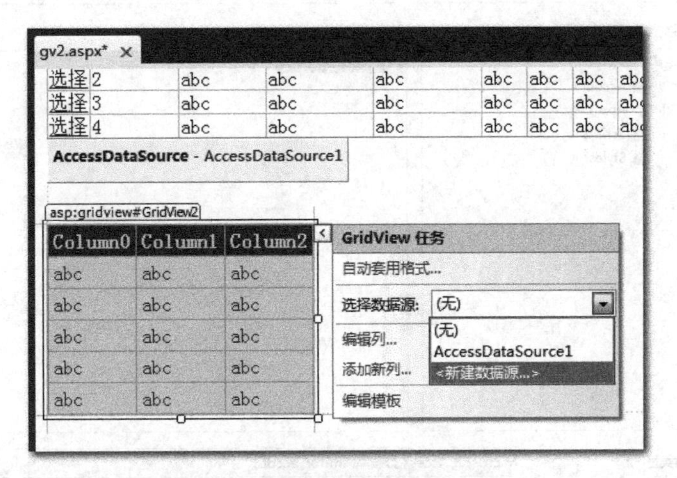

图 6-45　选择数据源：新建数据源

（12）打开数据源配置向导，如图 6-46 所示。

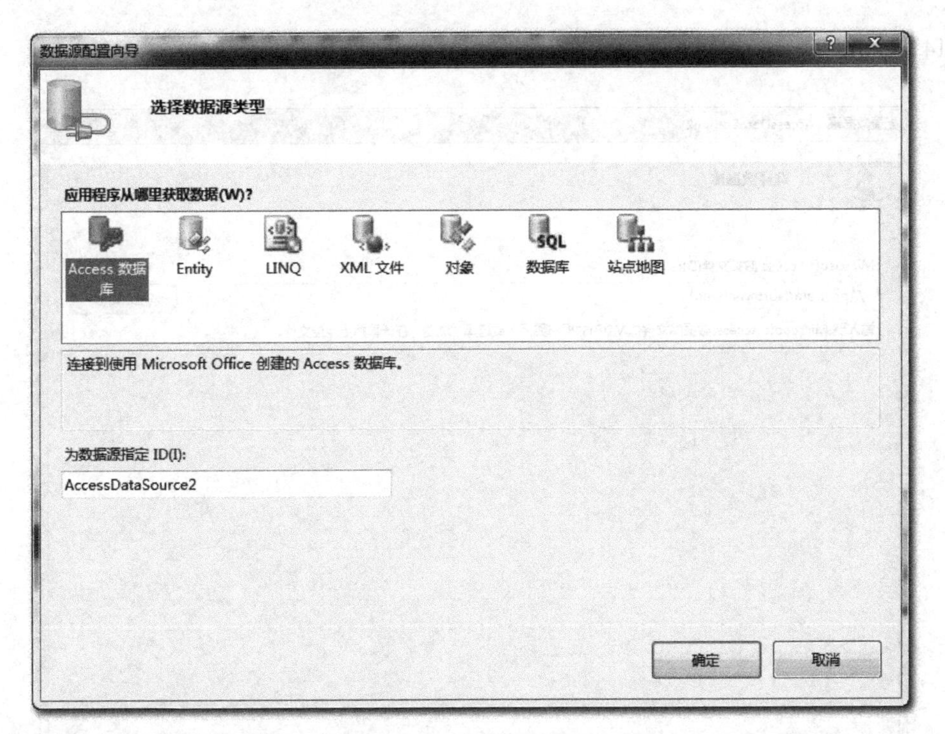

图 6-46　数据源配置向导

（13）选择 MicrosoftAccess 数据库，如图 6-47 所示。

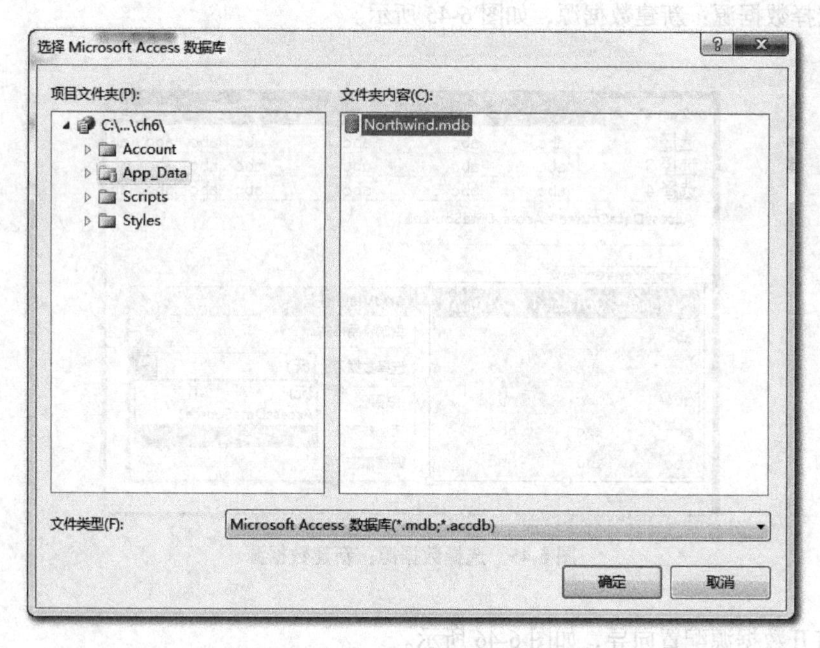

图 6-47　选择 MicrosoftAccess 数据库

（14）单击“确定”按钮，选择数据库，如图 6-48 所示。

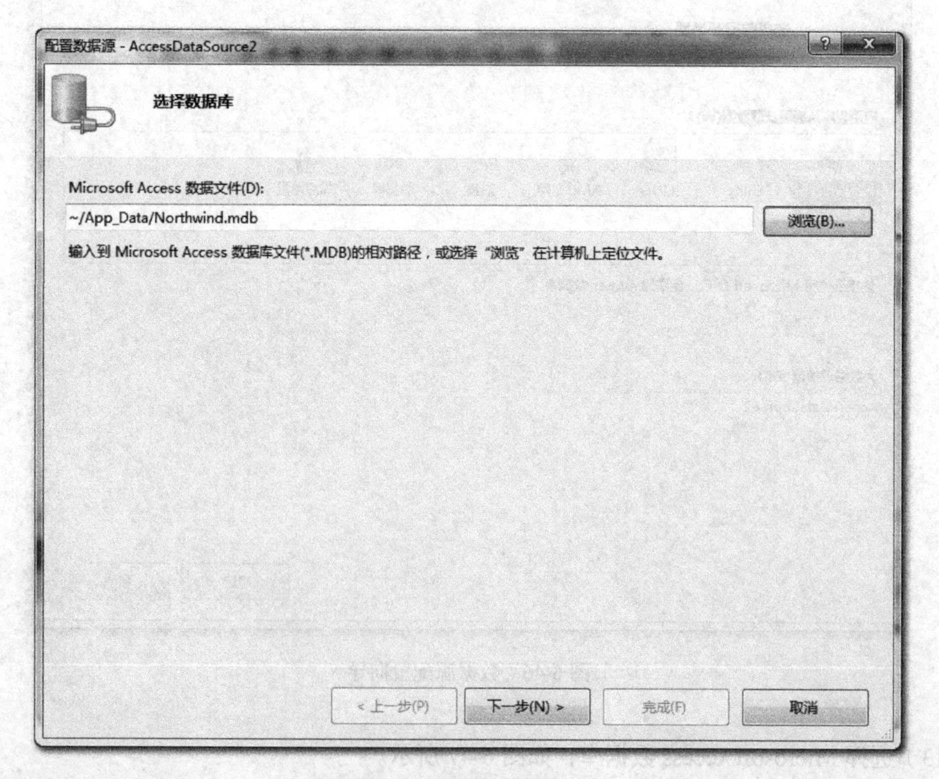

图 6-48　选择数据库

（15）配置 Select 语句，如图 6-49 所示。

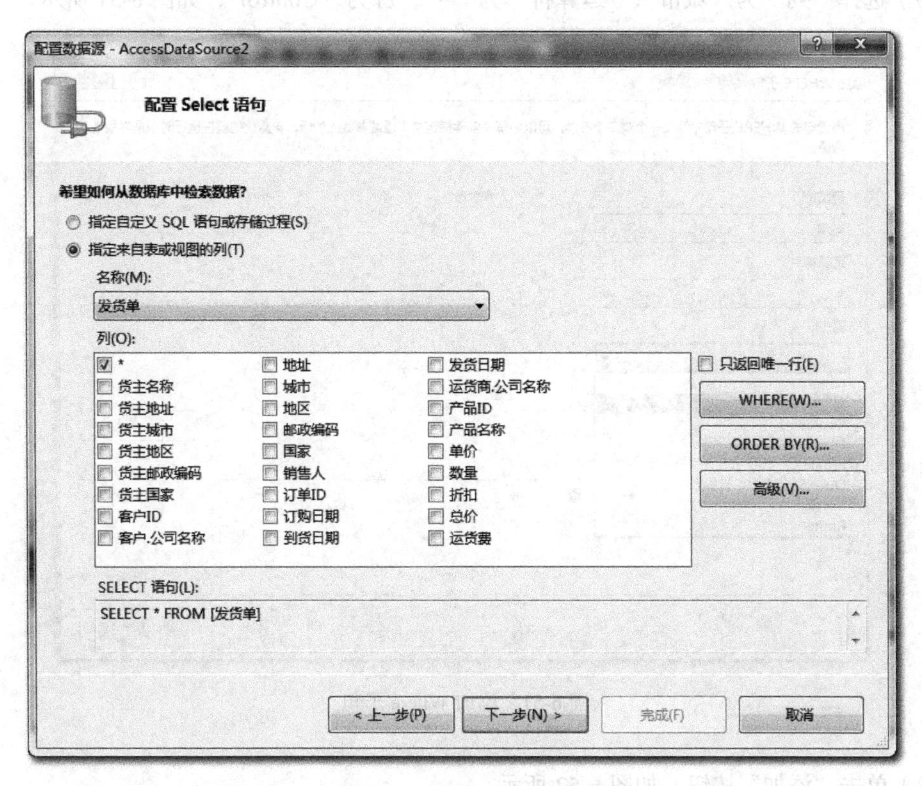

图 6-49　配置 Select 语句

（16）添加 Where 子句，如图 6-50 所示。

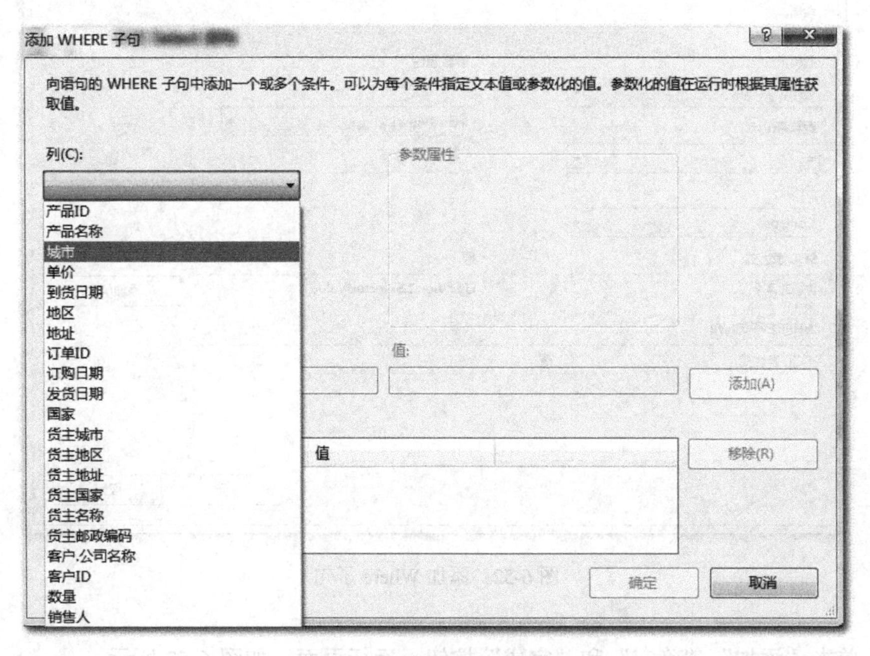

图 6-50　添加 Where 子句

（17）选择“列”为“城市”，“运算符”为“=”，源为“Control”，如图 6-51 所示。

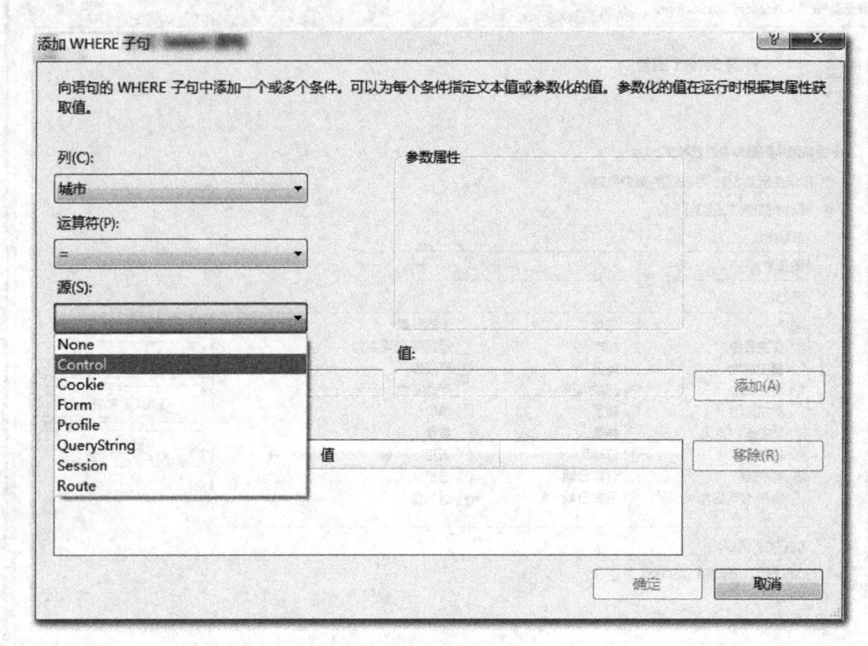

图 6-51　添加 Where 子句

（18）单击“添加”按钮，如图 6-52 所示。

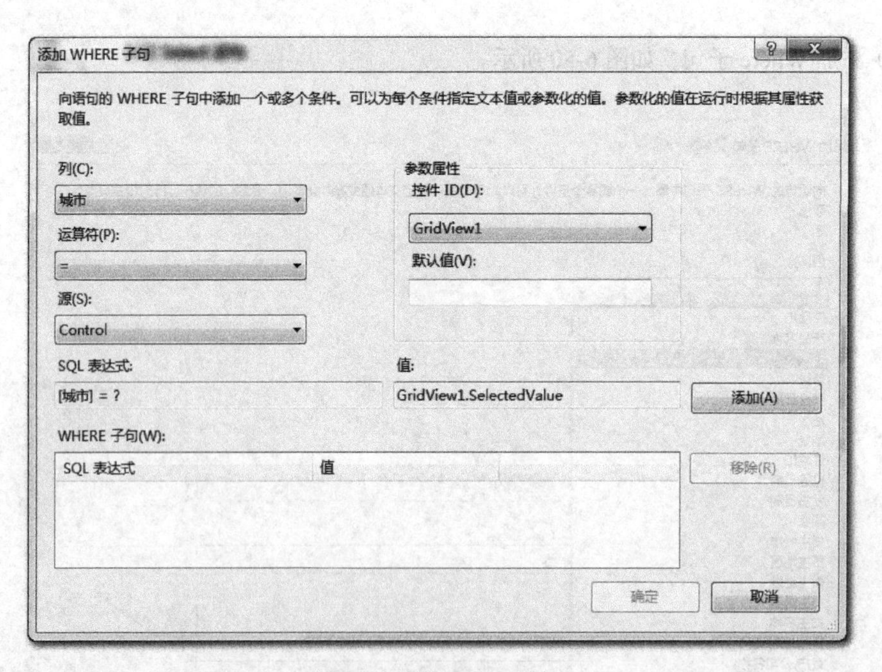

图 6-52　添加 Where 子句

（19）单击“添加”、“确定”和“完成”按钮。运行页面，如图 6-53 所示。

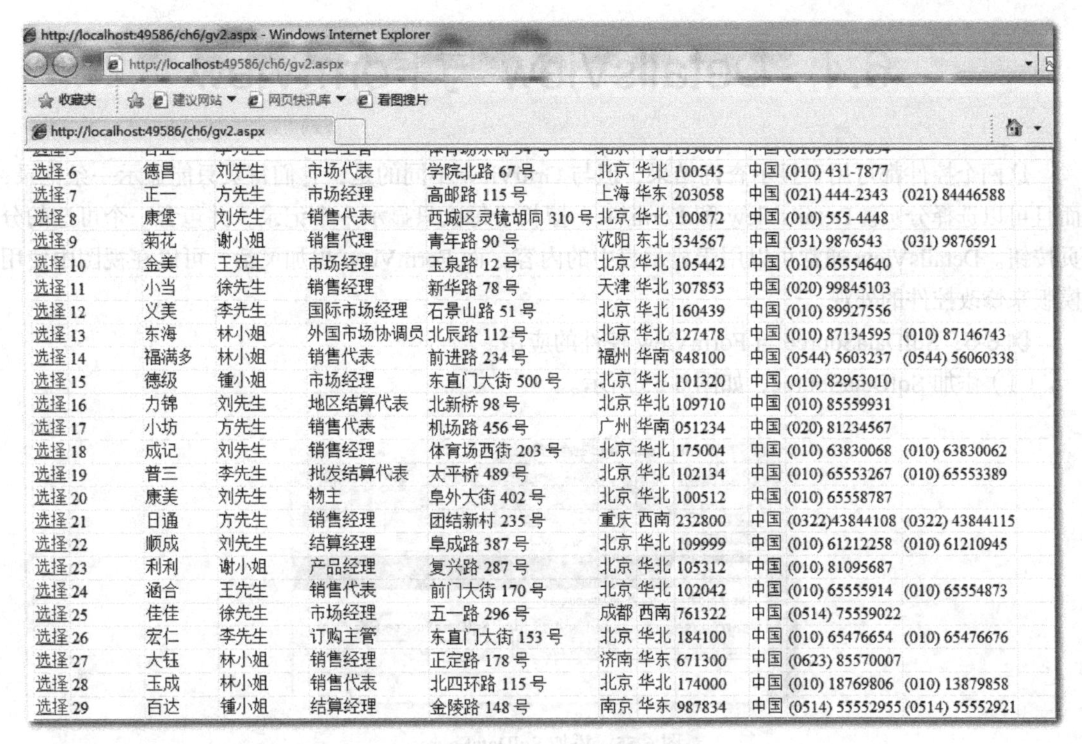

选择 6	德昌	刘先生	市场代表	学院北路 67 号	北京	华北	100545	中国	(010) 431-7877	
选择 7	正一	方先生	市场经理	高邮路 115 号	上海	华东	203058	中国	(021) 444-2343	(021) 84446588
选择 8	康堡	刘先生	销售代表	西城区灵镜胡同 310 号	北京	华北	100872	中国	(010) 555-4448	
选择 9	菊花	谢小姐	销售代理	青年路 90 号	沈阳	东北	534567	中国	(031) 9876543	(031) 9876591
选择 10	金美	王先生	市场经理	玉泉路 12 号	北京	华北	105442	中国	(010) 65554640	
选择 11	小当	徐先生	销售经理	新华路 78 号	天津	华北	307853	中国	(020) 99845103	
选择 12	义美	李先生	国际市场经理	石景山路 51 号	北京	华北	160439	中国	(010) 89927556	
选择 13	东海	林小姐	外国市场协调员	北辰路 112 号	北京	华北	127478	中国	(010) 87134595	(010) 87146743
选择 14	福满多	林小姐	销售代表	前进路 234 号	福州	华南	848100	中国	(0544) 5603237	(0544) 56060338
选择 15	德级	锺小姐	市场经理	东直门大街 500 号	北京	华北	101320	中国	(010) 82953010	
选择 16	力锦	刘先生	地区结算代表	北新桥 98 号	北京	华北	109710	中国	(010) 85559931	
选择 17	小坊	方先生	销售代表	机场路 456 号	广州	华南	051234	中国	(020) 81234567	
选择 18	成记	刘先生	销售经理	体育场西街 203 号	北京	华北	175004	中国	(010) 63830068	(010) 63830062
选择 19	普三	李先生	批发结算代表	太平桥 489 号	北京	华北	102134	中国	(010) 65553267	(010) 65553389
选择 20	康美	刘先生	物主	阜外大街 402 号	北京	华北	100512	中国	(010) 65558787	
选择 21	日通	方先生	销售经理	团结新村 235 号	重庆	西南	232800	中国	(0322)43844108	(0322) 43844115
选择 22	顺成	刘先生	结算经理	阜成路 387 号	北京	华北	109999	中国	(010) 61212258	(010) 61210945
选择 23	利利	谢小姐	产品经理	复兴路 287 号	北京	华北	105312	中国	(010) 81095687	
选择 24	涵合	王先生	销售代表	前门大街 170 号	北京	华北	102042	中国	(010) 65555914	(010) 65554873
选择 25	佳佳	徐先生	市场经理	五一路 296 号	成都	西南	761322	中国	(0514) 75559022	
选择 26	宏仁	李先生	订购主管	东直门大街 153 号	北京	华北	184100	中国	(010) 65476654	(010) 65476676
选择 27	大钰	林小姐	销售经理	正定路 178 号	济南	华东	671300	中国	(0623) 85570007	
选择 28	玉成	林小姐	销售代表	北四环路 115 号	北京	华北	174000	中国	(010) 18769806	(010) 13879858
选择 29	百达	锺小姐	结算经理	金陵路 148 号	南京	华东	987834	中国	(0514) 55552955	(0514) 55552921

图 6-53　运行页面

（20）单击最后一条记录 29 进行"选择"链接，运行页面如图 6-54 所示。

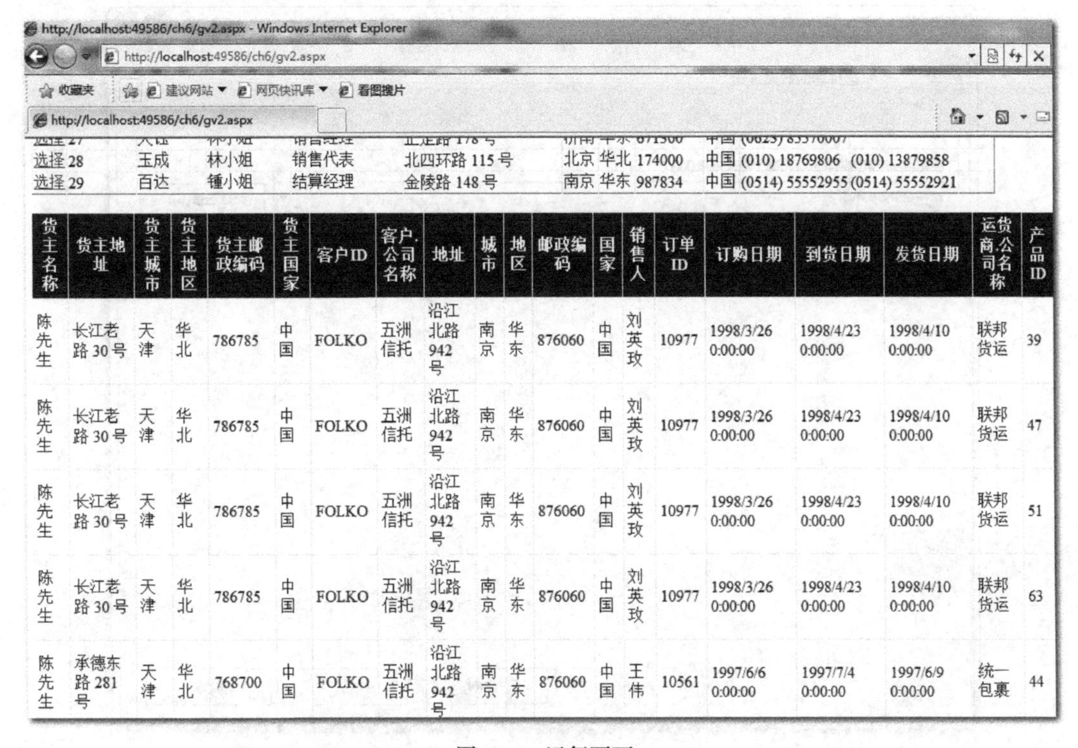

选择 28	玉成	林小姐	销售代表	北四环路 115 号	北京	华北	174000	中国	(010) 18769806	(010) 13879858
选择 29	百达	锺小姐	结算经理	金陵路 148 号	南京	华东	987834	中国	(0514) 55552955	(0514) 55552921

货主名称	货主地址	货主城市	货主地区	货主邮政编码	货主国家	客户ID	客户.公司名称	地址	城市	地区	邮政编码	国家	销售人	订单ID	订购日期	到货日期	发货日期	运货商.公司名称	产品ID
陈先生	长江老路 30 号	天津	华北	786785	中国	FOLKO	五洲信托	沿江北路 942 号	南京	华东	876060	中国	刘英玫	10977	1998/3/26 0:00:00	1998/4/23 0:00:00	1998/4/10 0:00:00	联邦货运	39
陈先生	长江老路 30 号	天津	华北	786785	中国	FOLKO	五洲信托	沿江北路 942 号	南京	华东	876060	中国	刘英玫	10977	1998/3/26 0:00:00	1998/4/23 0:00:00	1998/4/10 0:00:00	联邦货运	47
陈先生	长江老路 30 号	天津	华北	786785	中国	FOLKO	五洲信托	沿江北路 942 号	南京	华东	876060	中国	刘英玫	10977	1998/3/26 0:00:00	1998/4/23 0:00:00	1998/4/10 0:00:00	联邦货运	51
陈先生	长江老路 30 号	天津	华北	786785	中国	FOLKO	五洲信托	沿江北路 942 号	南京	华东	876060	中国	刘英玫	10977	1998/3/26 0:00:00	1998/4/23 0:00:00	1998/4/10 0:00:00	联邦货运	63
陈先生	承德东路 281 号	天津	华北	768700	中国	FOLKO	五洲信托	沿江北路 942 号	南京	华东	876060	中国	王伟	10561	1997/6/6 0:00:00	1997/7/4 0:00:00	1997/6/9 0:00:00	统一包裹	44

图 6-54　运行页面

6.4 DetailsView 与 FormView

这两个控件都可用于显示查询结果，但与 GridView 不同的是，它们每页只能显示一条记录，而且可以选择分页。DetailsView 和 FormView 擅长于每次只显示一个记录，并包含一个可选的分页按钮。DetailsView 通常可以用于显示表中的内容，而 FormView 更加灵活，可以在视图中使用模版来修改控件的外观。

例 6-5：SqlDataSource 与 FormView 控件的应用。

（1）添加 SqlDataSource，如图 6-55 所示。

图 6-55　添加 SqlDataSource

（2）配置数据源，如图 6-56 所示。

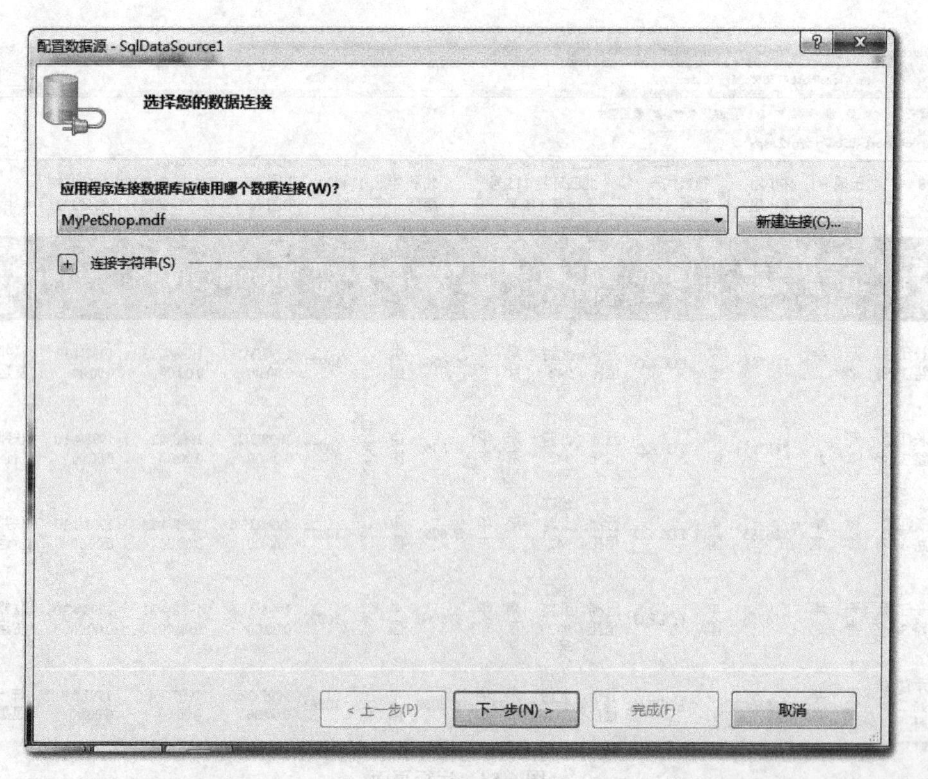

图 6-56　配置数据源

（3）将连接字符串保存在配置文件中，如图 6-57 所示。

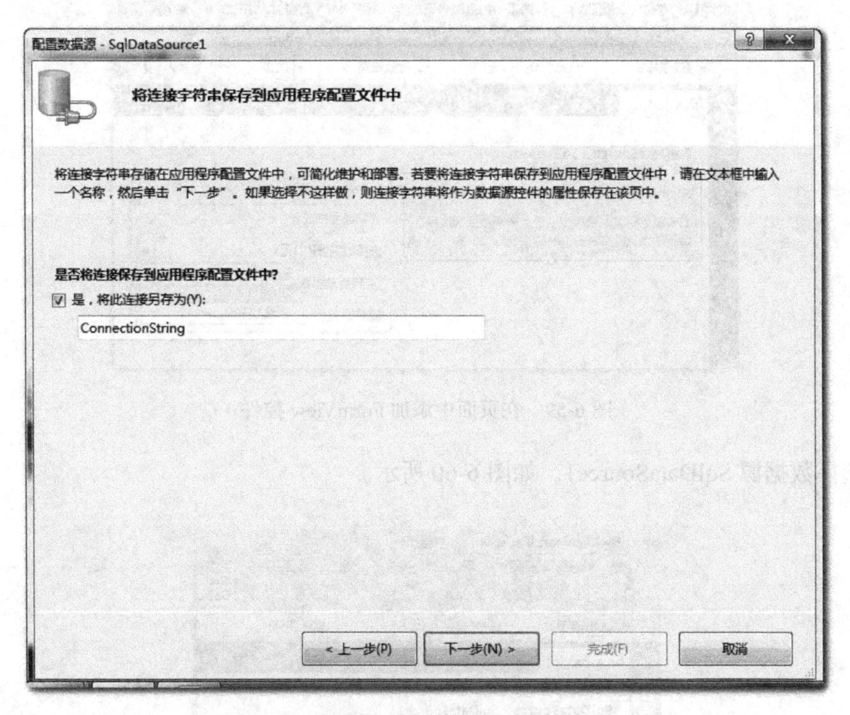

图 6-57　将连接字符串保存在配置文件中

（4）配置 Select 语句，如图 6-58 所示。

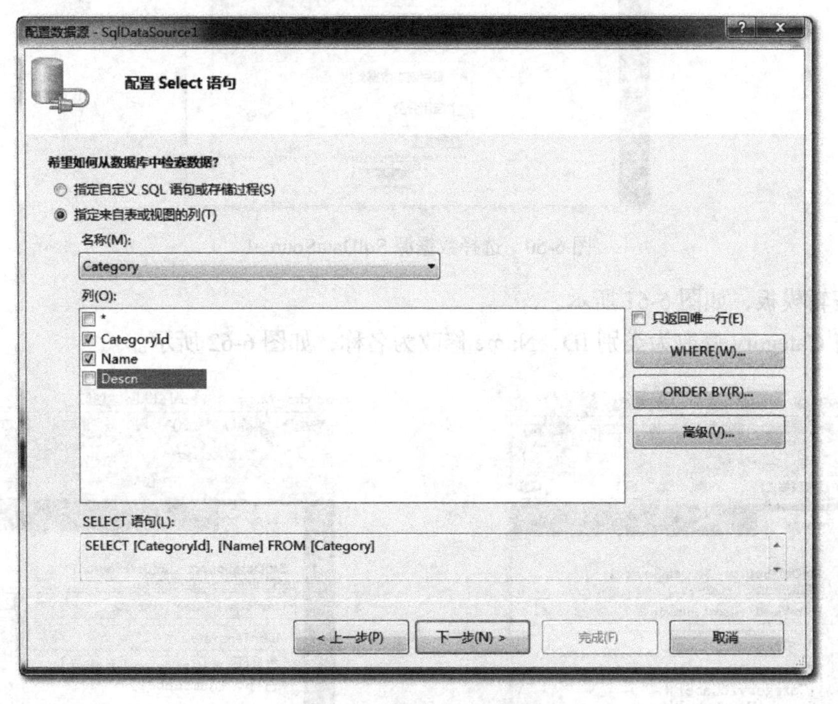

图 6-58　配置 Select 语句

（5）在页面中添加 FormView 控件，如图 6-59 所示。

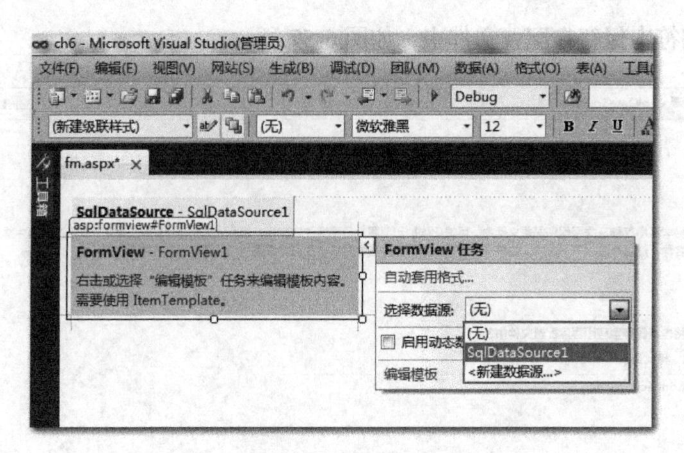

图 6-59 在页面中添加 FormView 控件

（6）选择数据源 SqlDataSource1，如图 6-60 所示。

图 6-60 选择数据源 SqlDataSource1

（7）编辑模板，如图 6-61 所示。

（8）将 Category 修改为类别 ID，Name 修改为名称，如图 6-62 所示。

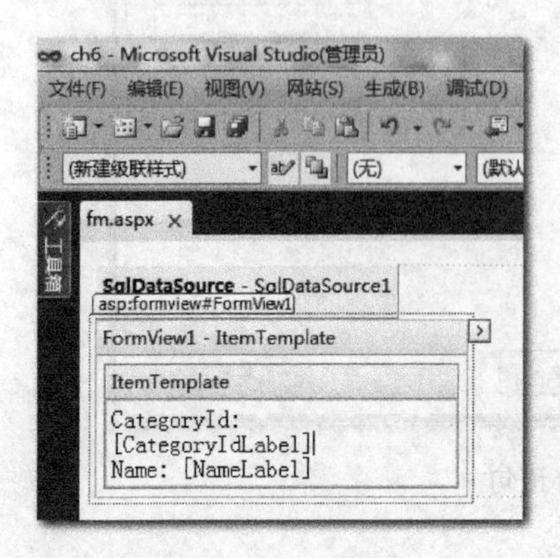

图 6-61 编辑模板

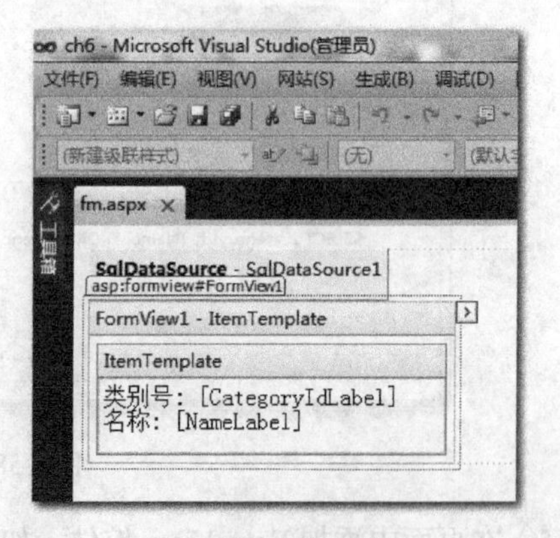

图 6-62 编辑模板

（9）单击“结束模板编辑”按钮，如图 6-63 所示。

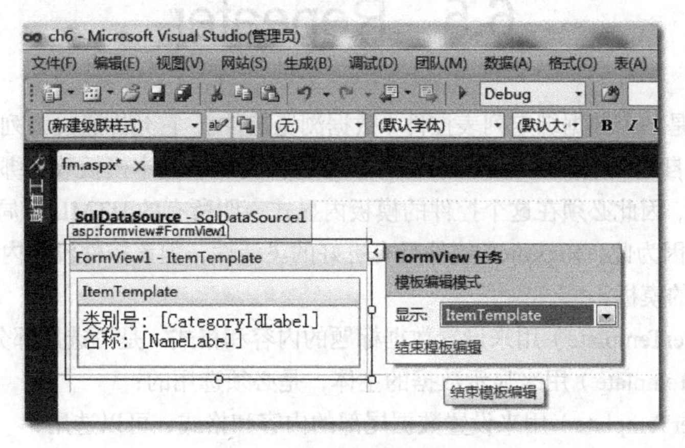

图 6-63　结束模板编辑

（10）在 FormView 任务中，启用分页，如图 6-64 所示。

图 6-64　启用分页

（11）运行页面，如图 6-65 所示。

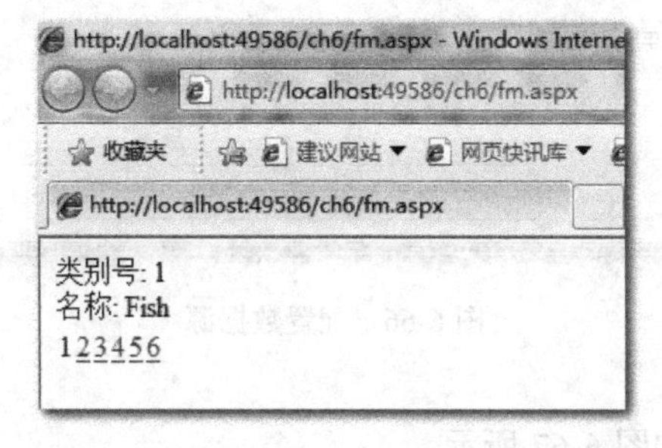

图 6-65　运行页面

6.5 Repeater

Repeater 控件是一个数据绑定列表控件（数据浏览控件），它允许通过为列表中显示的每一项重复指定的模板来自定义数据显示布局。Repeater 控件是一个基本模板数据绑定列表，它并没有内置的布局或样式，因此必须在这个控件的模板内显式声明所有的 HTML 布局标记、格式设置及样式标记等。也正因为此，Repeater 控件具有更好的灵活性，但该控件没有内置的选择和编辑功能。Repeater 控件的模板：

头模板（HeaderTemplate）用来设置数据标题的内容和格式，是可选用部分；

体模板（ItemTemplate）用来显示数据的主体，是必须选用的；

尾模板（FooterTemplate）用来设置数据尾部的内容和格式，可以选用；

交替模板（AlternatingTemplate）用来设置相隔行的内容和格式，可以选用；

分隔线模板（SeparatorTemplate）用来设置分隔线，可用<hr>,
。

例 6-6：Repeater 控件的应用。

（1）在 ch6 网站中新建页面 rep.aspx，在页面添加一个 AccessDataSource 控件，选择 Northwind.mdb 数据库，配置数据源，如图 6-66 所示。

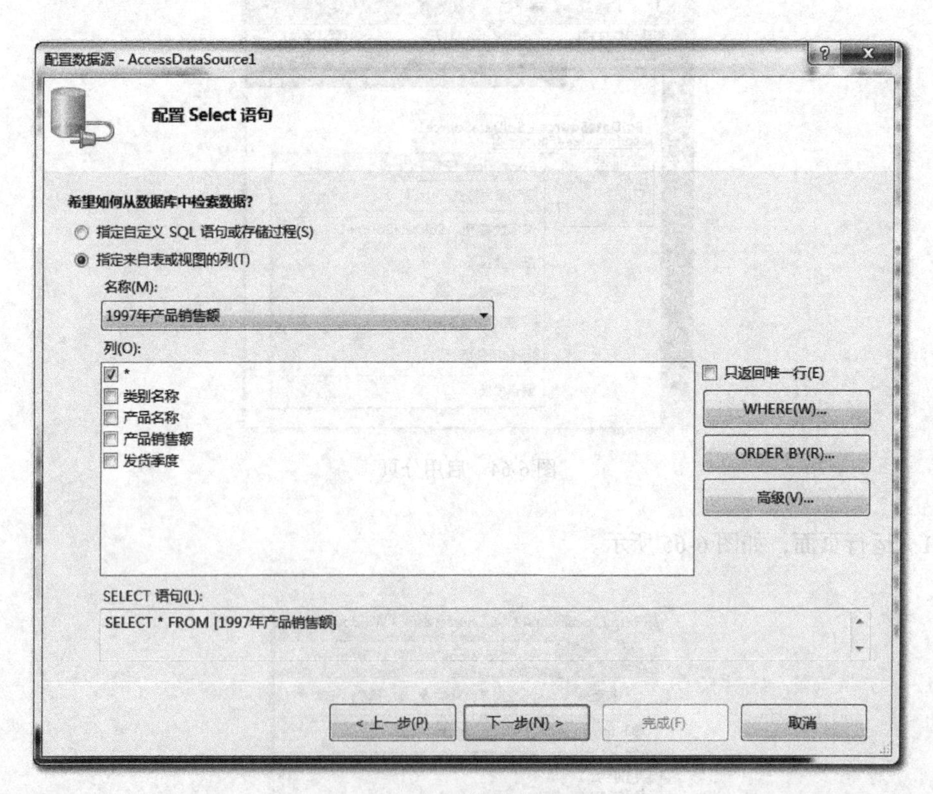

图 6-66 配置数据源

（2）配置 Select 语句，如图 6-67 所示。

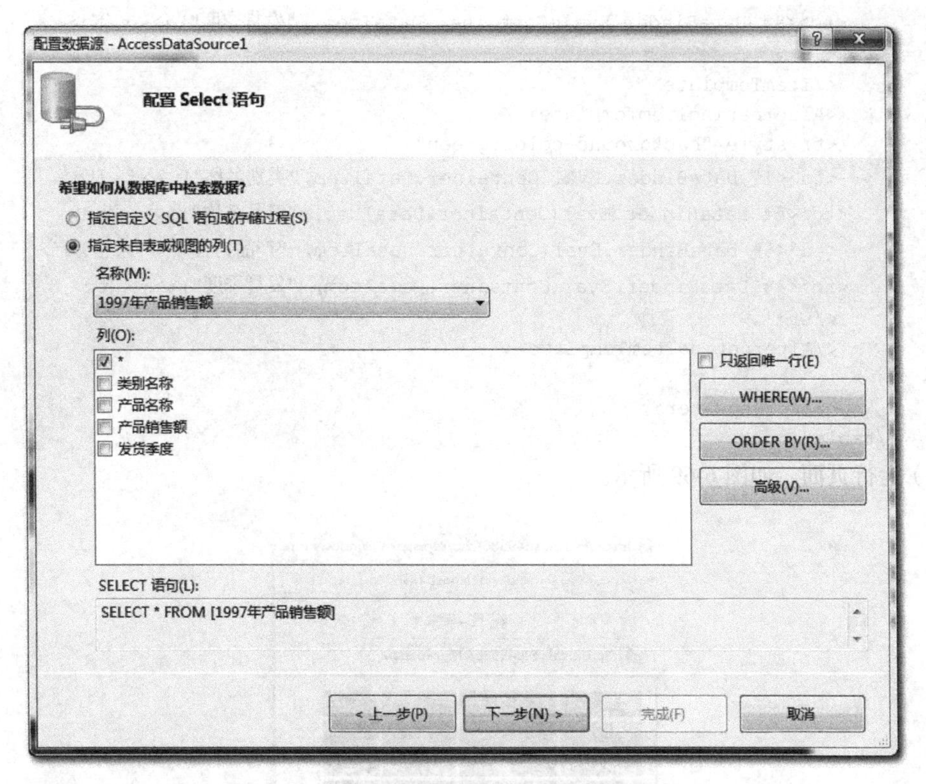

图 6-67　配置 Select 语句

（3）添加 Repeater 控件，如图 6-68 所示。

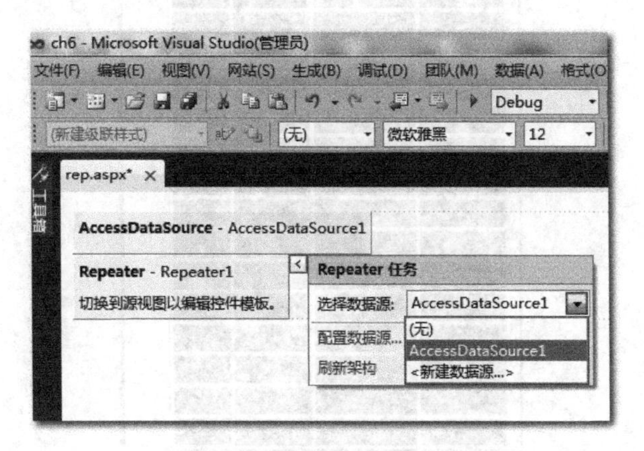

图 6-68　添加 Repeater 控件

在 rep.aspx 中添加代码如下：

```
<table border="1">
        <asp:Repeater ID="Repeater1" runat="server" DataSourceID="AccessDataSource1">

        <ItemTemplate>
        <tr style="background-color:red">
        <td><%# DataBinder.Eval(Container.DataItem,"类别名称") %> </td>
       <td><%# DataBinder.Eval(Container.DataItem, "产品名称")%> </td>
        <td><%# DataBinder.Eval(Container.DataItem, "产品销售额")%> </td>
```

```
        <td><%# DataBinder.Eval(Container.DataItem, "发货季度")%>  </td>
         </tr>
         </ItemTemplate>
         <AlternatingItemTemplate>
         <tr style="background-color:green">
         <td><%# DataBinder.Eval(Container.DataItem,"类别名称") %>  </td>
        <td><%# DataBinder.Eval(Container.DataItem, "产品名称")%>  </td>
         <td><%# DataBinder.Eval(Container.DataItem, "产品销售额")%>  </td>
        <td><%# DataBinder.Eval(Container.DataItem, "发货季度")%>  </td>
         </tr>
         </AlternatingItemTemplate>

         </asp:Repeater>
    </table>
```

（4）运行页面，如图 6-69 所示。

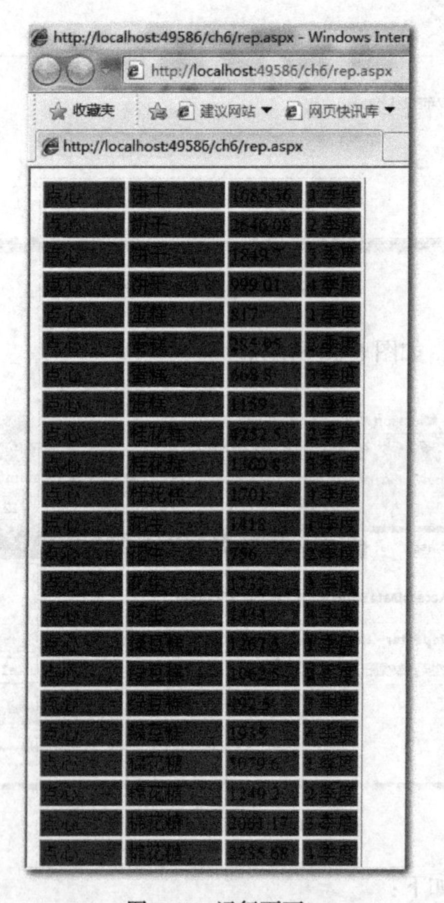

图 6-69 运行页面

习 题

1. 简述数据库、数据库管理系统与数据库应用系统的区别。

2. 查询数据库 Northwind.mdb“产品”表中“库存量”>39 的所有记录，用 GridView 显示查询结果，并要求对查询结果可以更新其中记录字段的值。

3. 查询数据库 Northwind.mdb“订单”表中“货主城市”的值等于 TextBox1 中输入的所有记录。

4. 实现多表查询，类别表（父表），产品表（子表），父表用 GridView 显示，子表用 DetailsView 显示，在父表中单击”选择”，则 DetailsView 显示相应记录，对应数据库为 NorthWind.mdb。

5. 在页面中添加 DropDownList 控件，其数据源为“产品”表中的“产品名称”字段，要求在 DropDownList 中选择成员项时，用 GridView 控件显示其在“产品”表中对应的记录，对应数据库为 NorthWind.mdb。

第7章 ADO.NET

我们已经掌握如何使用数据控件访问数据库，虽然这种访问方式简单，不需要编写大量代码，但是这种方式也有其局限性。如果应用程序需要对数据库进行复杂的操作或者需要更加灵活地操作数据，这时用数据控件的功能可能受限，而且维护和修改也不方便，由此从本章我们开始学习另外一种应用程序访问数据库的方式，即使用 ADO.NET 访问数据库。ADO.NET 提供了组件功能强大的.NET 类，使用它们可以完成对数据库的访问，ADO.NET 提供了两种访问数据库的方式：连接式和断开式。

7.1 ADO.NET

由于不同公司开发出不同的数据库产品，而且这些产品中的数据格式或接口都是不同的，这就使得程序员在设计应用程序访问数据库带来不便。为此，很多开发平台均由系统负责提供连接不同数据库产品的接口。常见的数据库通用接口有以下几种。

1. ODBC

ODBC 将数据库的底层操作封装在其驱动程序中，应用程序需要使用统一的连接代码指向 ODBC，然后再由 ODBC 调用系统提供的数据库驱动程序，即可连接不同类型的数据源。用户可通过"ODBC 数据源管理器"设置数据源，如图 7-1 所示。

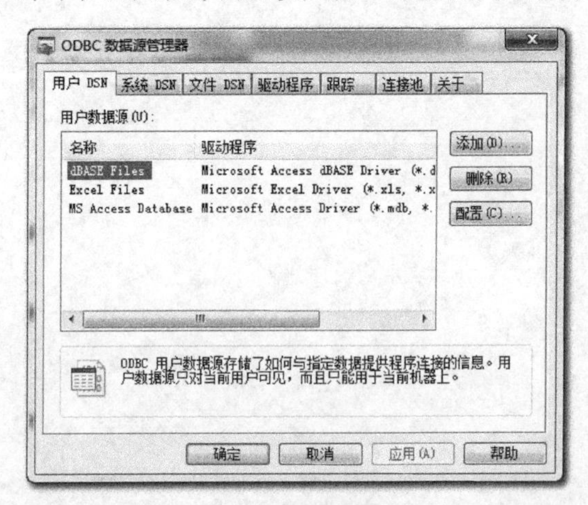

图 7-1 ODBC 数据源管理器

2. OLEDB

OLEDB 是一组 COM 接口，它封装了 ODBC 的所有功能，实际上是 ODBC 的基类，利用 OLEDB 不仅可以访问关系型数据库还可以访问其他非关系型数据库。

3. ADO

OLEDB 提供了访问数据库的系统级接口而不是应用程序级接口，所以在实际使用中不太方便，ADO 提供了应用程序和 OLEDB 之间的桥梁，使得应用程序访问数据库更加方便，在 ASP 技术中，ADO 是访问数据库经常用到的接口。

4. ADO.NET

ADO.NET 与 ADO 是完全不同的两种数据访问方式，作为.NET Framework 的一部分，ADO.NET 提供了一组功能强大的提供程序类，使用这些类可以实现应用程序对不同数据源进行访问，而且它提供了两种数据访问方式：连接式和断开式，这种应用程序不局限于 WEB 应用程序。数据提供程序主要包括：Connection、Command、DataReader 和 DataAdapter，而且不同的数据提供程序，这些类名是不同的，而且命名空间也是不同的，常见的数据提供程序类如表 7-1 所示。

表 7-1　数据提供程序类

	ODBC Provider	OLEDB Provider	SqlServer Provider
Connection	OdbcConnection	OleDbConnection	SqlConnection
Command	OdbcCommand	OleDbCommand	SqlCommand
DataReader	OdbcDataReader	OleDbDataReader	SqlDataReader
DataAdapter	OdbcDataAdapter	OleDbDataAdapter	SqlDataAdapter
命名空间	System.Data.Odbc	System.Data.OleDb	System.Data.SqlClient

7.2 Connection

Connection 对象主要用于连接数据库，使用连接数据库时，最重要的信息是连接字符串，它可以通过 Connection 对象的属性 ConnectionString 设置。连接字符串具有多种写法：

7.2.1 连接字符串

1. 连接字符串的写法一

连接 OLEDB 数据源，需设置的参数有以下几项。

Provider:设置 OLEDB 驱动程序，通常可设置为 Microsoft.Jet. OLEDB.4.0。

Data Source:数据源实际路径。

如下面的变量 conn 即是连接字符串：

```
string conn=" Provider = Microsoft.Jet. OLEDB.4.0 ; Data Source =C:\\website1\\App_Data
\\student.mdb";
```

需要注意的是，上面的写法是正确的，但是在实际中路径一般不写绝对路径，这样不利于程序的移植。可以使用 Server 对象的 MapPath 方法将路径转换，但是不能写成下面这种形式：

```
string conn=" Provider = Microsoft.Jet. OLEDB.4.0 ; Data Source = Server.MapPath
("App_Data/student.mdb") ";
```

应该写成下面这种形式：

```
string conn=" Provider = Microsoft.Jet. OLEDB.4.0 ; Data Source = "+
    Server.MapPath("App_Data/student.mdb") ;
```

2. 连接字符串的写法二

若数据库文件是存放在 App_Data 文件夹下的，可以使用另一种更简洁的数据库路径写法：

```
string conn=" Provider = Microsoft.Jet. OLEDB.4.0 ; Data Source =|DataDirectory|student.mdb";
```

使用 DataDirectory 作路径，ADO.NET 总是在当前应用程序的 App_Data 中查找数据文件。

3. 连接字符串的写法三

连接 SQL SERVER 数据源，需设置的参数有以下几项。

Data Source(Server):设置要连接的数据库服务器名。

Initial Catalog:设置要连接的数据库名。

Integrated Security：服务器的安全性设置，设置成 SSPI 表示使用当前页面的 Windows 帐户连接。

User ID：数据库的用户名。

Password：数据库的密码。

如：

```
string conn= "Server=192.168.0.0.1;Initial Catalog=MypetShop;Uid=sa;password=123456"。
```

4. 连接字符串的写法四

将连接字符串存放在 web.config 节中

```
<connectionStrings>
    <add name="cstr1" connectionString="……"
        providerName="System.Data.SqlClient" />
</connectionStrings>
```

其中 name 的值是在程序中直接引用连接字符串用到的，如此处是 cstr1。

引用 web.config 中连接字符串的方法为 string str=System.Configuration.ConfigurationManager.ConnectionStrings["连接字符串名"].ToString();

若引入 ConfigurationManager 类命名空间 using System.Configuration;则可简写为 string str=ConfigurationManager.ConnectionStrings["连接字符串名"].ToString();

给 web.config 中的连接字符串加密，使用命令：aspnet_regiis -pef connectionStrings "网站所在文件夹"。

给 web.config 中连接字符串解密，使用命令：

aspnet_regiis -pdf connectionStrings "网站所在文件夹"。

打开 Visual Stdio 命令提示窗口，如图 7-2 所示。

输入加密命令，如图 7-3 所示。

```
aspnet_regiis -pef connectionStrings " C:\Users\sky\Documents\Visual Studio 2010\WebSites\ch6"
```

图 7-2 打开 Visual Stdio 命令提示窗口

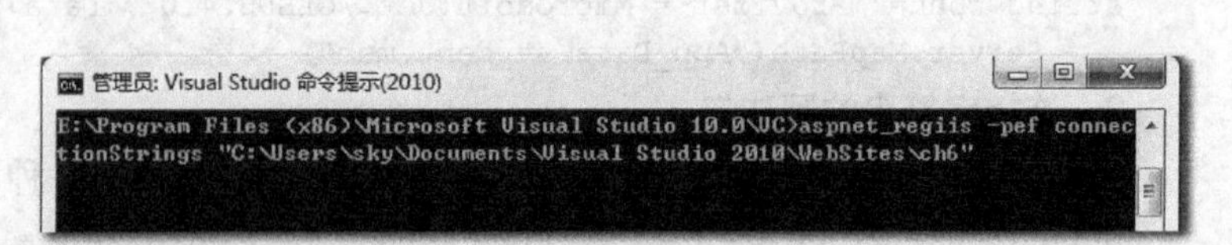

图 7-3 输入加密命令

按回车键执行，如图 7-4 所示。

管理员: Visual Studio 命令提示(2010)
Setting environment for using Microsoft Visual Studio 2010 x86 tools.
E:\Program Files (x86)\Microsoft Visual Studio 10.0\VC>aspnet_regiis -pef connectionStrings "C:\Users\sky\Documents\Visual Studio 2010\WebSites\ch6"
正在加密配置节...
成功!

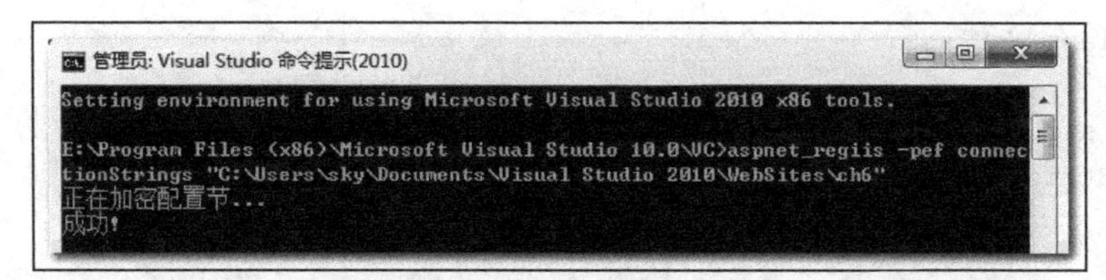

图 7-4　执行加密命令

若之前在 VS 中没有关闭 Web.config 文件，则出现的对话框如图 7-5 所示。

Microsoft Visual Studio
C:\Users\sky\Documents\Visual Studio 2010\WebSites\ch6\Web.config
该文件已在源编辑器之外被修改。
是否重新加载它?
是(Y)
全是(A)
否(N)
全否(L)

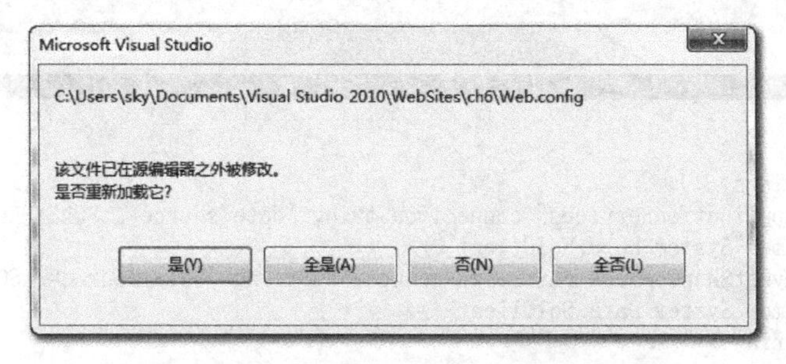

图 7-5　没有关闭 Web.config 文件会出现的对话框

单击“是”按钮，发现连接字符串被加密，如图 7-6 所示。

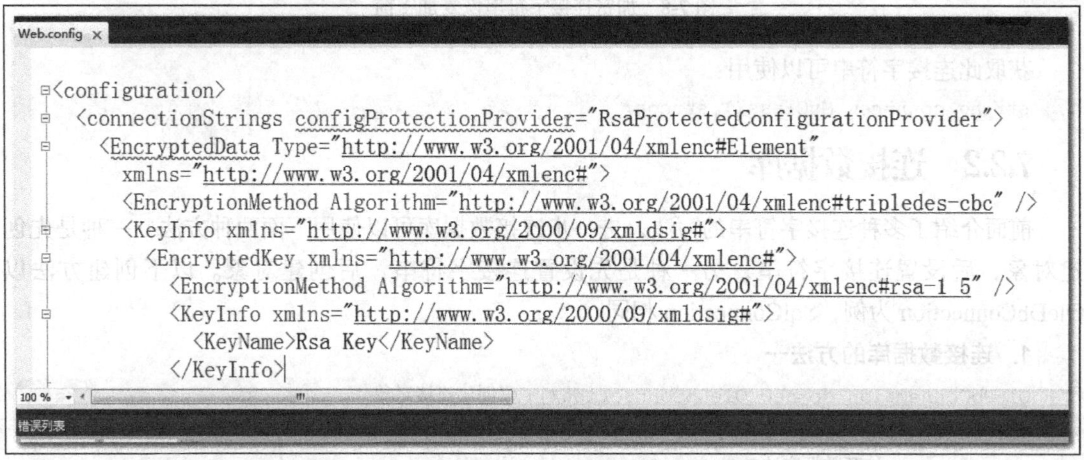

Web.config
<configuration>
<connectionStrings configProtectionProvider="RsaProtectedConfigurationProvider">
<EncryptedData Type="http://www.w3.org/2001/04/xmlenc#Element"
xmlns="http://www.w3.org/2001/04/xmlenc#">
<EncryptionMethod Algorithm="http://www.w3.org/2001/04/xmlenc#tripledes-cbc" />
<KeyInfo xmlns="http://www.w3.org/2000/09/xmldsig#">
<EncryptedKey xmlns="http://www.w3.org/2001/04/xmlenc#">
<EncryptionMethod Algorithm="http://www.w3.org/2001/04/xmlenc#rsa-1_5" />
<KeyInfo xmlns="http://www.w3.org/2000/09/xmldsig#">
<KeyName>Rsa Key</KeyName>
</KeyInfo>
100 %
错误列表

图 7-6　加密的连接字符串

输入加密命令，如图 7-7 所示。

```
aspnet_regiis -pdf connectionStrings " C:\Users\sky\Documents\Visual Studio 2010\WebSites\ch6"
```

E:\Program Files (x86)\Microsoft Visual Studio 10.0\VC>aspnet_regiis -pdf connectionStrings "C:\Users\sky\Documents\Visual Studio 2010\WebSites\ch6"
正在解密配置节...
成功!

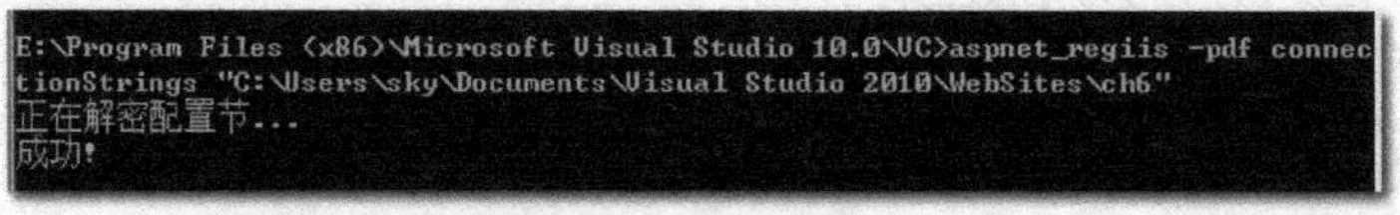

图 7-7　输入加密命令

加密连接字符串恢复成加密前，如图 7-8 所示。

5. 连接字符串的写法五

将连接字符串写在一个类的属性中，如：

```
public class MyClass
{
 private static String str="连接字符串";
 public String strcon
  {
get
{
  return strsql;
}
  }
}
```

```
<configuration>
  <connectionStrings>
    <add name="ApplicationServices" connectionString="data source=.\SQLEXPRESS;Integrated Secu
      providerName="System.Data.SqlClient" />
    <add name="MyPetShopConnectionString" connectionString="Data Source=.\SQLEXPRESS;AttachDbF
      providerName="System.Data.SqlClient" />
  </connectionStrings>

  <system.web>
    <compilation debug="false" targetFramework="4.0" />
```

图 7-8 加密连接字符串恢复加密前

获取此连接字符串可以使用：

```
string conn=new MyClass().strcon;
```

7.2.2 连接数据库

前面介绍了多种连接字符串的写法，进一步连接数据库可以使用下面两种方法，一种是先创建对象，后设置连接字符串；另一种是先设置连接字符串，后创建对象。以下创建方法以 OleDbConnection 为例，SqlConnection 相同。

1. 连接数据库的方法一

```
OleDbConnection db=new OleDbConnection();//创建连接对象
db.ConnectionString="连接字符串";//设置连接字符串
db.Open();//打开数据库连接
//访问数据库
db.Close();//关闭数据库连接
```

2. 连接数据库的方法二

```
string str="连接字符串";//定义连接字符串
OleDbConnection db=new OleDbConnection(str); //创建连接对象
db.Open();//打开数据库连接
//访问数据库
db.Close();//关闭数据库连接
```

由于使用 Open()方法打开数据库时可能发生异常，所以在使用方法时可以使用异常处理机制，可使用如下结构：

```
string str="连接字符串";
OleDbConnection db=new OleDbConnection(str);
```

```
try{
db.Open();
……
}
catch(Exception err)
{
……
}
finally
{
db.Close();
}
```

无论打开连接成功与否，都应确保 Connection 正确关闭，即使打开连接不成功，调用 Close 方法也不会产生任何问题。

该结构中若执行 try 语句块发生异常，则立即执行 catch 语句块，最后才执行 finally 关闭连接。编写应用程序访问数据库时应尽量减少数据库的连接时间，所以经常会使用 using 语句，用它声明一个代码块，代码中所使用的对象使用完自动销毁，其结构如下：

```
string str="连接字符串";
OleDbConnection db=new OleDbConnection(str);
try{
using(db)
{
db.Open();
……
}
}
catch(Exception err)
{
……
}
```

在执行 try 语句块时发生异常，则立即关闭连接，然后再进行异常处理。显然这种方式比前面的方式高效，连接数据库的时间更短。

7.3　Command

成功和数据库建立连接后，就可以通过 Command 对象对其进行操作如查询、修改或删除等。这些操作都是可以通过结构化查询语句来实现的。

7.3.1　含有变量 sql 语句的写法

在具体的程序中，可以将 sql 语句存储在一个字符串中，关于 sql 语句的写法需要特别注意其中含有变量的情况，此时应该将 sql 语句分隔成多个字符串，然后使用“+”运算符连接起来。下面通过两个例子来说明：

例 7-1：

（1）查询 student 表中姓名是“李华”的学生所有信息，sql 语句可以写成下面的形式：

```
string str="selet * from student where 姓名='李华' ";
```

（2）和上面相同的查询，但是“李华”存放在字符串 str 中：string str="李华";

若 sql 语句改写成下面的形式，是错误的：

```
string str="select * from student where 姓名='str' ";
```

应该写成下面形式：

```
string str="select * from student where 姓名='"+str+"'";
```

例 7-2：

（1）向 user(name,password)表中插入一条记录(li,li001)，sql 语句可以写成下面的形式：

```
string str="insert into user values('li', 'li001') ";
```

（2）和上面相同的操作，只是记录的两个字段值分别来源于控件 TextBox1, TextBox2，

若 sql 语句改写成下面形式，是错误的：

```
string str="insert into user values(' TextBox1.Text ', ' TextBox2.Text') ";
```

应该写成下面形式：

```
string str="insert into user values('"+ TextBox1.Text +" ', '"+ TextBox2.Text +"')";
```

7.3.2 Command 对象的创建

Command 对象的创建通常可以采用下面的几种方法，以下创建方法以 OleDbCommand 为例，SqlCommand 相同。

Command 对象的创建方法一

```
OleDbCommand cmd=new OleDbCommand(sql 语句, Connection 对象);
```

Command 对象的创建方法二

```
OleDbCommand cmd=new OleDbCommand();
cmd.CommandText="sql 语句";
cmd.Connection= "已创建的 Connection 对象";
cmd.CommandType= "类型";
```

Command 对象的创建方法三

```
OleDbConnection conn=new OleDbConnection();
OleDbCommand cmd=conn.CreateCommand();
```

7.3.3 Command 对象常用方法

实例化 Command 对象之后，可以通过其提供的方法来完成各种数据库的操作，常用的方法有以下几种：

1. ExecuteNonQuery()方法

该方法表示执行一个非查询的操作，如 Update、Delete 和 Insert，方法的返回值是整型，表示受操作影响的行数。若返回值为 0 表示操作失败。

2. ExecuteScalar()方法

该方法对 Connection 对象建立的连接执行 CommandText 属性中定义的命令，但只返回结果集中的第 1 行第 1 列的值。该方法常用于返回聚合函数的结果。

3. ExecuteReader()方法

若对数据库执行的是一个查询操作，可以使用此方法，返回一个仅向前的、只读的 DataReader(数据读取器)对象，该对象可以快速从数据库中检索记录信息。

例 7-3：现将数据库中的 Northwind.mdb“产品”表中字段“单价”大于 40 的所有记录在页

面上 GridView（ID 为 GridView1）位置显示出来。可使用以下代码：

新建网站 ch7，添加页面 drl.aspx，添加控件 GridView（ID 为 GridView1）。

dr1.aspx.cs 中添加代码如下：

```
using System;
using System.Data.OleDb;
using System.Data;
public partial class dr1 : System.Web.UI.Page
{
    protected void Page_Load(object sender, EventArgs e)
    {
        String str = "Provider=Microsoft.Jet.OleDb.4.0;Data Source=";
        str += Server.MapPath("App_Data/Northwind.mdb");
        OleDbConnection conn = new OleDbConnection(str);
        String sql = "select * from 产品 where 单价>40";
        OleDbCommand cmd = new OleDbCommand(sql, conn);
        cmd.CommandType = CommandType.Text;
        try
        {
            cmd.Connection.Open();
            OleDbDataReader dr = cmd.ExecuteReader();
            GridView1.DataSource = dr;
            GridView1.DataBind();
            dr.Close();
        }
        catch (OleDbException ex)
        {
        }
        finally
        {
            cmd.Connection.Close();
        }
    }
}
```

运行页面，如图 7-9 所示。

产品ID	产品名称	供应商ID	类别ID	单位数量	单价	库存量	订购量	再订购量	中止
9	鸡	4	6	每袋500克	97	29	0	0	☑
18	墨鱼	9	8	每袋500克	62.5	42	0	0	☐
20	桂花糕	8	3	每箱30盒	81	40	0	0	☐
27	牛肉干	11	3	每箱30包	43.9	49	0	30	☐
28	烤肉酱	12	7	每箱12瓶	45.6	26	0	0	☑
29	鸭肉	12	6	每袋3公斤	123.79	0	0	0	☑
38	绿茶	18	1	每箱24瓶	263.5	17	0	15	☐
43	柳橙汁	20	1	每箱24瓶	46	17	10	25	☐
51	猪肉干	24	7	每箱24包	53	20	0	10	☐
59	光明奶酪	28	4	每箱24瓶	55	79	0	0	☐
62	山渣片	29	3	每箱24包	49.3	17	0	0	☐
63	甜辣酱	7	2	每箱24瓶	43.9	24	0	5	☐

图 7-9　运行页面

7.4 DataReader

可以使用 Command 对象的 ExecuteReader()方法来创建一个 DataReader 对象，而且利用它可以对查询的结果进行读取，读取使用的方法是 Read()方法，每次只能以向前移动的方式来读取一条记录，方法返回值是 true 或 false，表示记录是否已读取完，而且每次读取的一行记录返回到 DataReader 对象中，此时若要访问具体的数据可以使用：

（1）使用字段名。

（2）使用字段的索引（索引从 0 开始）。

（3）使用 Get 方法，该方法以 Get 开始，后接各种数据类型，参数为字段的索引号，如 GetString(0)。

例 7-4：现对数据库 Northwind.mdb 的“产品”表中的字段“库存量”进行检索，在网站 ch6 中添加页面 Fill.aspx，设计界面如下：大于 30 的所有记录在页面上 Label（ID 为 Label1）位置显示出来。可使用以下代码：

例 7-5：现将数据库中 Northwind.mdb“产品”表中的字段“再订购量”大于 25 的所有记录在页面上的 Label 位置显示出来，并给数据加上表格。

在网站 ch7 中添加页面 dr2.aspx，添加控件 Label（ID 为 Label1）。

dr2.aspx.cs 中添加代码如下：

```
using System;
using System.Data.OleDb;
using System.Data;
public partial class dr2 : System.Web.UI.Page
{
    protected void Page_Load(object sender, EventArgs e)
    {
        String str = "Provider=Microsoft.Jet.OleDb.4.0;Data Source=";
        str += Server.MapPath("App_Data/Northwind.mdb");
        OleDbConnection conn = new OleDbConnection(str);
        String sql = "select * from 产品 where 再订购量>25";
        OleDbCommand cmd = new OleDbCommand(sql, conn);
        cmd.CommandType = CommandType.Text;
        try
        {
            cmd.Connection.Open();
            OleDbDataReader dr = cmd.ExecuteReader();
            Label1.Text += "<table border='1'>";
            for (int i = 0; i <= dr.FieldCount - 1; i++)
                Label1.Text += "<td>" + dr.GetName(i) + "</td>";
            while (dr.Read())
            {
                Label1.Text += "<tr>";
                for (int i = 0; i <= dr.FieldCount - 1; i++)
                    Label1.Text += "<td>"+dr[i]+"</td>" ;
                Label1.Text += "</tr>";
            }
            Label1.Text += "</table>";
            dr.Close();
```

```
            }
            catch (OleDbException ex)
            {
            }
            finally
            {
                cmd.Connection.Close();
            }
        }
    }
```

运行页面，如图 7-10 所示。

产品ID	产品名称	供应商ID	类别ID	单位数量	单价	库存量	订购量	再订购量	中止
11	大众奶酪	5	4	每袋6包	21	22	30	30	False
25	巧克力	11	3	每箱30盒	14	76	0	30	False
27	牛肉干	11	3	每箱30包	43.9	49	0	30	False
40	虾米	19	8	每袋3公斤	18.4	123	0	30	False
50	玉米饼	23	3	每箱24包	16.25	65	0	30	False
56	白米	26	5	每袋3公斤	38	21	10	30	False
64	黄豆	12	5	每袋3公斤	33.25	22	80	30	False
70	苏打水	7	1	每箱24瓶	15	15	10	30	False

图 7-10 运行页面

DataReader 是基于连接方式对数据库的操作，它只能逐行访问数据库且只读，若要求任意访问某行数据或修改数据，使用 DataReader 显然不方便。另一方面，应用程序的目标应该是尽量减少数据库的连接时间，以减轻数据库服务器的负担。由此断开式访问应运而生。

7.5 DataAdapter 与 DataSet

DataSet，又称内存数据库，它是断开式访问的核心，当使用断开式数据访问时，将使用 DataSet 在内存中保留数据的一份副本。当数据填充到内存数据库后，数据库服务器的连接就会断开。断开后可以对内存数据库中的数据表进行读取或更改，还可以将更改结果更新到原始数据库中。显然，断开式访问可以缓解数据库服务器的压力，一般在需要对数据库进行复杂操作或需长时间交互处理的情况下可以使用这种方式。

内存数据库中可以容纳多张数据表，每个数据表都是一个 DataTable 对象，还可以在内存数据库中添加表与表之间的关系（DataRelation），数据表中的每一行都是一个 DataRow 对象，数据表中的每一列都是一个 DataColumn 对象。

DataAdapter 是数据库与 DataSet 之间的桥梁，使用它可以实现数据库与 DataSet 之间的数据交互。根据数据提供程序的不同，可以选择使用：OleDbDataAdapter 和 SqlDataAdapter。

DataAdapter 具有属性：SelectCommand、InsertCommand、UpdateCommand 和 DeleteCommand 每个属性都用来定义相应的数据处理的命令，但这些属性都是 Command 类型的，不可以直接将

命令以字符串形式赋值给属性。

创建 DataAdapter 对象可以使用下面几种形式：

（1）OleDbDataAdapter da = new OleDbDataAdapter（sql 语句，Connection 对象）；

（2）OleDbDataAdapter da = new OleDbDataAdapter（sql 语句，“连接字符串”）；

（3）OleDbDataAdapter da = new OleDbDataAdapter（Command 对象）；

（4）OleDbDataAdapter da = new OleDbDataAdapter();

（5）da.SelectCommand=new OleDbCommand（select 语句，Connection 对象）。

DataAdapter 对象的方法：

（1）Fill

使用该方法可以将读取到的数据填充到 DataSet 中。

例 7-6：现对数据库 Northwind.mdb 中“产品”表中的字段“库存量”进行检索，在网站 ch6 中添加页面 Fill.aspx，添加控件 TextBox（ID 为 TextBox1）、Button（ID 为 Button1）、GridView（ID 为 GridView1），设计界面如图 7-11 所示。

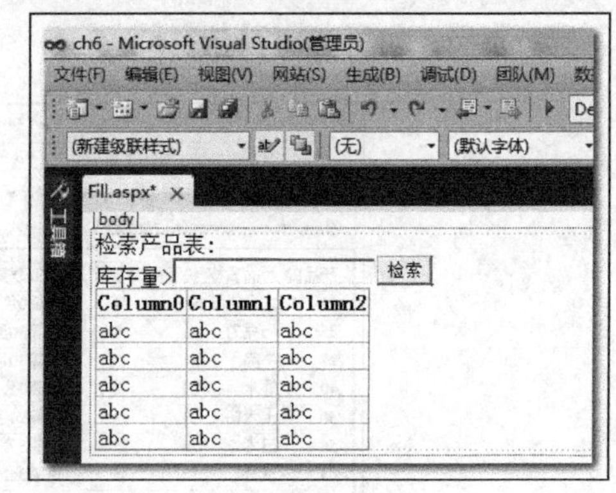

图 7-11　设计界面

在 Fill.aspx.cs 中添加代码如下：

```
using System;
using System.Data.OleDb;
using System.Data;
public partial class Fill : System.Web.UI.Page
{
    protected void Page_Load(object sender, EventArgs e)
    {
    }
protected void Button1_Click(object sender, EventArgs e)
    {   string s="Provider=Microsoft.Jet.OleDb.4.0;Data Source =
|DataDirectory|Northwind.mdb";
        OleDbConnection conn = new OleDbConnection(s);
        string sql = "select * from 产品 where 库存量>";
        try
        {
            sql += int.Parse(TextBox1.Text);
            OleDbDataAdapter da = new OleDbDataAdapter(sql, conn);
            DataTable dt = new DataTable();
            da.Fill(dt);
            GridView1.DataSource = dt;
            GridView1.DataBind();
        }
        catch (Exception ex)
        {
            TextBox1.Text = ex.Message;
        }
    }
}
```

运行页面，输入“100”，如图 7-12 所示。

图 7-12　运行页面

例 7-7：读取 EXCEL 文件“成绩.xls”，并将其在页面上显示出来。

在网站 ch7 解决方案资源管理器中添加 EXCEL 文件“成绩.xls”到 App_Data 文件夹（如图 7-13 所示），新建页面 ReadExcel.aspx，在页面添加 GridView（ID 为 GridView1），解决方案资源管理器如图 7-13 所示。

成绩.xls 文件如图 7-14 所示。

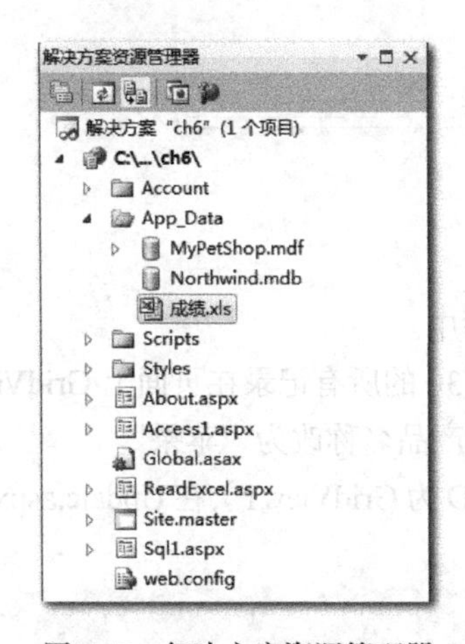

图 7-13　解决方案资源管理器

图 7-14　成绩.xls

在 ReadExcel.aspx.cs 中添加如下代码：

```
using System;
using System.Data.OleDb;
using System.Data;
public partial class ReadExcel : System.Web.UI.Page
{
  protected void Page_Load(object sender, EventArgs e)
  {
      if (!Page.IsPostBack)
      {
          //需要连接的 Excel 文件地址
```

```
            string url = Server.MapPath(@"App_data\成绩.xls");
            string str = "Provider=Microsoft.Jet.OLEDB.4.0;Data Source="+url;
            str=str+";Extended Properties=\"Excel 8.0;HDR=NO;IMEX=0\"";
            OleDbConnection con = new OleDbConnection(str); //创建连接对象
            OleDbCommand com = con.CreateCommand();//创建命令对象
            com.CommandText = "SELECT * FROM [Sheet1$]"; //设置查询语句
            OleDbDataAdapter adpt = new OleDbDataAdapter();//创建数据适配器对象
            adpt.SelectCommand = com;
            DataSet ds = new DataSet();
            adpt.Fill(ds); //填充 DataSet
            GridView1.DataSource = ds;
            GridView1.DataBind();//数据绑定
        }
    }
}
```

运行页面，如图 7-15 所示。

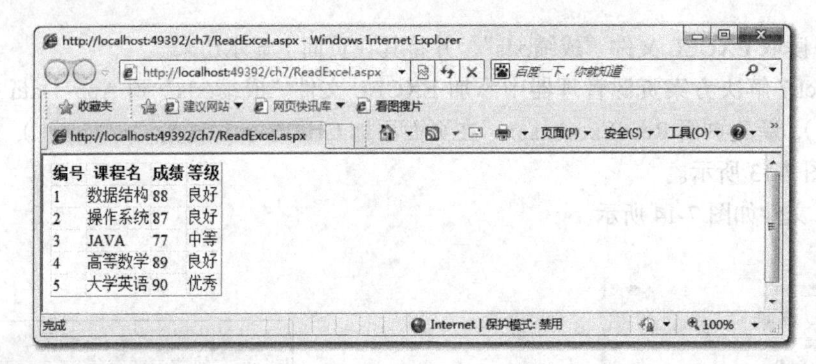

图 7-15　运行页面

（2）Update

使用该方法可以将 DataSet 中修改的数据更新到原始数据库中。

例.现将数据库中的 Northwind.mdb“产品”表中库存量大于 30 的所有记录在页面上 GridView（ID 为 GridView1）位置显示出来，并且要求将第一条记录中的产品名称改为“苹果”。

在网站 ch7 中新建页面 Update.aspx，在页面添加 GridView（ID 为 GridView1），在 Update.aspx.cs 添加如下代码：

```
using System;
using System.Data.OleDb;
using System.Data;
public partial class Update : System.Web.UI.Page
{  protected void Page_Load(object sender, EventArgs e)
    {
        OleDbConnection conn = new OleDbConnection();
        conn.ConnectionString="Provider=Microsoft.Jet.OleDb.4.0;"+"Data Source=" +
Server.MapPath("App_Data\\Northwind.mdb");
        string SqlStr = "select * from 产品 where 库存量>30";
        OleDbDataAdapter da = new OleDbDataAdapter(SqlStr, conn);
        DataTable dt = new DataTable();
        OleDbCommandBuilder builder = new OleDbCommandBuilder(da);//自动生成更新用的 SQL
语句
```

```
        da.Fill(dt);
        GridView1.DataSource = dt;
        GridView1.DataBind();
        DataRow row = dt.Rows[0];
        row["产品名称"] = "苹果";
        da.Update(dt);
        GridView1.DataSource = dt;
        GridView1.DataBind();
    }
}
```

运行页面，如图 7-16 所示。

产品ID	产品名称	供应商ID	类别ID	单位数量	单价	库存量	订购量	再订购量	中止
1	苹果	1	1	每箱24瓶	18	39	0	10	☐
4	盐	2	2	每箱12瓶	22	53	0	0	☐
6	酱油	3	2	每箱12瓶	25	120	0	25	☐
10	蟹	4	8	每袋500克	31	31	0	0	☐
12	德国奶酪	5	4	每箱12瓶	38	86	0	0	☐
14	沙茶	6	7	每箱12瓶	23.25	35	0	0	☐
15	味精	6	2	每箱30盒	15.5	39	0	5	☐
18	墨鱼	9	8	每袋500克	62.5	42	0	0	☐
20	桂花糕	8	3	每箱30盒	81	40	0	0	☐
22	糯米	9	5	每袋3公斤	21	104	0	25	☐
23	燕麦	9	5	每袋3公斤	9	61	0	25	☐
25	巧克力	11	3	每箱30盒	14	76	0	30	☐
27	牛肉干	11	3	每箱30包	43.9	49	0	30	☐
33	浪花奶酪	15	4	每箱12瓶	2.5	112	0	20	☐
34	啤酒	16	1	每箱24瓶	14	111	0	15	☐
36	鱿鱼	17	8	每袋3公斤	19	112	0	20	☐
39	运动饮料	18	1	每箱24瓶	18	69	0	5	☐

图 7-16 运行页面

习 题

1. 简述 DataSet，DataAdapter 和数据源的关系。

2. 简述 DataSet 的 3 大组成对象 DataRelation，DataTableCollection 和 ExtendedProperties 的概念及作用。

3. 如何在应用程序中使用 DataSet 对象？

4. 简述 DataSet 的基本工作过程。

5. 使用 DataSet 向数据表中添加或修改记录。

第8章 数据绑定

数据绑定是ASP.NET提供的新特性，使用数据绑定，只须设置服务器控件从哪里找到数据，以及如何显示数据，然后由服务器控件自行处理其余的各种细节。数据绑定可以绑定到变量、数组、方法的返回值、属性等。其步骤可以是：

（1）在aspx文件中添加绑定表达式<%#数据绑定表达式%>，其中数据绑定表达式中涉及的变量须在后置代码类中定义，而且其是窗体级的变量，权限不能是private。

（2）在后置代码中定义数据绑定表达式中出现的变量、数组、方法或属性等。

（3）使用Page.DataBind()方法将页面上所有的数据绑定表达式被绑定到实际的值，使用控件ID.DataBind()方法将控件中的数据绑定表达式被绑定到实际的值。

8.1 绑定到变量

数据绑定可以绑定到变量。

例8-1：新建网站ch8，添加页面db1.aspx，在其代码文件db1.aspx.cs中添加以下代码:

```
public partial class _dbl : System.Web.UI.Page
{
    public string str = "hello";
    protected void Page_Load(object sender, EventArgs e)
    {
        Page.DataBind();
    }
}
```

在页面db1.aspx中添加控件Label，修改该控件Text的属性值为<%#str %>，代码如下：

```
<asp:Label ID="Label1" runat="server" Text="<%#str %>"></asp:Label>
```

运行该页面，如图8-1所示。

图8-1 运行页面

8.2　绑定到数组

数据绑定可以绑定到数组。

例 8-2：在网站 ch8 中添加页面 db2.aspx，在其代码文件 db2.aspx.cs 中添加以下代码:

```
public partial class _db2 : System.Web.UI.Page
{
    public string[ ] str = new string[]{"北京","安徽","上海","辽宁"};
    protected void Page_Load(object sender, EventArgs e)
    {

        DropDownList1.DataBind();
    }
}
```

在页面 db2.aspx 中添加控件 DropDownList，修改该控件 DataSource 的属性值为<%#str %>:

```
<asp:DropDownList ID="DropDownList1" runat="server" DataSource = "<%# str%>" >
</asp:DropDownList>
```

运行该页面，如图 8-2 所示。

图 8-2　运行页面

8.3　绑定到方法

数据绑定可以绑定到方法。

例 8-3：在网站 ch8 中添加页面 db3.aspx，在其代码文件 db3.aspx.cs 中添加以下代码:

```
public partial class db3 : System.Web.UI.Page
{
    protected void Page_Load(object sender, EventArgs e)
    {
        Page.DataBind();
    }
    public string f()
    {
        return "helloworld";
    }
}
```

在页面 db3.aspx 中添加控件 Label，修改该控件 Text 的属性值为<%#f()%>，代码如下：

```
<asp:Label ID="Label1" runat="server" Text="<%#f()%>"></asp:Label>
```

运行该页面，如图 8-3 所示。

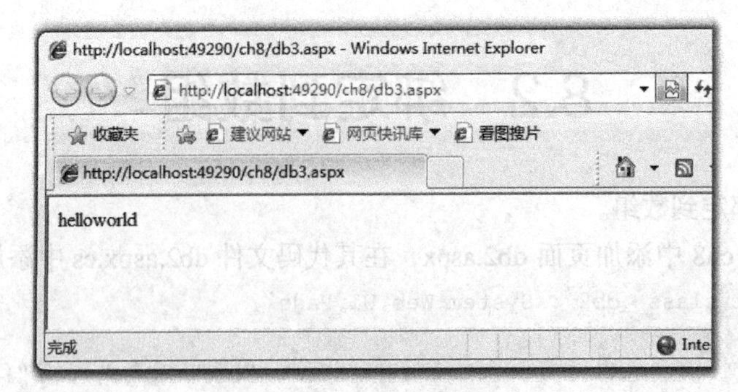

图 8-3　运行页面

8.4　绑定到属性

数据绑定可以绑定到属性。

例 8-4：在网站 ch8 中添加页面 db4.aspx，在其代码文件 db4.aspx.cs 中添加以下代码:

```
public partial class db4 : System.Web.UI.Page
{
    public string Property
    {
        get
        {
        return "HELLOWORLD";
        }
    }
    protected void Page_Load(object sender, EventArgs e)
    {
        Page.DataBind();
    }
}
```

在页面 db4.aspx 中设置如下代码：

```
<body>
    <form id="form1" runat="server">
    绑定属性 <%#Property %>
    </form>
</body>
```

运行该页面，如图 8-4 所示。

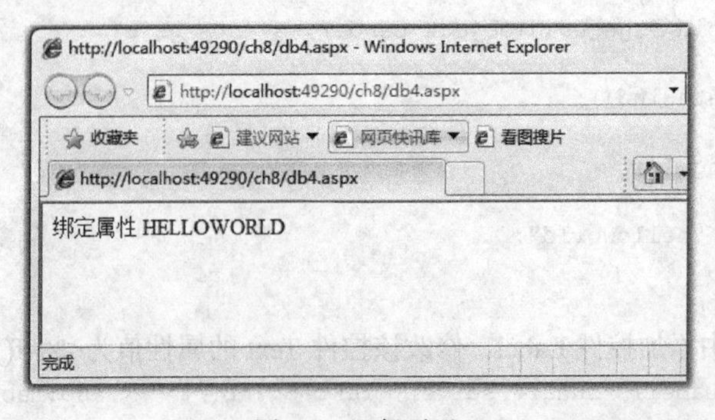

图 8-4　运行页面

习　　题

1. 数据绑定可用于哪些场合？
2. 数据绑定的步骤是怎样的？

第9章 Web Service

9.1 Web Service 概述

Web Service 是一种新的 WEB 应用程序，这种应用程序向外界提供相应的功能，外界获取它提供的服务是通过 Web Service 程序暴露的 API（应用程序接口）。换句话说，我们可以编写一个简单的页面，在页面中去调用已经实现了某个功能的 Web Service 应用程序。

Web Service 的出现实际是为了提供信息共享，而且可以保证这种共享的安全性。

Web Service 主要由 service 提供方、service 注册机构、service 请求方组成。service 提供方是提供服务的平台，也是服务的所有者。service 请求方是具体的应用程序。service 注册机构是服务的管理方，service 提供方提供的服务需在此注册，同时 service 请求方可以通过注册机构查找所需服务。

Web Service 的实现基于相关协议，如 HTTP、SOAP、WSDL 等。

SOAP（简单对象访问协议）主要用来规范消息的传送标准，它规定了发送到 Web 服务的消息编码的规则。

WSDL（Web 服务描述语言）主要用来描述 Web Service，它是一种接口定义语言，用于描述 Web Service 的接口信息等。WSDL 文档可以分为两部分。顶部分由抽象定义组成，而底部分则由具体描述组成。

UDDI 即 "Universal Description, Discovery and Integration"，可译为“通用描述、发现与集成服务”，它提供存储 Web 服务和发布 Web 服务的方法。它是一种规范，主要提供基于 Web 服务的注册和发现机制。

9.2 创建 Web Service

1. 新建一个网站 Service，如图 9-1 所示。
2. 添加新项 WebService.asmx，如图 9-2 所示。

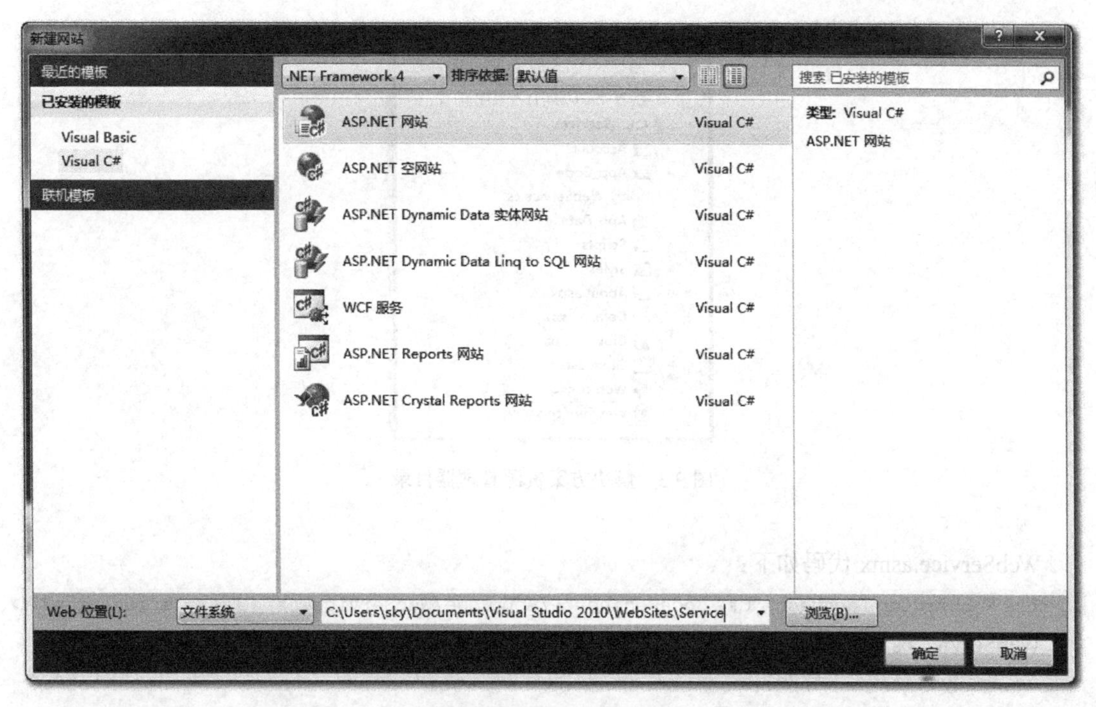

图 9-1　新建网站 Service

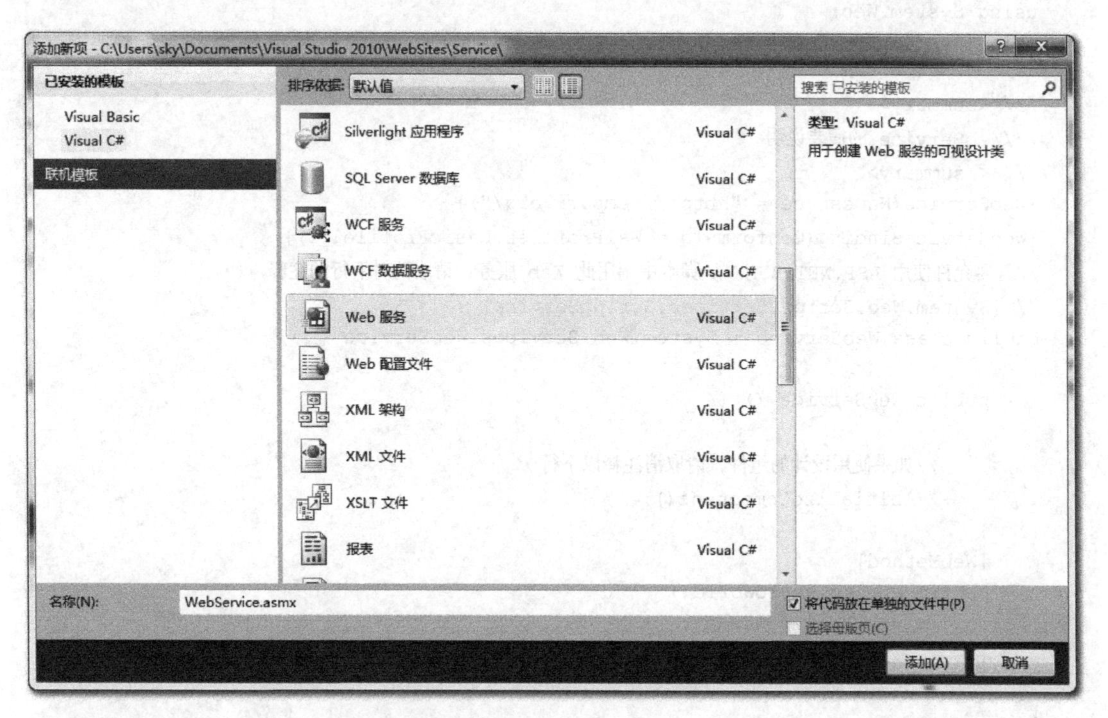

图 9-2　添加新项 WebService.asmx

3. 添加新项后，解决方案资源管理器目录如图 9-3 所示。

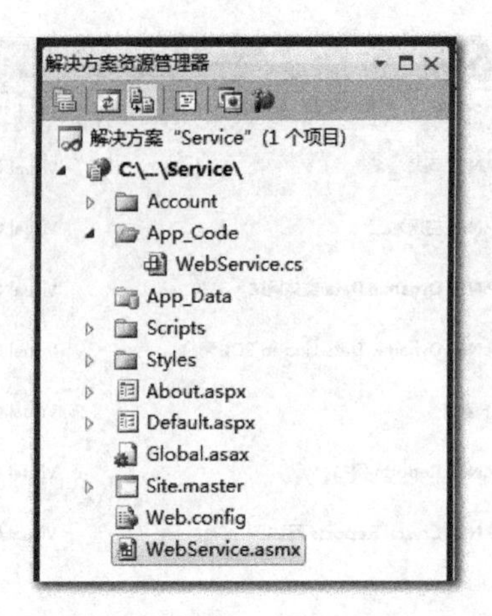

图 9-3 解决方案资源管理器目录

WebService.asmx 代码如下：

```
<%@ WebService Language="C#" CodeBehind="~/App_Code/WebService.cs" Class="WebService" %>
```

WebService.cs 代码如下：

```
using System;
using System.Collections.Generic;
using System.Linq;
using System.Web;
using System.Web.Services;

/// <summary>
///WebService 的摘要说明
/// </summary>
[WebService(Namespace = "http://tempuri.org/")]
[WebServiceBinding(ConformsTo = WsiProfiles.BasicProfile1_1)]
//若要允许使用 ASP.NET AJAX 从脚本中调用此 Web 服务，请取消对下行的注释
// [System.Web.Script.Services.ScriptService]
public class WebService : System.Web.Services.WebService {

    public WebService () {

        //如果使用设计的组件，请取消注释以下行
        //InitializeComponent();
    }
    [WebMethod]
    public string HelloWorld() {
        return "Hello World";
    }

}
```

4. 运行 WebService，如图 9-4 所示。

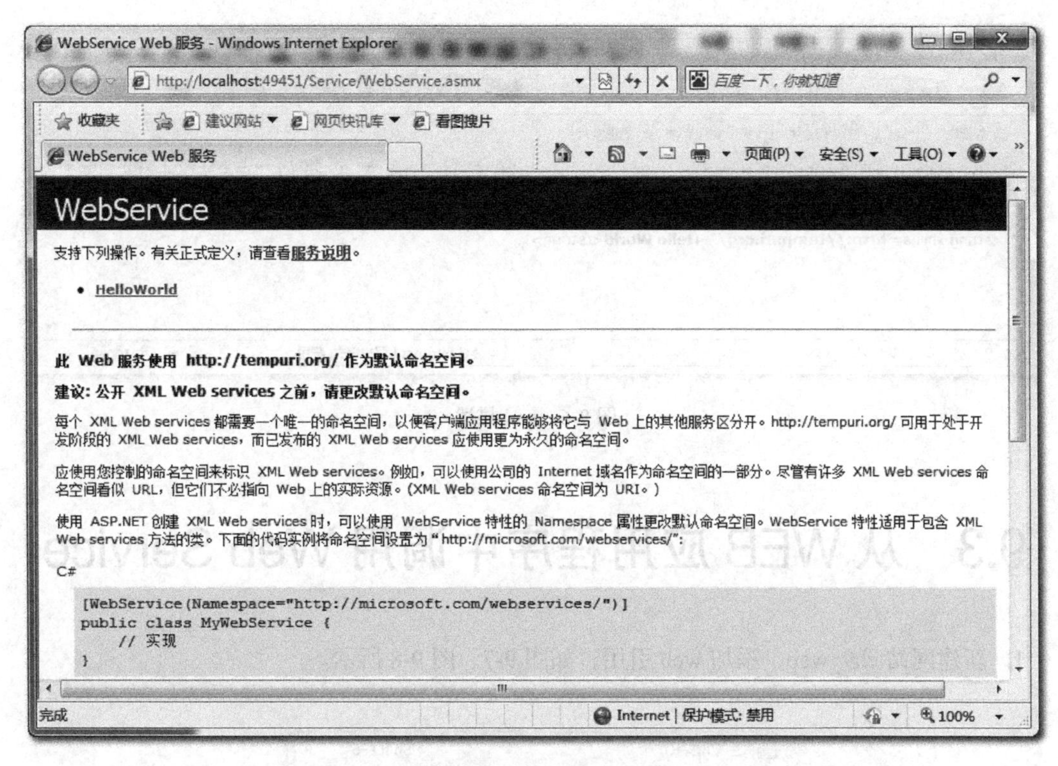

图 9-4　运行 WebService

5. 单击“HelloWorld”超链接，如图 9-5 所示，其 xml 描述如图 9-6 所示。

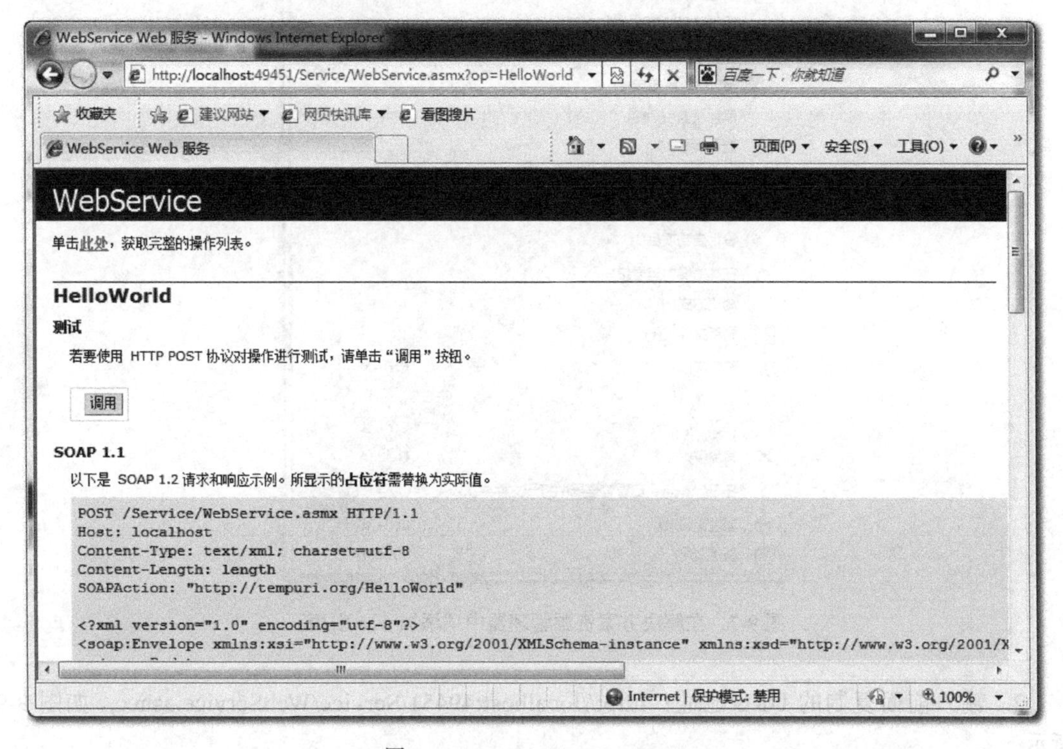

图 9-5　WebService- HelloWorld

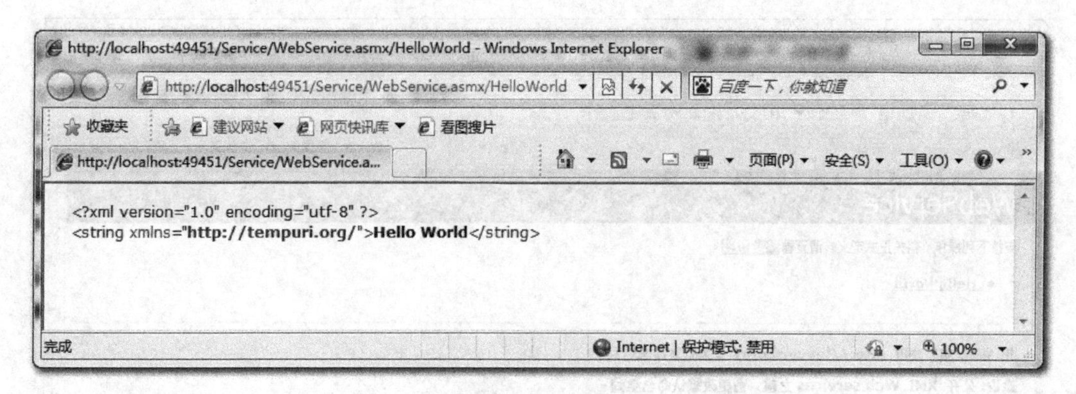

图 9-6　xml 描述

9.3　从 WEB 应用程序中调用 Web Service

1. 新建网站 ch9_web，添加 web 引用，如图 9-7、图 9-8 所示。

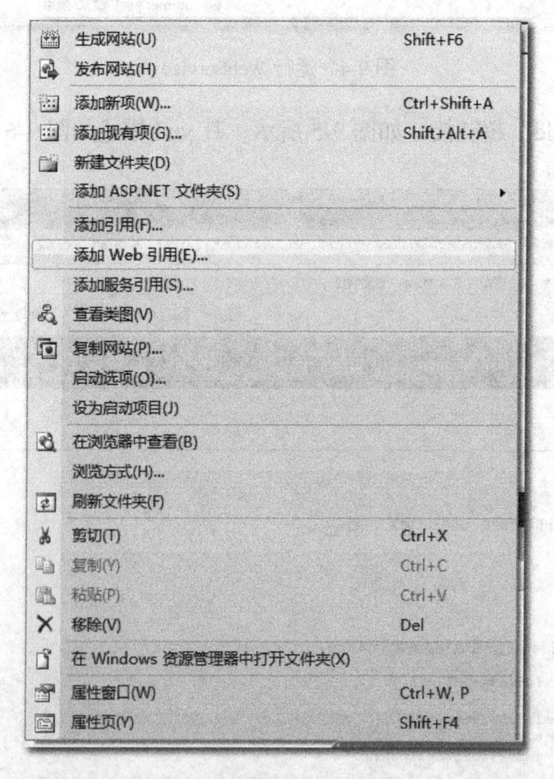

图 9-7　在解决方案资源管理器中“添加 web 引用”

2. 输入前面复制的 URL 地址：http://localhost:49451/Service/WebService.asmx，如图 9-9 所示。

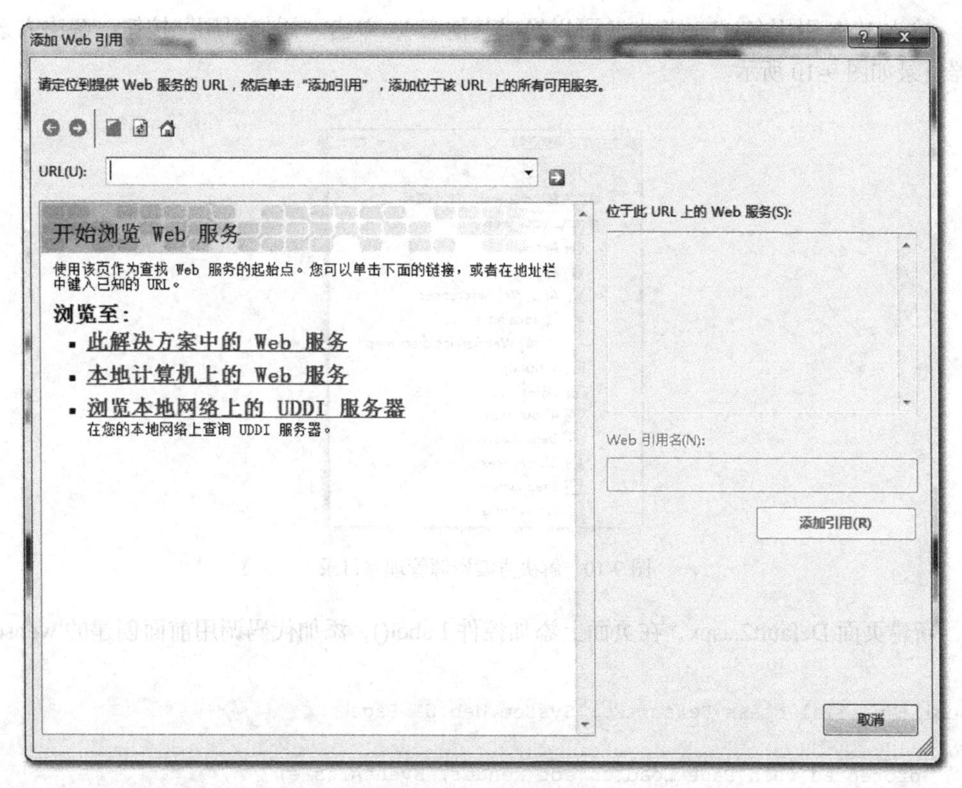

图 9-8 添加 web 引用

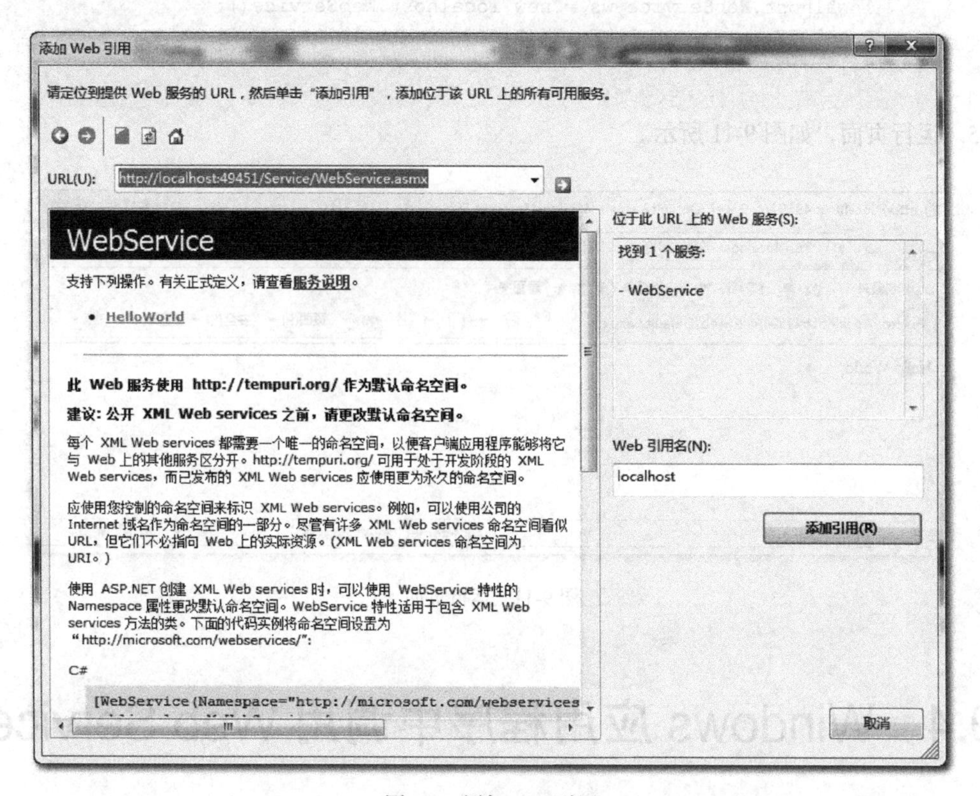

图 9-9 添加 web 引用

3. 输入 Web 引用名：localhost（可以换成其他名），单击“添加引用”按钮，解决方案资源管理器目录如图 9-10 所示。

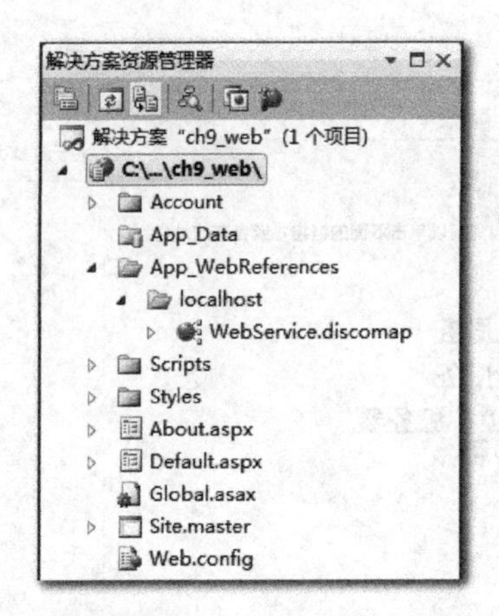

图 9-10 解决方案资源管理器目录

4. 新建页面 Default2.aspx，在页面上添加控件 Label()，添加代码调用前面创建的 webservice 如下：

```
public partial class Default2 : System.Web.UI.Page
{
    protected void Page_Load(object sender, EventArgs e)
    {
        localhost.WebService ws = new localhost.WebService();
        Label1.Text = ws.HelloWorld();
    }
}
```

5. 运行页面，如图 9-11 所示。

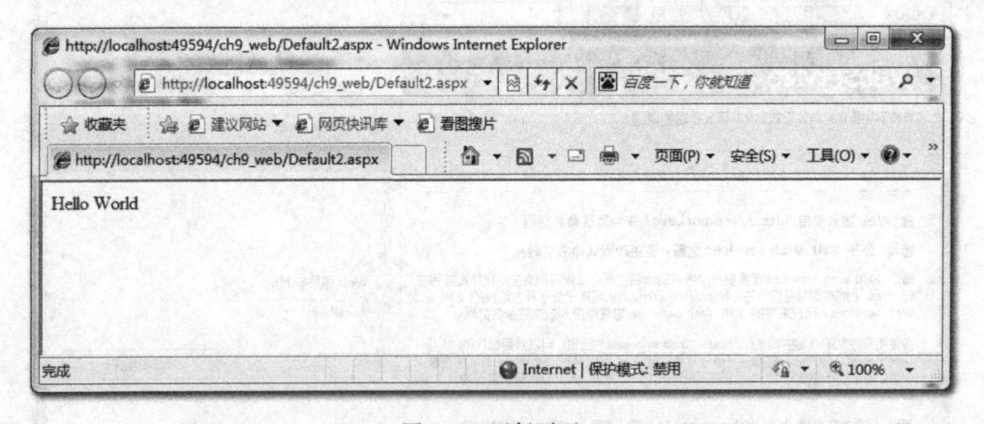

图 9-11 运行页面

9.4 Windows 应用程序中调用 Web Service

例 9-1：设计一个 Web Service 用于简单的算术运算，再设计一个 Windows 应用程序，通过调用 Web Service 实现一个简单的计算器。

添加新项 Calcu.asmx。

Calcu.cs 代码如下：

```
using System;
using System.Collections.Generic;
using System.Linq;
using System.Web;
using System.Web.Services;
/// <summary>
///Calcu 的摘要说明
/// </summary>
[WebService(Namespace = "http://tempuri.org/")]
[WebServiceBinding(ConformsTo = WsiProfiles.BasicProfile1_1)]
//若要允许使用 ASP.NET AJAX 从脚本中调用此 Web 服务，请取消对下行的注释
// [System.Web.Script.Services.ScriptService]
public class Calcu : System.Web.Services.WebService {

    public Calcu () {
        //如果使用设计的组件，请取消注释以下行
        //InitializeComponent();
    }
    [WebMethod]
    public float Add(float a, float b)
    {
        return a + b;
    }
    [WebMethod]
    public float Sub(float a, float b)
    {
        return a - b;
    }
    [WebMethod]
    public float Mul(float a, float b)
    {
        return a * b;
    }
    [WebMethod]
    public float Dvi(float a, float b)
    {
                return a / b;
    }
}
```

1. 新建一个项目/windows 窗体程序 ch9_windows，如图 9-12 所示。

2. 在解决方案资源管理器中添加 Web 引用，输入 http://localhost:49451/Service/Calcu.asmx，如图 9-13 所示。

图 9-12　新建项目/windows 窗体程序 ch9_windows

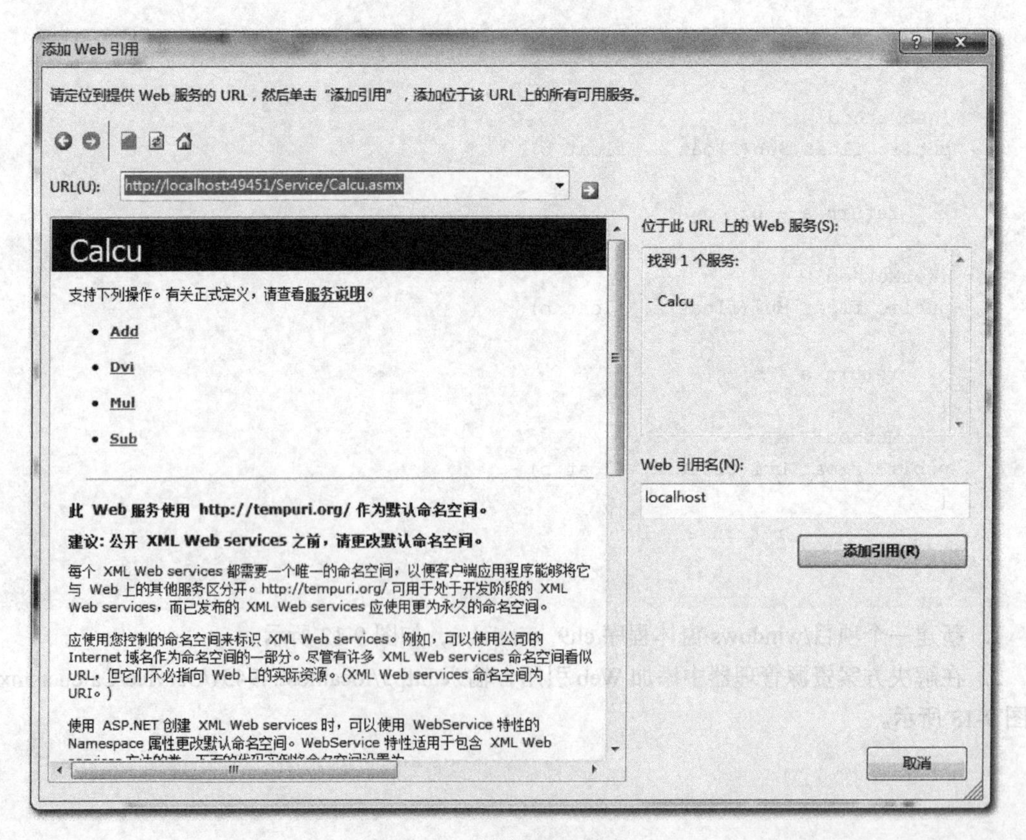

图 9-13　添加 Web 引用

3. 在 Form1 中设计界面如图 9-14 所示。

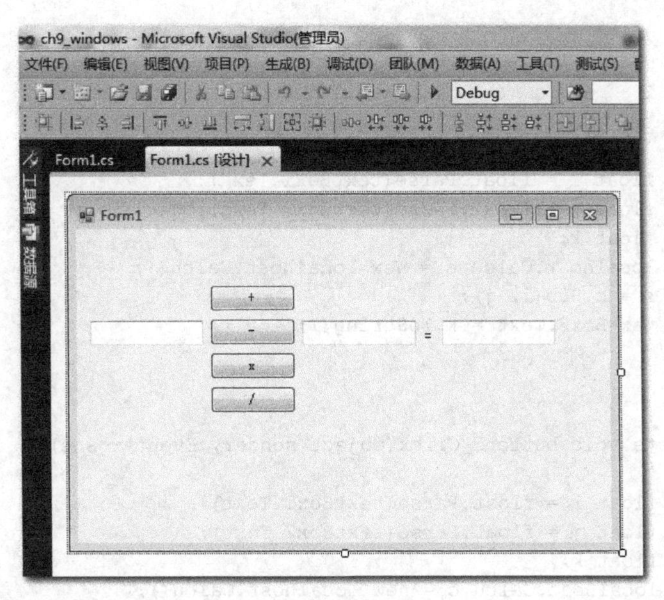

图 9-14 设计界面

4. 其中四个 Button 按钮分别为 Button1、Button2、Button3、Button4，三个文本框分别为 TextBox1、TextBox2、TextBox3。

在 Form1.cs 中添加如下代码：

```
using System;
using System.Collections.Generic;
using System.ComponentModel;
using System.Data;
using System.Drawing;
using System.Linq;
using System.Text;
using System.Windows.Forms;

namespace ch9_windows
{
    public partial class Form1 : Form
    {
        public Form1()
        {
            InitializeComponent();
        }

        private void Form1_Load(object sender, EventArgs e)
        {
        }

        private void button1_Click(object sender, EventArgs e)
        {
            float i=float.Parse(textBox1.Text);
            float j=float.Parse(textBox2.Text);
            float k;
            localhost.Calcu c= new localhost.Calcu();
            k = c.Add(i, j);
```

```
            textBox3.Text = k.ToString();


        }

        private void button2_Click(object sender, EventArgs e)
        {
            float i = float.Parse(textBox1.Text);
            float j = float.Parse(textBox2.Text);
            float k;
            localhost.Calcu c = new localhost.Calcu();
            k = c.Sub(i, j);
            textBox3.Text = k.ToString();

        }

        private void button3_Click(object sender, EventArgs e)
        {
            float i = float.Parse(textBox1.Text);
            float j = float.Parse(textBox2.Text);
            float k;
            localhost.Calcu c = new localhost.Calcu();
            k = c.Mul(i, j);
            textBox3.Text = k.ToString();

        }

        private void button4_Click(object sender, EventArgs e)
        {

            float i = float.Parse(textBox1.Text);
            float j = float.Parse(textBox2.Text);
            if (j == 0) return;
            float k;
            localhost.Calcu c = new localhost.Calcu();
            k = c.Dvi(i, j);
            textBox3.Text = k.ToString();
        }
    }
}
```

5. 运行程序，输入操作数，单击相应运算按钮，如图 9-15～图 9-18 所示。

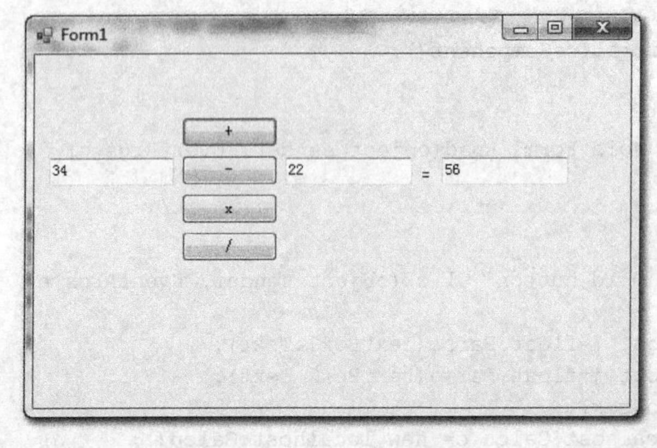

图 9-15　加法运算运行界面

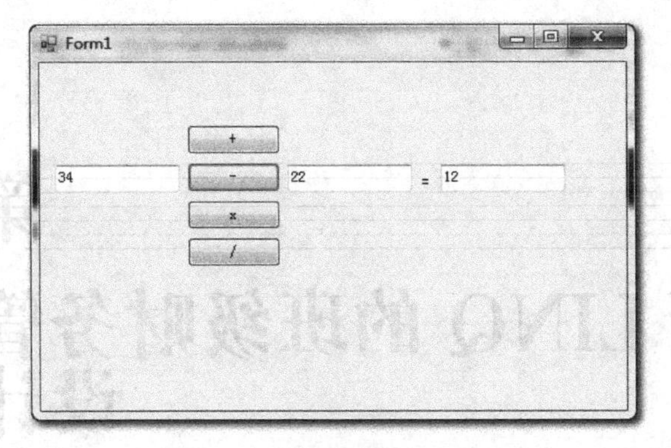

图 9-16 减法运算运行界面

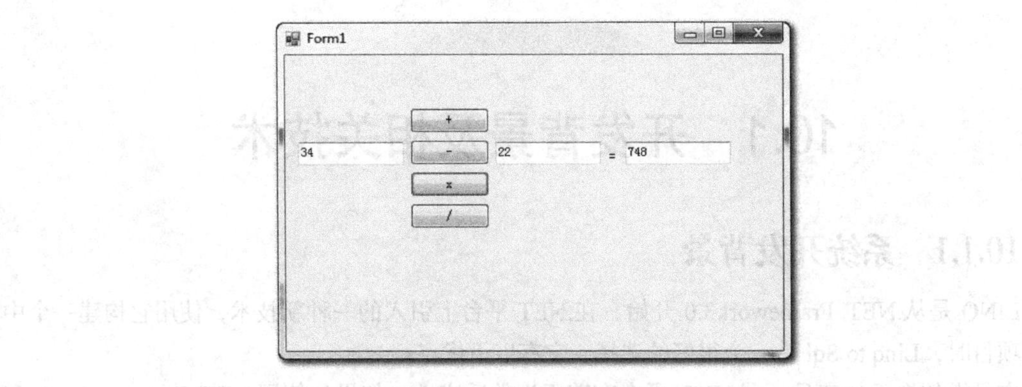

图 9-17 乘法运算运行界面

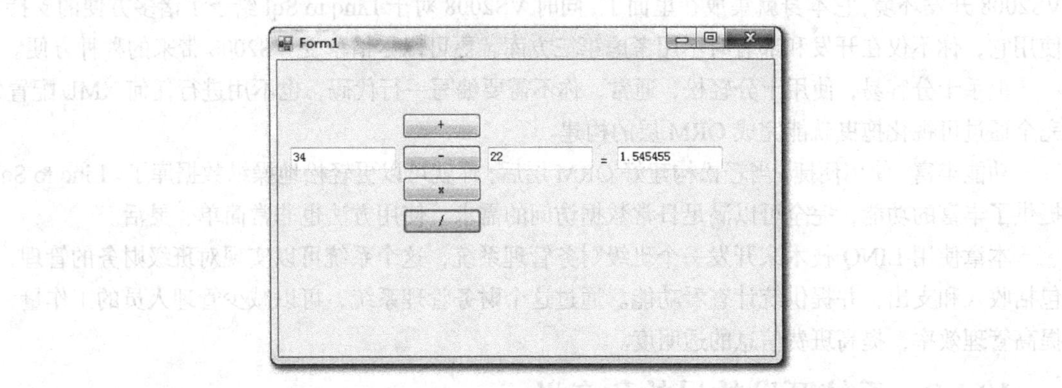

图 9-18 除法运算运行界面

习 题

1. 什么是 Web Service？
2. 如何创建 Web Service？
3. 如何在 Web 应用程序中调用 Web Service？
4. 如何在 Windows 应用程序中调用 Web Service？

第 10 章 基于 LINQ 的班级财务管理系统设计与实现

10.1 开发背景及相关技术

10.1.1 系统开发背景

LINQ 是从.NET Framework3.0 开始，在.NET 平台上引入的一种新技术，使用它构建一个中小型项目时，Linq to Sql 是一个很好的选择，它有以下优点：

它是微软自己的产品，和.NET 平台有着天生的适应性。如果你使用.NET Framework3.5 和 VS2008 开发环境，它本身就集成在里面了，同时 VS2008 对于 Linq to Sql 给予了诸多方便的支持。使用它，你不仅在开发和部署时不用考虑第三方库，更可以尽情享受 VS2008 带来的种种方便。

上手十分容易，使用十分轻松，通常，你不需要编写一行代码，也不用进行任何 XML 配置，完全通过可视化拖曳就能完成 ORM 层的构建。

功能丰富，使用便捷。当轻松构建好 ORM 层后，你就可以更轻松地操纵数据库了。Linq to Sql 提供了丰富的功能，完全可以满足日常数据访问的需求。使用方法也非常简单、灵活。

本章使用 LINQ 技术来开发一个班级财务管理系统，这个系统可以实现对班级财务的管理，包括收入和支出，并提供统计查看功能。通过这个财务管理系统，可以减少管理人员的工作量，提高管理效率，提高班费信息的透明度。

10.1.2 系统开发的目的和意义

班级财务管理系统开发目的很明确，一是为了介绍 LINQ 技术在 ASP.NET 中的应用，二是提供一个方便管理班级财务的平台，让管理更加方便快捷，信息更加透明化。

作为微软.NET 平台的一种技术，使用 LINQ 来开发中小型的系统具有方便、简单、灵活的优势，通过开发班级财务管理系统，来深入学习 LINQ 技术的使用，体验 LINQ 的优势所在，并为以后学习打下一个好的基础。

10.1.3 开发技术简介

1. 开发语言——C#简介

C#是微软公司发布的一种面向对象的、运行于.NET Framework 之上的高级程序设计语言，并定于在微软职业开发者论坛(PDC)上登台亮相。C#是微软公司研究员 Anders Hejlsberg 的最新成果。C#看起来与 Java 有着惊人的相似：它包括诸如单一继承、接口、与 Java 几乎同样的语法和编译成中间代码再运行的过程。但是 C#与 Java 有着明显的不同，它借鉴了 Delphi 的一个特点，与 COM（组件对象模型）是直接集成的，而且它是微软公司.NET windows 网络框架的主角。C#有以下特点：

C#是一种安全的、稳定的、简单的、优雅的，由 C 和 C++衍生出来的面向对象的编程语言。它在继承 C 和 C++强大功能的同时去掉了一些它们的复杂特性（例如没有宏以及不允许多重继承）。C#综合了 VB 简单的可视化操作和 C++的高运行效率，以其强大的操作能力、优雅的语法风格、创新的语言特性和便捷的面向组件编程的支持成为.NET 开发的首选语言。

C#是面向对象的编程语言。它使得程序员可以快速地编写各种基于 MICROSOFT .NET 平台的应用程序，MICROSOFT .NET 提供了一系列的工具和服务来最大程度地开发利用计算与通讯领域。

C#使得 C++程序员可以高效地开发程序，且因可调用由 C/C++ 编写的本机原生函数，因此绝不损失 C/C++原有的强大的功能。因为这种继承关系，C#与 C/C++具有极大的相似性，熟悉类似语言的开发者可以很快地转向 C#。

2. SQL Server2005 简介

SQL Server 是一种关系数据库管理系统，一个完整的商务智能平台，提供各种特性、工具和功能，可用于构建典型和创新的分析应用程序。SQL Server 2005 通过在可伸缩性、数据集成、开发工具和强大的分析等方面的革新更好地确立了微软在 BI 领域的领导地位。SQL Server 2005 能够把关键的信息及时传递到组织内员工的手中，从而实现了可伸缩的商业智能。从 CEO 到信息工作者，员工可以快速地、容易地处理数据，以更快更好地做出决策。SQL Server 2005 全面的集成、分析和报表功能使企业能够提高他们已有应用的价值，即便这些应用是在不同的平台上。SQL Server 数据库系统采用最常见的数据库管理语言——结构化查询语言（SQL）进行数据库管理。

SQL 即 Structured Query Language 全称是结构化查询语言，SQL Server 2005 是微软公司开发的一个大型的关系数据库系统，它为用户提供了一个安全、可靠、易管理和高端的客户/服务器平台，而且 SQL 语言有统一的操作规范、操作方式集合化、简单智能化、功能强大、语句简洁和简单易学等特点，便于使用者掌握和使用。

SQL 是一个通用的、功能极强的关系数据库语言，包含 4 个部分：

（1）数据查询语言 DQL-Data Query Language SELECT。

（2）数据操纵语言 DQL-Data Manipulation Language INSERT，UPDATE，DELETE。

（3）数据定义语言 DQL-Data Definition Language CREATE，ALTER，DROP。

（4）数据控制语言 DQL-Data Control Language COMMIT WORK，ROLLBACK WORK。

SQL 能受到广泛关注并成为国际标准，是因为它是一种功能强大、综合性强同时又简捷易学的语言。无论是数据库管理员还是应用程序员或者是终端用户都感觉受益匪浅。SQL 具有如下优点：

（1）SQL 是一种非过程化的语言，它采用一次一记录的方式，对数据提供自动导航。SQL 允许用户将工作提升到高层的数据结构上，可以对记录集进行操作，并非单个记录。SQL 的集合特性允许 SQL 语句采用嵌套查询的方式，在一条 SQL 语句中插入另一条语句。SQL 不限定数据的存放方法， 这种特性使用户更易集中精力于要得到的结果。

（2）统一的语言

所有用户的 DB 活动模型都可以采用 SQL，比如数据库管理员、系统管理员、系统决策支持人员、应用程序员以及其他类型的终端用户。基本的 SQL 命令简单易学，就连最高级的命令也只要几天时间便可掌握。SQL 为许多任务提供了命令，包括：

① 查询数据。

② 在表中插入、修改和删除记录。

③ 建立、修改和删除数据对象。

④ 控制对数据和数据对象的存取。

⑤ 保证数据库一致性和完整性。

以前的数据库管理系统为上述各类操作提供单独的语言，而 SQL 将全部任务统一在一种语言中。

（3）所有关系数据库的公共语言

由于所有主要的关系数据库管理系统都支持 SQL 语言，用户可将使用 SQL 的技能从一个 RDBMS 转到另一个。所有用 SQL 编写的程序都是可以移植的。

3. LINQ 简介

LINQ 是 Language Integrated Query 的简称，LINQ 称之为语言集成查询，是微软在.NET Framework 3.5 中提供的一项新技术。该技术直接将查询操作引入到.NET 框架所支持的编程语言中，如 c#、Visual Basic，不仅可以查询外部数据源，更能方便地查询内存中的数据，操作简单方便，有很强的使用性。简单来说，通过使用 LINQ，开发人员可以以一个统一的方式访问包括内存数据集合、数据库、XML 等在内的各类数据源。

到目前为止 LINQ 所支持的数据源有 SQL Server、XML 以及内存中的数据集合，开发人员也可以使用其提供的扩展框架添加更多的数据源。我们可以从两方面来理解 LINQ，首先它是一个工具集（Tool set），因为它为我们访问各类不同的数据源提供了可能；另一方面，它又扩展了原有的如 C#、VB 等语言语法，不用以前我们使用的 SQL 语句或者 XML 控制语句即可完成查询，即语法形态及查询方式都是单一且一致的。LINQ 查询的数据类型可以是以下几种对象。

（1）对象：计算机内存中的.NET 对象。如数组、集合、字符串等。

（2）关系：指关系数据库及 DataSet。目前关系数据库实现部分只支持 SQL Server。

（3）XML：一般常见的 XML 文件及 XML Tree 等对象。

LINQ 提供的数据源类包括：INQ to Objects、LINQ to DataSet、LINQ to SQL、LINQ to Entities、LINQ to XML 五个部分。

4. B/S 开发模式

B/S（Browser/Server，浏览器/服务器）模式又称为 B/S 结构，是一种软件系统体系结构，随着 Internet 的兴起而逐渐发展起来，是对 C/S 结构的扩展。

在这种结构下，用户界面完全通过 WWW 浏览器实现，一部分事务逻辑在前端实现，但是主要事务逻辑在服务器端实现，形成所谓 3-tier 结构。B/S 结构，主要是利用了不断成熟的 WWW 浏览器技术，结合浏览器的多种 Script 语言(VBScript、JavaScript…)和 ActiveX 技术，用通用浏览器就实现了原来需要复杂专用软件才能实现的强大功能，并节约了开发成本，是一种全新的软件系统构造技术。随着 Windows 98/Windows 2000 将浏览器技术植入操作系统内部，这种结构更成为当今应用软件的首选体系结构。显然 B/S 结构应用程序相对于传统的 C/S 结构应用程序将是巨大的进步。

10.2 系 统 分 析

10.2.1 系统可行性分析

可行性分析是对系统存在的问题是否值得去解决这一问题进行解答，必须分析几种可能的解法的利弊，从而判断原定系统的规模和目标是否现实，系统开发后所能带来的效益，决定是否值得去投资开发这个系统。可行性研究的目的不是解决问题，而是能够花费最小的代价在最短的时间内确定问题是否值得去解决。本系统从以下几个方面进行可行性研究。

技术可行性：本系统采用了比较实用的 C#语言、ASP.NET 开发框架和 SQLServer2005 数据库进行开发，并且在数据库交互部分使用 LINQ 技术。

经济可行性：本系统主要是针对学校开发，开发经费对于一个院校来说在经济上是可以接受的。

操作可行性：主要是班级的相关人员试用本系统，遵守班级和学校的贯行制度，使得本系统的使用能安全正常进行。

综上所述，本系统的开发目的已明确，在经济和技术操作等方面都可行，并且开发成本低，成效明显，因此开发本系统是完全可行的。

10.2.2 系统的总体需求分析

1. 班级财务管理系统的使用范围

班级财务管理系统主要是针对班级财务管理便利，提高管理效率和信息透明度而开发的，所以主要适用于校内班级师生用户使用。

2. 班级财务管理系统功能描述

班级财务管理系统实现的是对班级财务信息收支的管理，班级财务管理系统包含账簿、成员、收支项目、报表、权限五大模块。

系统用户分为普通和管理员两种。普通用户只能查看相关信息，不能管理，而管理员登录本系统有最高全权限，管理员可以管理所有模块的信息，包括增、删、改。系统提供了报表统计功能，这里的信息对所有用户开放。

3. 班级财务管理系统的用户特征

班级财务管理系统的使用者是班级人员，主要是学生和老师，系统的角色分为普通用户和管理员，普通用户只有查看权限，而管理员不仅可以查看，还可以对不同的模块进行管理。

10.2.3 系统功能模块具体分析

1. 账簿管理

管理员登录系统后，可以对账簿进行管理，包括添加、修改、删除操作，普通用户登录系统仅提供查看功能。

2. 班级成员管理

班级成员列表包含该系统的所有用户及其相关信息，管理员可以添加新班级成员即系统用户，可以删除用户，并且可以查看到用户的所有个人信息。普通用户进入系统只能查看，不能管理，而且只能查看到部分信息（看不到用户的密码信息）。

3. 收支项目管理

收支项目是账目的条目，注明了账目的收入和支出的方式。收支有父项和子项之分，管理员可以进行添加父项子项信息，并且可以修改和删除。普通用户仅提供查看权限。

4. 报表统计

报表统计功能统计了收支汇总信息，以及年度收支情况报表，并且提供了查询功能，用户登录进入此模块就可以查看到所有的收支统计信息。

5. 权限管理

系统定义了普通用户和管理员，普通用户登陆后系统仅提供查看功能，管理员登录提供编辑、修改、删除权限，而且可以授予用户管理权限。在权限管理模块中，普通用户进入不了管理模块，单击提示“您无权访问此页面!”。

10.3 系统设计

10.3.1 系统结构设计

班级财务管理系统共分为五大模块，分别是账簿管理、班级成员管理、收支项目管理、报表统计和权限管理。权限由不同的角色控制：分别是普通用户和管理员。整个系统的设计图如图 10-1 所示。

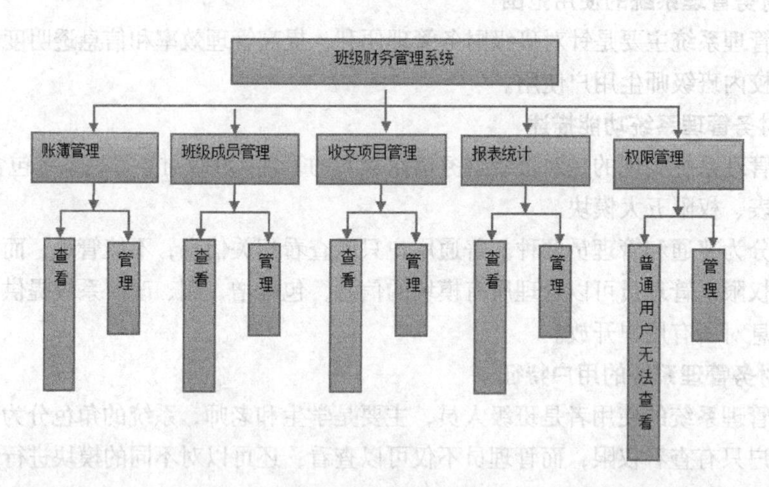

图 10-1 系统设计图

10.3.2 数据库设计

1. 系统实体图

设计数据库时，我们首先需要知道系统要存储哪些事物的信息，然后再确定这些书屋间的相互关系。这些事物就是实体，实体（entity）表示数据库中描述的现实世界中的对象或概念。

班级财务管理系统的实体图，如图 10-2、图 10-3、图 10-4 和图 10-5 所示。

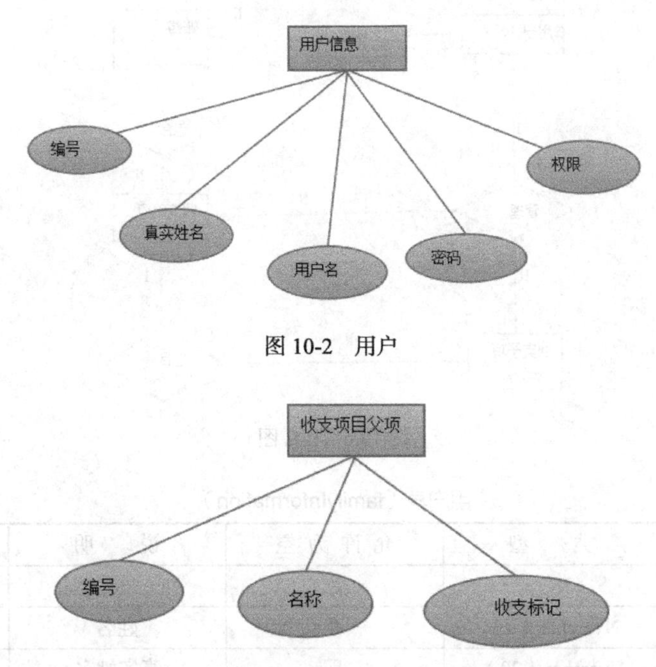

图 10-2　用户

图 10-3　收支项目父项

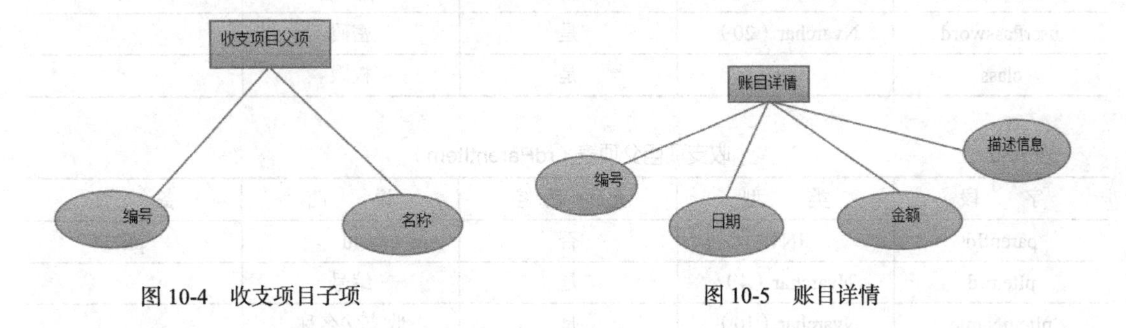

图 10-4　收支项目子项　　　　图 10-5　账目详情

2. 系统 E-R 图

E-R 图也称实体-联系图(Entity Relationship Diagram)，提供了表示实体类型、属性和联系的方法，用来描述现实世界的概念模型。

用矩形表示实体型，矩形框内写明实体名，用椭圆表示实体的属性，并用无向边将其与相应的实体型连接起来；用菱形表示实体型之间的联系，在菱形框内写明联系名，并用无向边分别与有关实体型连接起来，同时在无向边旁标上联系的类型（1:1,1:n 或 m:n）。

班级财务管理系统 E-R 图和实体图，如图 10-6 所示。

3. 数据表设计

通过对系统功能的分析可知，本系统主要包括以下数据库信息。

（1）用户表：该表保存了系统用户的基本信息，属性有用户帐号、真实姓名、用户名、密码、权限，如表 10-1 所示。

（2）收支项目父项表：该表存储了收支项目的父项信息，如表 10-2 所示。

（3）收支项目子项表：该表存储了收支项目的子项信息，如表 10-3 所示。

（4）账目详情表：该表存储了编号、日期、金额、信息描述，如表 10-4 所示。

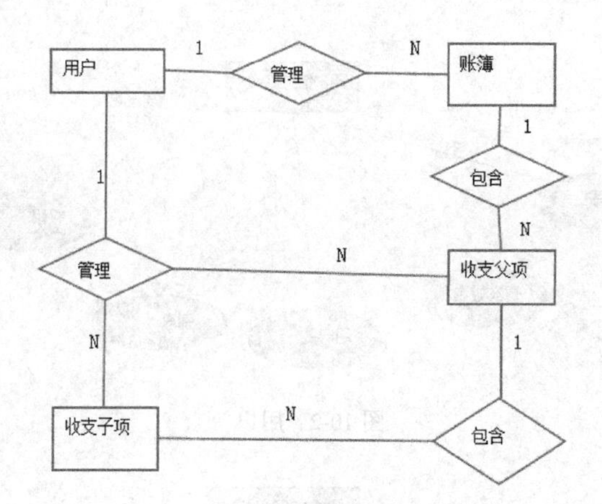

图 10-6 E-R 图

表 10-1 用户表（familyInformation）

字　段	类　型	允许为空	说　明	备　注
systemId	INT	否	id	pk
userId	Nvarchar（4）	否	姓名	
realName	Nvarchar（20）	是	真实姓名	
userName	Nvarchar（20）	否	用户名	
userPassword	Nvarchar（20）	是	密码	
class	bit	是	权限	

表 10-2 收支项目父项表（rdParentItem）

字　段	类　型	允许为空	说　明	备　注
parentId	INT	否	id	pk
pItemId	Nvarchar（4）	是	编号	
pItemName	Nvarchar（10）	是	收支父名称	
genre	bit	是	收支标记	

表 10-3 收支项目子项表(rdSubItem)

字　段	类　型	允许为空	说　明	备　注
subId	INT	否	ID	pk
sItemId	Nvarchar（4）	否	编号	
sItemName	Nvarchar（10）	否	描述信息	
parentId	INT	否	父项 id	fk

表 10-4 账目详情表(rdStatement)

字　段	类　型	允许为空	说　明	备　注
rdId	INT	否	ID	pk
parentId	INT	否	收支父项 id	
subId	INT	否	收支子项 id	

续表

字　段	类　型	允许为空	说　明	备　注
date	smalldatetime	否	日期	
systemId	INT	否	编号	
money	[smallmoney]	否	金额	
statement	Nvarchar（50）	否	信息描述	

10.4　系统的实现

10.4.1　系统主界面

在设计系统的界面时，主要考虑到的是系统信息与用户的交流是否简单易懂，对于用户的操作要考虑到简便快捷。设计时主要从以下几个方面做要求：

（1）班级财务管理系统的同一用户界面，所有的菜单选择，命令输入等应保持同样的风格。

（2）对用户的错误输入有一定的容忍度。

（3）提高系统提示，增加用户对系统的理解度。

（4）信息显示要明确，避免晦涩难懂。

1. 系统登录

系统用户登录界面有两个输入项：用户名和密码，在登录界面中输入用户信息（用户名和密码），经过验证正确后进入系统，如图 10-7 所示。

图 10-7　登录页

2. 账簿管理

进入系统后，系统会自动判断登录用户是普通用户还是管理员。首次进入系统默认进入账簿管理页面，如图 10-8 所示。

3. 班级成员管理

班级成员管理列出了所有的班级成员信息，在这里用户可以查看到班级成员的一些基本信息，如图 10-9 所示。

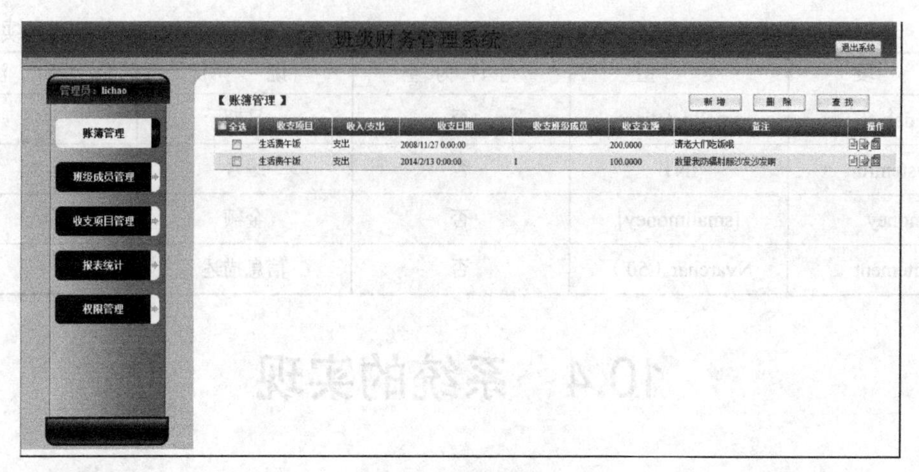

图 10-8　账簿管理页

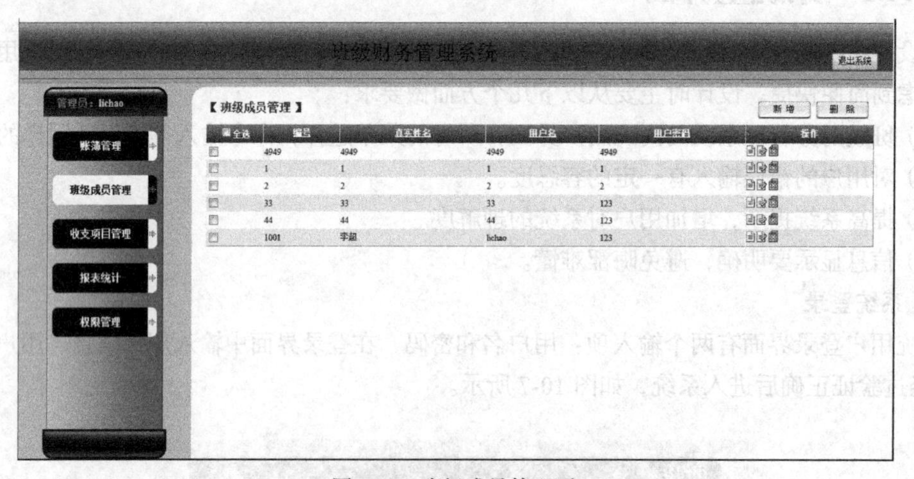

图 10-9　班级成员管理页

4. 收支项目管理

收支项目包括收支父项和子项，这里可以分别对父项和子项进行添加、修改和删除操作，如图 10-10 所示。

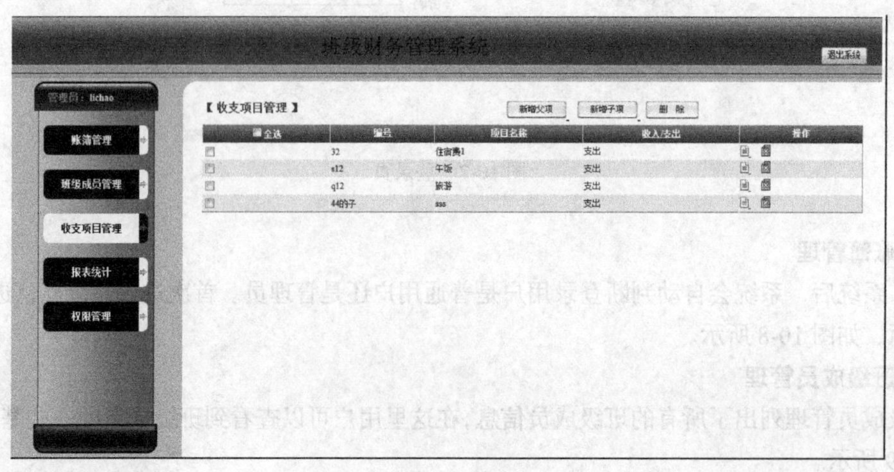

图 10-10　收支项目管理页

5. 报表统计

报表统计展示的是收支的汇总情况，所有用户进入系统都可以查看到相关信息。如图 10-11 所示。

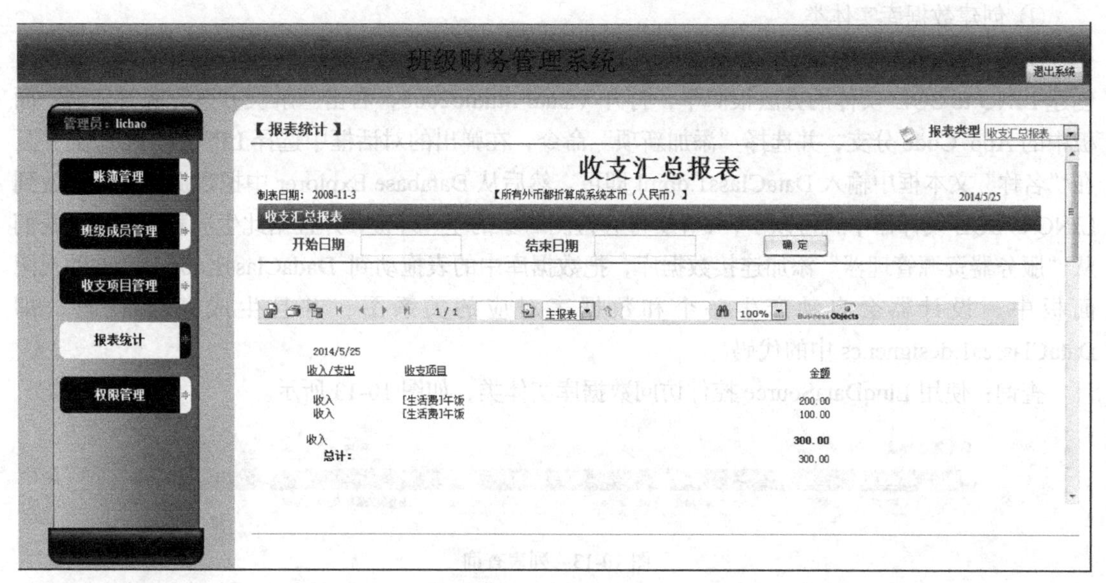

图 10-11　报表统计页

6. 权限管理

权限管理列表是所有的用户基本信息，并提供授权功能，该功能只对管理员开放。如图 10-12 所示。

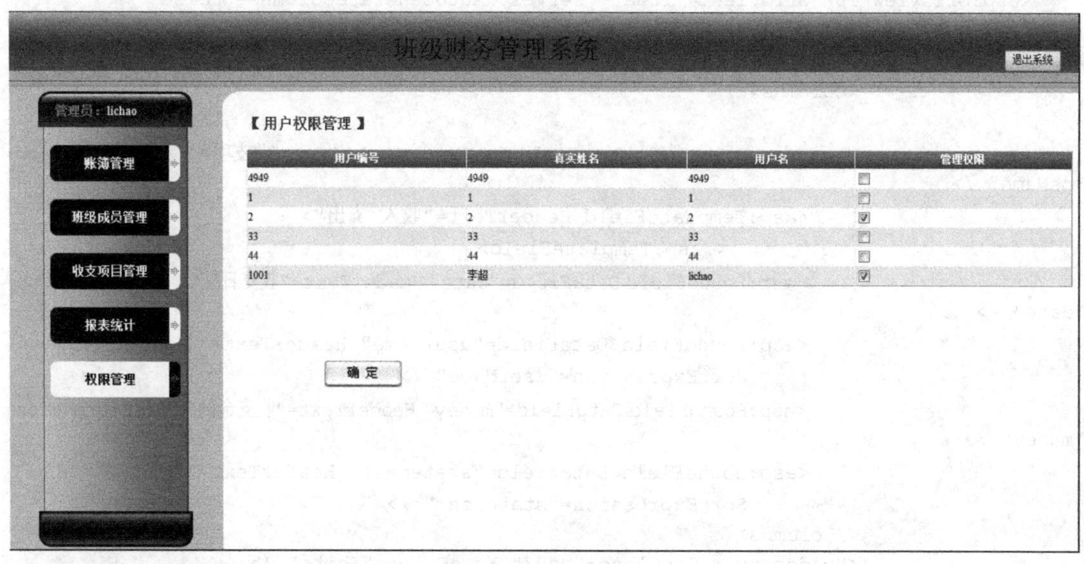

图 10-12　权限管理页

10.4.2　LINQ 技术的应用

在班级财务管理系统中，每个模块都使用 LINQ to SQL 进行查询、添加、修改、删除操作，而且基本使用方法都相同。由于篇幅有限，这里仅详细介绍在账簿管理模块中的使用情况，其他模块只作简单说明，在此不一一赘述。

1. 账簿管理模块

① 创建数据库实体类

实体是描述映射到数据库中表或实体中的类，而实体类的属性映射到相应表或视图中的列。创建 LINQ to SQL 实体的方法很简单，打开 Visual Studio2008，右击“解决方案资源管理器”面板中的 App_Code 分支，并选择“添加新项”命令，在弹出的对话框中选择 LINQ to SQL 类并且在“名称”文本框中输入 DataClass1.dbml 即可。然后从 Database Explorer 中把数据库对象拖放到 LINQ to SQL 设计器中就可以了，VWD 将会检测对象的主、外键，并且据此生成表间关系。我们从“服务器资源管理器”添加连接数据库，把数据库中的表拖动到 DadaClass1.dbml 文件的视图面板中，设计器会自动产生一个和数据表对应的关系图，并且生成 RM 代码，即 DataClasses1.designer.cs 中的代码。

查询：使用 LinqDataSource 控件访问数据库实体类，如图 10-13 所示。

图 10-13 列表查询

② 在查询的页面中加入 GridView 控件，然后选择 LINQ 数据源，并进行简单的配置，就可以访问到数据库中的内容。通过 LinqDataSource 控件方式可以非常简单地访问到数据表中的数，并且可以通过对空间进行设置而进行排序或者选某些列进行显示。但这种方式不太灵活，实际应用中都是通过编写程序来动态访问数据源，并进行数据显示的。

```
    <asp:GridView ID="GridView1" runat="server" AutoGenerateColumns="False"
                DataSourceID="LinqDataSource1" AllowPaging="True" AllowSorting="True"
Width="984px" DataKeyNames="rdId" EmptyDataText="数据库中没有文件！！" >
                <Columns>


                    <asp:BoundField DataField="psName" HeaderText="收支项目" SortExpression=
"psName" />
                    <asp:TemplateField HeaderText="收入/支出">
                        </asp:TemplateField>
                    <asp:BoundField DataField="date" HeaderText="收支日期" SortExpression=
"date" />
                    <asp:BoundField DataField="userName" HeaderText="收支班级成员"
                        SortExpression="userName" />
                    <asp:BoundField DataField="money" HeaderText="收支金额" SortExpression=
"money" />
                    <asp:BoundField DataField="statement" HeaderText="备注"
                        SortExpression="statement" />
                </Columns>
                <HeaderStyle CssClass="bg03" ForeColor="White" />
                <AlternatingRowStyle CssClass="bg04" />
            </asp:GridView>
    <asp:LinqDataSource ID="LinqDataSource1" runat="server" ContextTypeName= "Finance.
web.App_Data.FFsystemDataContext"
                TableName="SView" EnableDelete="True" EnableInsert="True" EnableUpdate="True">
        </asp:LinqDataSource>
```

③ 添加数据，如图 10-14 所示。

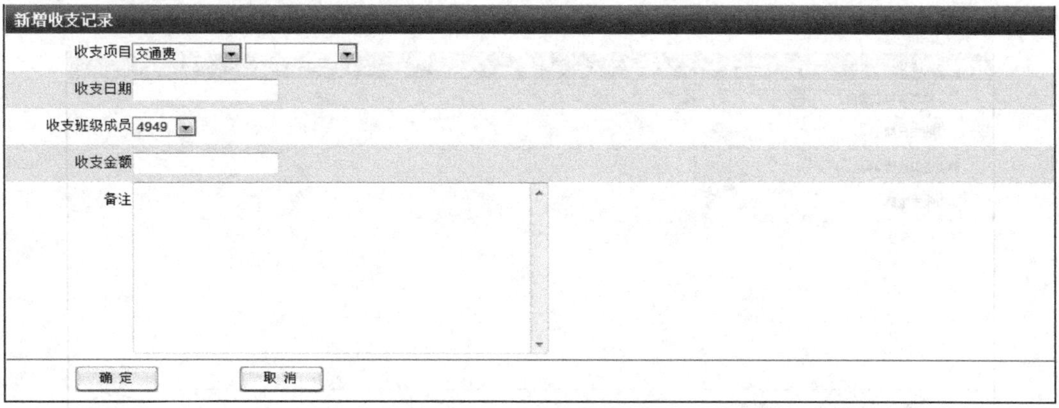

图 10-14　收支记录添加

既然可以使用 LINQ to SQL 类进行数据的查询，同样可以使用 LINQ to SQL 类进行数据的更新操作。在更新操作中常见的就是往数据表中添加数据了，那么使用 LINQ 添加数据也是非常简单的，可以在通过触发某个按钮时间来进行数据的添加。具体的代码如下：

```
    private bool InsertData(int parentID, int? subID, DateTime date, int systemID, decimal
money, string statement)
            {
                bool result = false;
                try
                {
                    string strConnection = System.Web.Configuration.WebConfigurationManager.
ConnectionStrings[5].ConnectionString;
                    SqlConnection connection = new SqlConnection(strConnection);
                    connection.Open();
                    string strSql = "Insert into rdStatement(parentId,subId,date,
systemId,money,statement) values(@ParentID,@SubID,@Date,@SystemID,@Money,@StateMent)";
                    SqlCommand command = new SqlCommand(strSql, connection);
                    command.Parameters.Add("@ParentID", SqlDbType.Int, 4).Value = parentID;

                    if (subID == null)
                        command.Parameters.Add("@SubID", SqlDbType.Int, 4).Value =
DBNull.Value;
                    else
                        command.Parameters.Add("@SubID", SqlDbType.Int, 4).Value = Convert.
ToInt32(subID);

                    command.Parameters.Add("@Date", SqlDbType.DateTime, 4).Value = date;
                    command.Parameters.Add("@SystemID", SqlDbType.Int, 4).Value = systemID;
                    command.Parameters.Add("@Money", SqlDbType.SmallMoney).Value = money;
                    command.Parameters.Add("@StateMent", SqlDbType.NVarChar, 50).Value =
statement;
                    command.ExecuteNonQuery();
                    result = true ;
                    connection.Close();
            }
            catch(Exception e)
            {
            }
```

```
        return result;
    }
```

④ 更新数据，如图 10-15 所示。

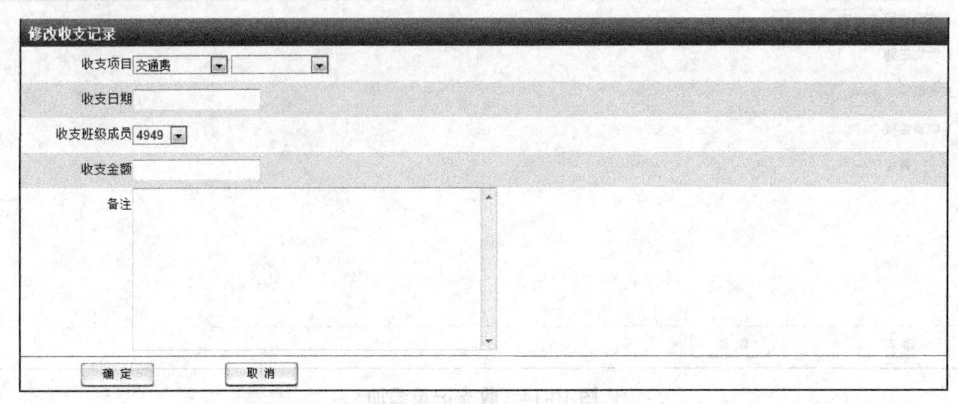

图 10-15 收支记录更新

```
    private bool updateData(int parentID, int? subID, DateTime date, int systemID, decimal
money, string statement)
    {
    bool result = false;
    string StrRdid = Request.QueryString["id"];
    string strConnection = System.Web.Configuration.WebConfigurationManager.ConnectionStrings[5].
ConnectionString;
    SqlConnection connection=new SqlConnection(strConnection);
    connection.Open();
    string strSql = "Update  rdStatement set parentId=@ParentID,subId=@SubID,date=@Date,
systemId=@SystemID,money=@ Money,statement=@StateMent where rdid=@rdid";
    SqlCommand command=new SqlCommand(strSql,connection);
    command.Parameters.Add("@ParentID",SqlDbType.Int,4).Value=parentID;
    if (subID == null)
    command.Parameters.Add("@SubID", SqlDbType.Int, 4).Value = DBNull.Value;
    else
    command.Parameters.Add("@SubID", SqlDbType.Int, 4).Value = Convert.ToInt32(subID);
    command.Parameters.Add("@Date", SqlDbType.DateTime, 4).Value = date;
    command.Parameters.Add("@SystemID", SqlDbType.Int, 4).Value = systemID;
    command.Parameters.Add("@Money", SqlDbType.SmallMoney).Value = money;
    command.Parameters.Add("@StateMent", SqlDbType.NVarChar, 50).Value = statement;
    command.Parameters.Add("@rdid", SqlDbType.Int, 4).Value = Convert.ToInt32(StrRdid);
    command.ExecuteNonQuery();
    result=true;
    connection.Close();
    return result;
    }
```

⑤ 删除数据，如图 10-16 所示。

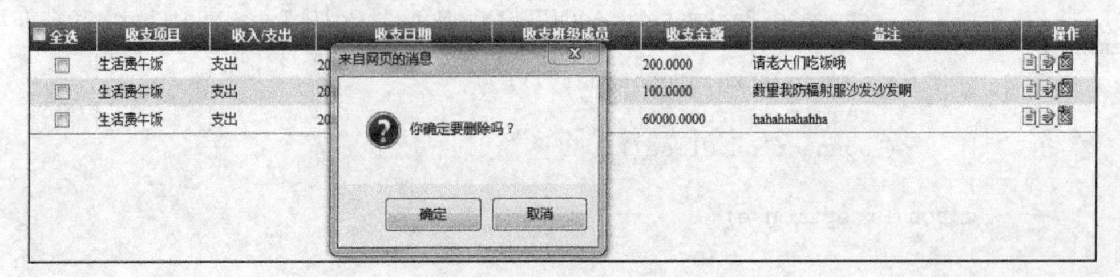

图 10-16 收支记录删除

删除操作和更新操作类似，首先通过查询找到需要删除的实体，之后通过调用方法来删除这些数据，随后通过 SubmitChanges()方法来实现更新数据，具体的代码如下：

```
protected void imgDelete_Click(object sender, ImageClickEventArgs e)
{
FFsystemDataContext db = new FFsystemDataContext();
for (int i = 0; i < GridView1.Rows.Count; i++)
{
if (((CheckBox)GridView1.Rows[i].FindControl("chbSelect")).Checked == true)
{
App_Data.rdStatement Statement = db.rdStatement.Single(p => p.rdId == (int)(GridView1.
DataKeys[i].Value));
db.rdStatement.DeleteOnSubmit(Statement);
db.SubmitChanges();
}
}
GridView1.DataBind();
}
```

2. 班级成员管理

查询列表列出了系统中的所有的用户信息，如图 10-17 所示。

全选	编号	真实姓名	用户名	用户密码	操作
	4949	4949	4949	4949	
	1	1	1	1	
	2	2	2	2	
	33	33	33	123	
	44	44	44	123	
	1001	李超	lichao	123	

图 10-17　班级成员列表

单击添加按钮，进入新增页面，录入信息，单击“确定”按钮即可保存信息。如图 10-18 所示。

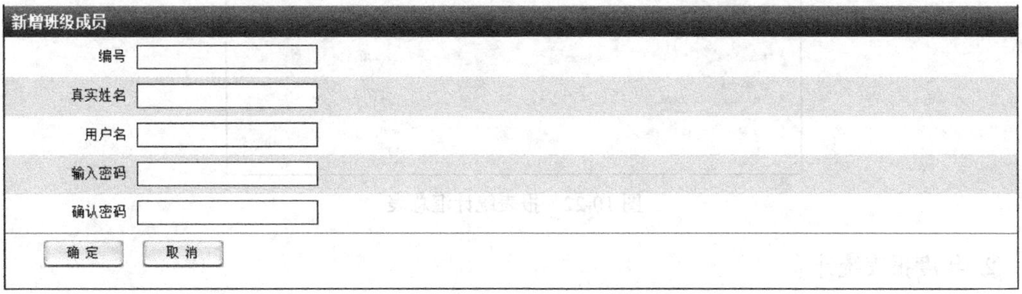

新增班级成员

编号

真实姓名

用户名

输入密码

确认密码

确 定　取 消

图 10-18　班级成员添加

3. 收支项目管理

① 收支项目列表

收支项目列表列出的是子项信息，如图 10-19 所示。

全选	编号	项目名称	收入/支出	操作
	32	住宿费1	支出	
	s12	午饭	支出	
	q12	旅游	支出	
	44的子	sss	支出	

图 10-19　收支项目列表

② 新增父项

单击“添加父项”按钮，进入新增父项页面，录入信息，单击“确定”。如图 10-20 所示。

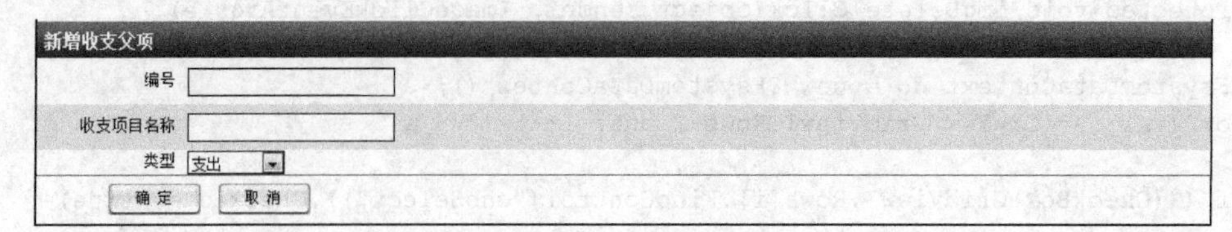

图 10-20 新增父项

③ 新增子项

单击“添加子项”按钮，进入新增子项页面，录入信息，单击“确定”按钮。如图 10-21 所示。

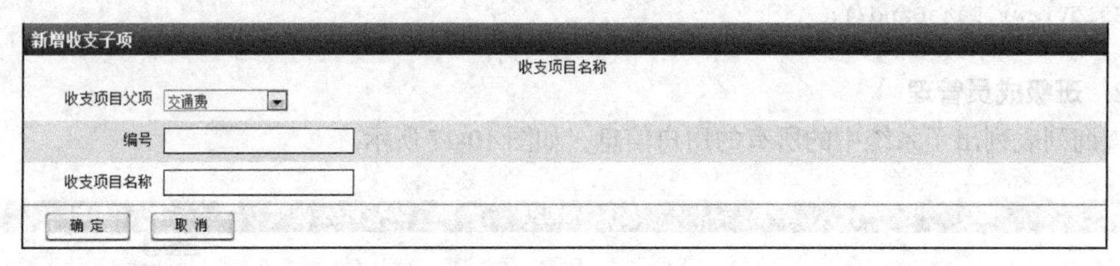

图 10-21 新增子项

4. 报表统计

① 收支汇总

报表统计页面包含了收支的所用汇总，如图 10-22 所示。

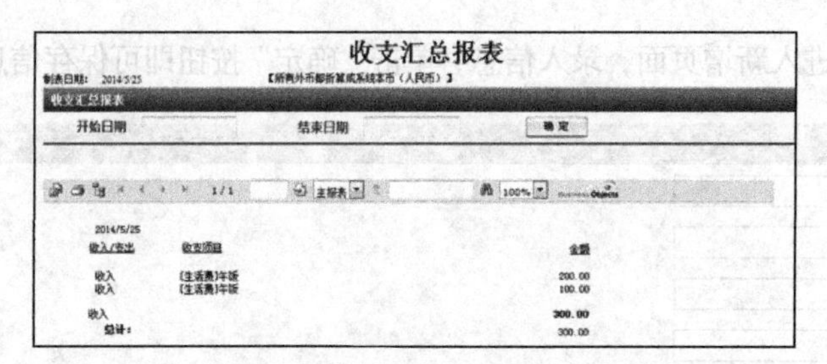

图 10-22 报表统计汇总表

② 年度报表统计

单击“报表统计”按钮，进入报表统计页面，单击右上角的报表类型，选择年度收支统计表，进入年度收支统计页面。该页还提供了按年度查询的功能。如图 10-23 所示。

年度收支统计表

制表日期：2014-05-25（按人民币） 确定 统计年度：2014

收支项目	一月	二月	三月	四月	五月	六月	七月	八月	九月	十月	十一月	十二月	合计
生活费午饭	0.0000	100.0000	0.0000	0.0000	0.0000	0.0000	0.0000	0.0000	0.0000	0.0000	0.0000	0.0000	100.0000
支出合计	0.0000	100.0000	0.0000	0.0000	0.0000	0.0000	0.0000	0.0000	0.0000	0.0000	0.0000	0.0000	100.0000

图 10-23 报表统计年度表

5. 权限管理

用户权限列表，单击权限管理，进入权限管理页，在权限管理栏的复选框上打勾表示授予了管理权限，取消勾选，表示取消了管理员权限。如图 10-24 所示。

用户编号	真实姓名	用户名	管理权限
4949	4949	4949	☐
1	1	1	☐
2	2	2	☑
33	33	33	☐
44	44	44	☐
1001	李超	lichao	☑

确 定

图 10-24　用户权限管理

10.4.3　LINQ 应用总结

本章通过账簿管理模块的增、删、改、查介绍了 LINQ to SQL 的用法，从以上的描述可知，LINQ to SQL 使我们能够在应用程序代码中使用基于集合的查询，而不必使用单独的查询语句。利用 LINQ to SQL 查询数据非常方便、简单，使用该技术，对于数据库开发项目可以大大提高软件的开发效率，非常适合中小型的项目开发使用。

10.4.4　源程序主要代码

1. 数据库的连接

```
public class Helper
    {
        /// <summary>
        /// 根据表名获得数据库中的数据
        /// </summary>
        /// <param name="TableName">表名</param>
        /// <param name="filter">条件</param>
        /// <param name="count">返回数据的个数，-1 表示返回所有满足条件的数据</param>
        /// <returns></returns>
        public static DataSet GetAllDataFromTable(string TableName, string filter, int count)
        {
            //创建数据库连接到数据库
            Database db = DatabaseFactory.CreateDatabase();
            string Conditon = "";
            if (filter != null && filter.Length > 0);
            {
                Conditon = " where " + filter;
            }
            //查询的 SQL
            string sql = "";
            if (count > -1)
            {
                sql = " select top " + count.ToString() + " * from " + TableName + Conditon;
            }
            else
            {
```

```
                //返回所有满足条件的数据
                sql = " select * from " + TableName + Conditon;
            }
            //查询数据
            DataSet ds = db.ExecuteDataSet(CommandType.Text, sql);
            ds.Tables[0].TableName = TableName;
            return ds;
        }
        /// <summary>
        /// 获得数据库表结构
        /// </summary>
        /// <param name="TableName"></param>
        /// <returns></returns>
        public static DataSet GetDataTableSchema(string TableName )
        {
            //创建数据库连接到数据库
            Database db = DatabaseFactory.CreateDatabase();
            //查询的 SQL
            string sql = "";
            sql = " select top 0 from " + TableName  ;
            //查询数据
            DataSet ds = db.ExecuteDataSet(CommandType.Text, sql);
            ds.Tables[0].TableName = TableName;
            return ds;
        }
        /// <summary>
        ///
        /// </summary>
        /// <param name="year"></param>
        /// <returns></returns>
        public static DataSet GetStatementDataByYear(int year)
        {
            //创建数据库连接到数据库
            Database db = DatabaseFactory.CreateDatabase();
            //查询的 SQL
            string sql = "";
            sql = " EXEC  homeFinance  " + year.ToString();
            //查询数据
            DataSet ds = db.ExecuteDataSet(CommandType.Text, sql);
            return ds;
        }
        public static DataSet GetSumStatement( DateTime beginDate ,DateTime endDate )
        {
            //创建数据库连接到数据库
            Database db = DatabaseFactory.CreateDatabase();
            //查询的 SQL
            string sql = "";
            sql = " select  b.parentId,rp.pItemName,rs.subId,rs.sItemName,b.money from  ";
            sql+=" (select parentId,subId,sum(money) as money  ";
            sql+="  from dbo.rdStatement where '{0}' >= date and date>='{1}'   group
by parentId,subId ";
            sql+=" ) b inner join dbo.rdParentItem rp on(rp.parentId=b.parentId) ";
            sql+="  inner join dbo.rdSubItem rs on(rs.subId=b.subId)";
```

```
                //检查时间，如果开始时间比结束时间迟，那么颠倒查询
        if(beginDate>endDate)
{sql=string.Format(sql,endDate.ToString("yyyy/MM/dd"),beginDate.ToString("yyyy/MM/dd"));
        }else{sql=string.Format(sql,beginDate.ToString("yyyy/MM/dd"),endDate.ToString
("yyyy/MM/dd"));
        }
                //查询数据
                DataSet ds = db.ExecuteDataSet(CommandType.Text, sql);
               return ds;
            }
        }
```

2. 账簿管理模块的增删改查

```
    public partial class zgbl_add : BasePage
        {
    //加载页面
            protected void Page_Load(object sender, EventArgs e)
            {
                if (!Page.IsPostBack)
                {
    //调用本类的查询方法 GetParentItem ( ) , 获取数据
                    DataSet dsParent = this.GetParentItem();
                    this.drpParentItem.DataTextField = "PItemName";
                    //this.drpParentItem.DataMember = "PItemName";
                    this.drpParentItem.DataValueField = "ParentID";
                    this.drpParentItem.DataSource = dsParent.Tables[0];
                    this.drpParentItem.DataBind();
                    if (dsParent.Tables[0].Rows.Count > 0)
                    {
                        this.drpParentItem.SelectedIndex = 0;
                        int parentID = Convert.ToInt32(drpParentItem.SelectedValue.
ToString().Trim());
                        DataSet dsSubItem = this.GetSubItem(parentID);
                        this.drpSubItem.DataTextField = "SItemName";
                        this.drpSubItem.DataValueField = "SubID";
                        this.drpSubItem.DataSource = dsSubItem.Tables[0];
                        this.drpSubItem.DataBind();
                    }
                  string StrRdid=Request.QueryString["id"];
                  if (StrRdid == null)
                  {
                      lbltitle.Text = "新增收支记录";
                  }
                  else
                  {
                      lbltitle.Text = "修改收支记录";
                  }
                }
            }
    //单击按钮，保存新增信息，并返回结果
            protected void IbnOk_Click(object sender, ImageClickEventArgs e)
            {
                string StrRdid=Request.QueryString["id"];
                if (StrRdid == null)
                {
```

```
                    if (CheckInput())
                    {
                        int parentID = Convert.ToInt32(this.drpParentItem.SelectedValue.
ToString().Trim());
                        int? subID = null;
                        if (!this.drpSubItem.SelectedValue.Equals(string.Empty))
                            subID = Convert.ToInt32(this.drpSubItem.SelectedValue.
ToString().Trim());
                        DateTime date = Convert.ToDateTime(this.TxtDate.Text.Trim());
                        int systemID = Convert.ToInt32(this.drpUserName.SelectedValue.
ToString().Trim());
                        decimal money = Convert.ToDecimal(this.TxtMoney.Text.Trim());
                        string statement = this.TxtStatement.Text.Trim();
                        //调用本类方法 InsertData()
                        bool result = this.InsertData(parentID, subID, date, systemID,
money, statement);
                        if (result)
                            Response.Write("<script language='javascript'>alert('
新增成功! ');</script>");
                        else
                            Response.Write("<script
language='javascript'>alert('新增失败! ');</script>");
                    }
                }
                else
                {
                    if (CheckInput())
                    {
                        int parentID = Convert.ToInt32(this.drpParentItem.SelectedValue.
ToString().Trim());
                        int? subID = null;
                        if (!this.drpSubItem.SelectedValue.Equals(string.Empty))
                            subID = Convert.ToInt32(this.drpSubItem.SelectedValue.
ToString().Trim());
                        DateTime date = Convert.ToDateTime(this.TxtDate.Text.Trim());

                        int systemID = Convert.ToInt32(this.drpUserName.SelectedValue.
ToString().Trim());
                        decimal money = Convert.ToDecimal(this.TxtMoney.Text.Trim());
                        string statement = this.TxtStatement.Text.Trim();
                        //调用本类更新方法 updateData ( )
                        bool result = this.updateData(parentID, subID, date, systemID,
money, statement);
                        if (result)
                            Response.Write("<script language='javascript'>alert('
修改成功! ');</script>");
                        else
                            Response.Write("<script language='javascript'>alert('
修改失败! ');</script>");
                    }
                }
            }
        //添加账簿记录
            private bool InsertData(int parentID, int? subID, DateTime date, int systemID,
decimal money, string statement)
            {
```

```
            bool result = false;
        try
        {
            string strConnection = System.Web.Configuration.WebConfigurationManager.
ConnectionStrings[5].ConnectionString;
            SqlConnection connection = new SqlConnection(strConnection);
            connection.Open();
            string strSql = "Insert into rdStatement(parentId,subId,date,systemId,
money,statement) values(@ParentID,@SubID,@Date,@SystemID,@Money,@StateMent)";
            SqlCommand command = new SqlCommand(strSql, connection);
            command.Parameters.Add("@ParentID", SqlDbType.Int, 4).Value = parentID;

            if (subID == null)
                command.Parameters.Add("@SubID", SqlDbType.Int, 4).Value = DBNull.Value;
            else
                command.Parameters.Add("@SubID", SqlDbType.Int, 4).Value = Convert.
ToInt32(subID);

            command.Parameters.Add("@Date", SqlDbType.DateTime, 4).Value = date;
            command.Parameters.Add("@SystemID", SqlDbType.Int, 4).Value = systemID;
            command.Parameters.Add("@Money", SqlDbType.SmallMoney).Value = money;
            command.Parameters.Add("@StateMent", SqlDbType.NVarChar, 50).Value =
statement;
            command.ExecuteNonQuery();
            result = true ;
            connection.Close();
        }
        catch(Exception e)
        {
        }
        return result;
    }
    protected void IbnCanel_Click(object sender, ImageClickEventArgs e)
    {
        Response.Redirect("zbgl.aspx");
    }
    #region Check Condition
  //验证输入框输入是否正确
    private bool CheckInput()
    {
        bool result = true;
        if (TxtDate.Text.Trim().Equals(string.Empty))
        {
            Response.Write("<script language='javascript'>alert('收支日期未输入!
');</script>");
            result = false;
        }
        if (TxtMoney.Text.Trim().Equals(string.Empty))
        {
            Response.Write("<script language='javascript'>alert('收支金额未输入!
');</script>");
            result = false;
        }
        return result;
    }
    #endregion
```

```
        #region
        private DataSet GetParentItem()
        {
            String strConnection = System.Web.Configuration.WebConfigurationManager.
ConnectionStrings[5].ConnectionString;
            SqlConnection connection = new SqlConnection(strConnection);
            string strSql = "select parentID as ParentID,pItemName as PItemName from
rdParentItem";
            DataSet ds = new DataSet();
            SqlDataAdapter adapter = new SqlDataAdapter(strSql, connection);
            adapter.Fill(ds);
            return ds;
        }
        #endregion
        #region
        private DataSet GetSubItem(int parentID)
        {
            string strConnection = System.Web.Configuration.WebConfigurationManager.
ConnectionStrings[5].ConnectionString;
            SqlConnection connection = new SqlConnection(strConnection);
            string strSql = "select subId as SubID,sItemName as SItemName from rdSubItem
where parentID = " + parentID.ToString().Trim();
            DataSet ds = new DataSet();
            SqlDataAdapter adaper = new SqlDataAdapter(strSql, connection);
            adaper.Fill(ds);
            return ds;
        }
        #endregion
        protected void drpParentItem_SelectedIndexChanged(object sender, EventArgs e)
        {
            int parentID = Convert.ToInt32(drpParentItem.SelectedValue.ToString().Trim());
            DataSet dsSubItem = this.GetSubItem(parentID);
            this.drpSubItem.DataTextField = "SItemName";
            this.drpSubItem.DataValueField = "SubID";
            this.drpSubItem.DataSource = dsSubItem.Tables[0];
            this.drpSubItem.DataBind();
        }
    //更新账簿记录信息
    private bool updateData(int parentID, int? subID, DateTime date, int systemID, decimal money,
string statement)
    {
    bool result = false;
    string StrRdid = Request.QueryString["id"];
    string strConnection = System.Web.Configuration.WebConfigurationManager.ConnectionStrings[5].
ConnectionString;
    SqlConnection connection=new SqlConnection(strConnection);
    connection.Open();
    string strSql = "Update  rdStatement set parentId=@ParentID,subId=@SubID,date=@Date,
systemId=@SystemID,money=@Money,statement=@StateMent where rdid=@rdid";
    SqlCommand command=new SqlCommand(strSql,connection); command.Parameters.Add("@ParentID",
SqlDbType.Int,4).Value=parentID;
    if (subID == null)
    command.Parameters.Add("@SubID", SqlDbType.Int, 4).Value = DBNull.Value;
    else
    command.Parameters.Add("@SubID", SqlDbType.Int, 4).Value = Convert.ToInt32(subID);
```

```
    command.Parameters.Add("@Date", SqlDbType.DateTime, 4).Value = date; command.Parameters.
Add("@SystemID", SqlDbType.Int, 4).Value = systemID;
     command.Parameters.Add("@Money", SqlDbType.SmallMoney).Value = money;
     command.Parameters.Add("@StateMent", SqlDbType.NVarChar, 50).Value = statement;
    command.Parameters.Add("@rdid", SqlDbType.Int, 4).Value = Convert.ToInt32(StrRdid);
                  command.ExecuteNonQuery();
                  result=true;
                  connection.Close();
                  return result;
          }
```

第11章 实训指导

实训一　ASP.NET 运行环境

一、实训目的

1. 掌握 IIS 服务器的安装及配置；
2. 掌握 IIS 新建虚拟路径的方法；
3. 掌握在 VS 中如何新建网站，文件系统方式和 HTTP 方式；
4. 熟悉 VS 开发环境，掌握解决方案资源管理器、属性、工具箱等窗口的操作；
5. 掌握在 VS 中设计网站的一般方法。

二、实训内容

1. IIS 服务器安装及配置。
2. 在 VS 中用“文件系统”方式，新建一个网站，在主页中显示当前日期和时间。
3. 在 VS 中用“HTTP”方式，新建一个网站，在主页中显示当前日期和时间。
4. 先新建一个虚拟目录，在 VS 中用“HTTP”方式，新建一个网站，要求网站使用该虚拟目录，在主页中显示当前日期和时间。
5. 在页面中显示九九乘法表。

三、实训步骤

1. IIS 服务器安装及配置（在 winxp 操作系统中）

（1）IIS 服务器安装

开始→控制面板→添加删除程序→添加/删除 Windows 组件→Windows 组件向导，则出现对话框，如图 11-1 所示。

若没选取 Internet 信息服务（IIS），则选择，并点按“下一步”按钮，按提示安装。

（2）检验安装

在 IE 浏览器的地址栏输入 http://localhost，观察运行结果。

（3）配置 IIS 5.0

打开 Internet 信息服务，如图 11-2 所示。

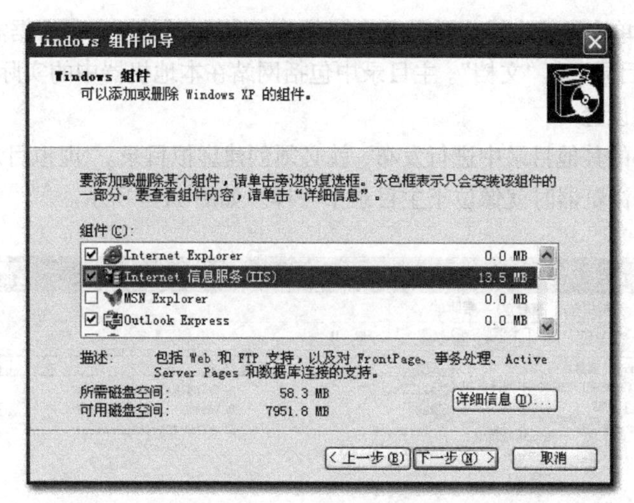

图 11-1　Windows 组件向导

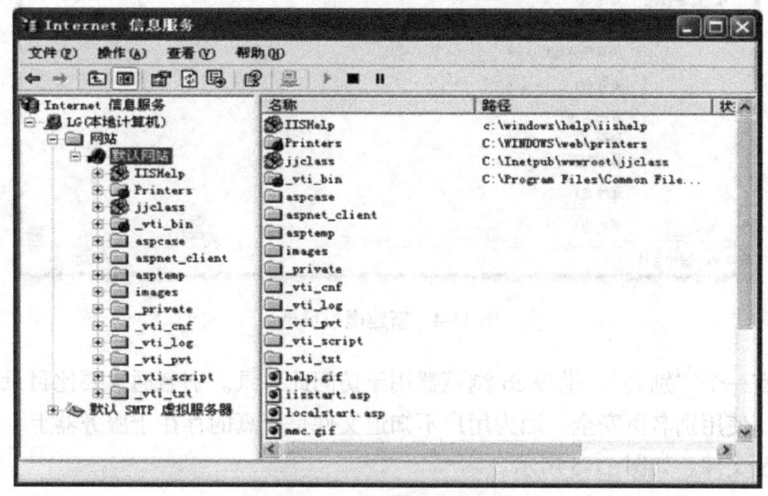

图 11-2　Internet 信息服务

单击“开始”→“控制面板”→“管理工具”→“Internet 服务管理器”，则出现对话框，如图 11-3 所示。

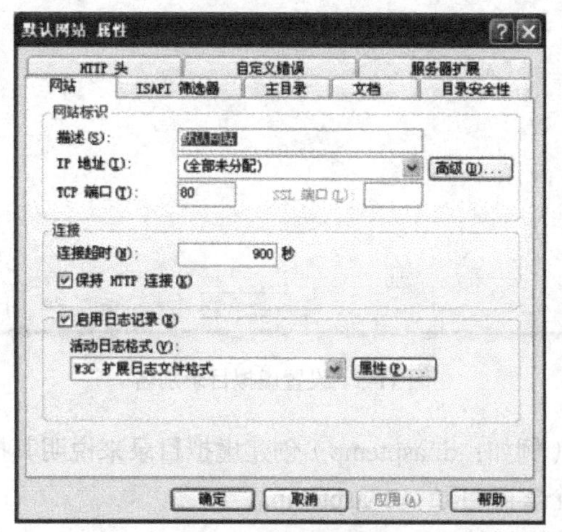

图 11-3　网站属性

对“默认网站”单击鼠标右键，弹出现快捷菜单，选择“属性”，可根据需要修改默认网站的属性，一般多为“主目录”和“文档”。主目录中包括网站在本地机器中的实际路径以及相关权限。

（4）虚拟目录的设置

要从主目录以外的其他目录中进行发布，就必须创建虚拟目录。“虚拟目录”不包含在主目录中，但在显示给客户浏览器时就像位于主目录中一样。如图 11-4 所示。

图 11-4　新建虚拟目录

虚拟目录有一个“别名”，供 Web 浏览器用于访问此目录。别名通常要比目录的路径名短，便于用户输入。使用别名更安全，因为用户不知道文件是否真的存在于服务器上，所以无法使用这些信息来修改文件。如图 11-5 所示。

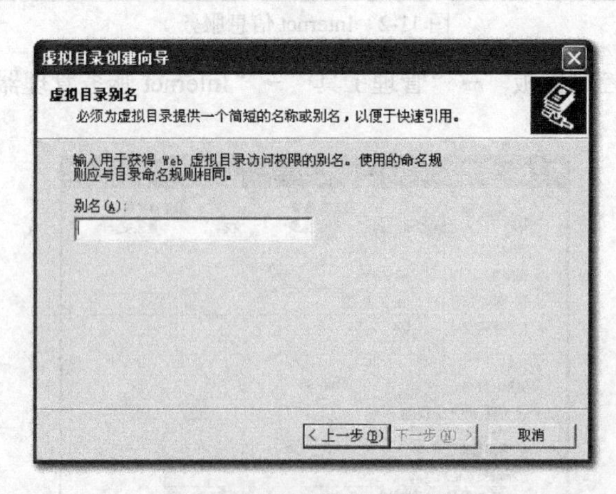

图 11-5　设置虚拟目录别名

本实训以对实际路径（例如：d:\asptemp）创建虚拟目录来说明其操作过程。

（1）在硬盘上创建一个实际目录：d:\asptemp。

（2）为 d:\asptemp 创建虚拟目录。

在“Internet信息服务”窗口中的“默认网站”上单击鼠标右键，选择“新建”→“虚拟目录”，按提示操作分别设置虚拟目录别名（例如：asp）、实际的目录路径（例：d:\asptemp）以及虚拟目录的权限。

（3）运行虚拟目录下的文件。

假设实际目录下有文件1.asp，则访问该文件：

① http://localhost/asp/1.asp

② 在虚拟目录 ASP 属性中的“文档”，添加一个启用默认文档 1.asp，访问该文件：http://localhost/asp

2. IIS新建虚拟路径的方法

（1）在VS中新建一个网站，在位置处选择“文件系统”，注意路径。

（2）在“解决方案资源管理器”窗口，单击Default.aspx，在“设计”视图下，添加一个Button按钮和一个label控件，在属性窗口修改它们的属性，按钮上的文本是“当前时间”，label控件的Text值为空。

（3）双击Button按钮（观察Button控件代码中属性的变化），在click事件中加入相关代码：在label位置显示当前时间。

（4）运行该网站。

（5）将“解决方案资源管理器”窗口、“属性”窗口、“工具箱”窗口关闭，知道怎么重新打开该窗口。

3. 在VS中如何新建网站，文件系统方式和HTTP方式

（1）在VS中新建一个网站，在位置处选择“HTTP”，输入http://localhost/myasp1 ,myasp1是你的网站的名字，此时该网站和前面的“文件系统”方式创建的网站不同，它的位置在：c:\inetpub\wwwroot\myasp。

（2）其他步骤同上。

4. 解决方案资源管理器、属性、工具箱等窗口的操作

（1）在D盘建一个文件夹，取名为net，将新建的网站存放在该位置即d:\net。

（2）在IIS中新建一虚拟路径，别名为myasp2，对应的目录是d:\net。

（3）在VS中新建一个网站，在位置处选择“HTTP”，输入http://localhost/myasp2 ，在d:\net下查看你新建的网站是否存在。

（4）其他步骤同上。

5. 在VS中设计网站的一般方法

（1）新建一个网站。

（2）在Default.aspx窗体页面中，添加一个Button按钮和一个Label控件，修改其属性。

（3）在Default.aspx窗体页面“设计”视图中双击Button按钮，完成Default.aspx.cs中的click事件。

```
protected void Button1_Click(object sender, EventArgs e)
{
}
```

（4）使用双重循环，可以使用连接运算符“+”，在代码中改变Label控件的Text属性，注意换行标记的使用以字符串形式出现：“<br/>”。

（5）完成上面的功能之后，对功能做进一步完善，要求可以输入行数，并根据行数显示乘法表。

实训二　C#程序设计

一、实训目的

1. 掌握 C#基本语法；
2. 熟悉 VS 中网页文件的结构；
3. 熟练使用 C#进行网页编程。

二、实训内容

1. 设计一个简单的计算器，能够实现简单的加减乘除运算。界面如图 11-6 所示。

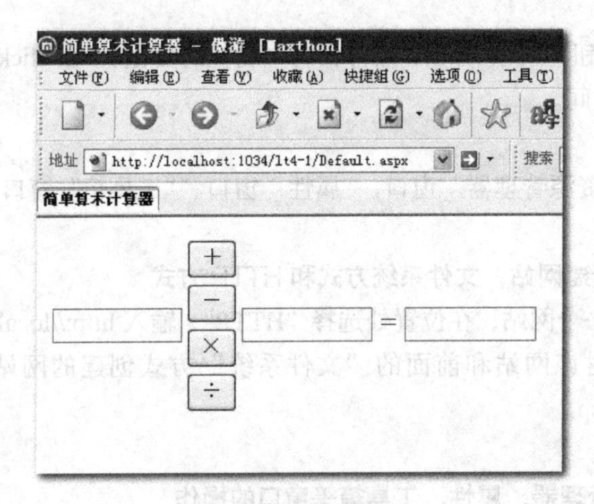

图 11-6　设计界面

三、实训步骤

1. 设计一个简单的计算器

（1）新建一个网站。

（2）打开 Default.aspx，在设计状态完成界面设计，界面中的文本框可以使用 TextBox，加减乘除按钮使用 Button 控件。

（3）修改控件的属性。

修改这些文本框控件的 ID 属性分别为 txtNum1、txtNum2、txtResult。

修改这些按钮控件的 ID 属性分别为 btnAdd、btnSub、btnMulti、btnDivi"。

修改这些按钮控件的 Text 属性分别为+、−、×、÷。

（4）在设计视图中分别双击加减乘除四个控件，在 cs 代码中会自动生成四个事件：

```
protected void btnAdd_Click(object sender, EventArgs e)
    {

    }
    protected void btnSub_Click(object sender, EventArgs e)
```

```
    {

    }
    protected void btnMulti_Click(object sender, EventArgs e)
    {

    }
    protected void btnDivi_Click(object sender, EventArgs e)
    {

}
```

（5）分别完成这五个事件，完成加减乘除运算。

获取操作数，如 txtNum1.Text。

类型转换，如 float.Parse（txtNum1.Text）。

（6）进行运算。

将运算结果类型转换字符串后显示在结果文本框。

实训三　服务器控件的应用

一、实训目的

1. 熟悉常用服务器控件的功能
2. 掌握常用服务器控件的使用，包括常用属性及事件。

二、实训内容

1. 运用服务器控件设计一个简单的个人情况调查页面，如图 11-7 所示。

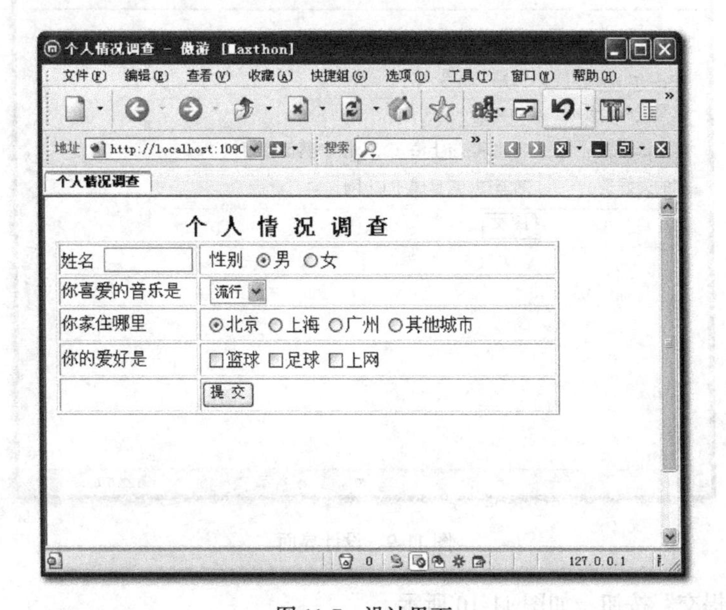

图 11-7　设计界面

（1）展开下拉框，如图 11-8 所示。

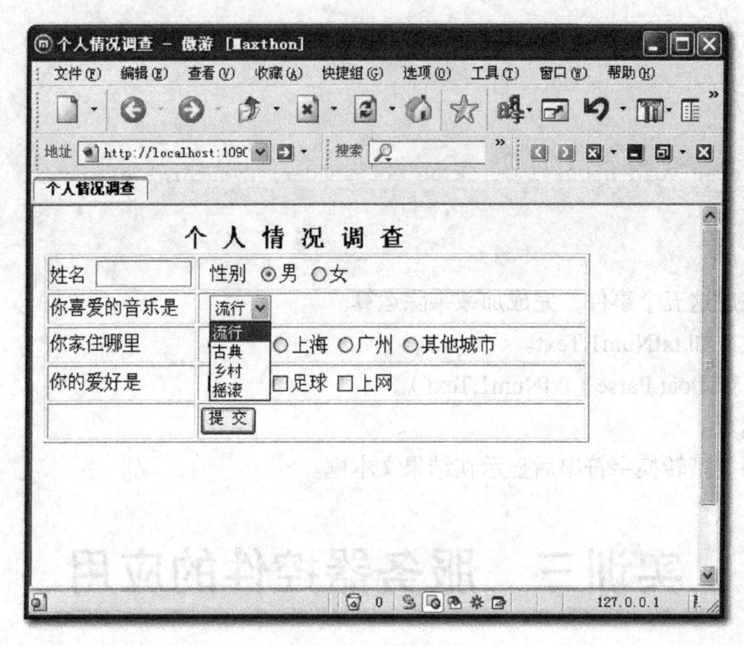

图 11-8　设计界面

（2）输入数据，如图 11-9 所示。

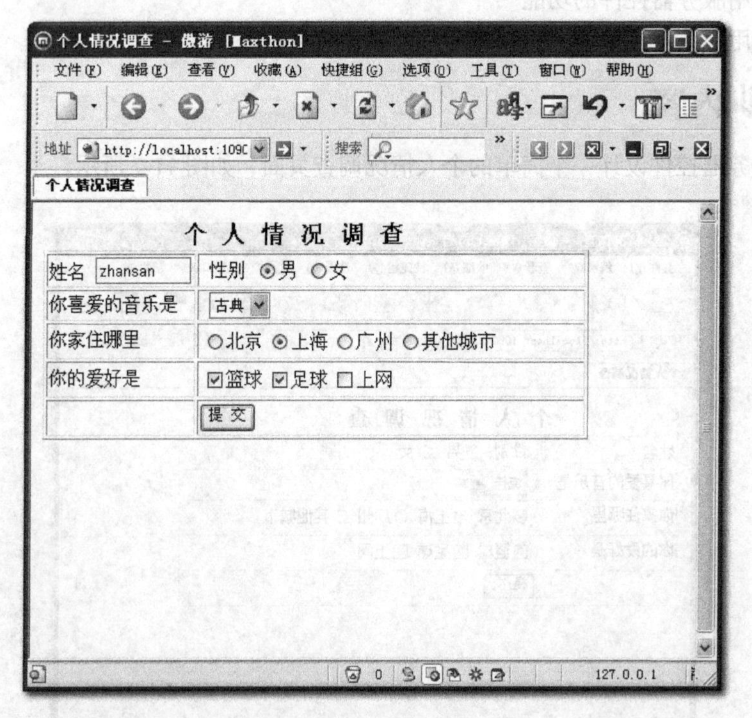

图 11-9　设计界面

（3）单击“提交”按钮，如图 11-10 所示。

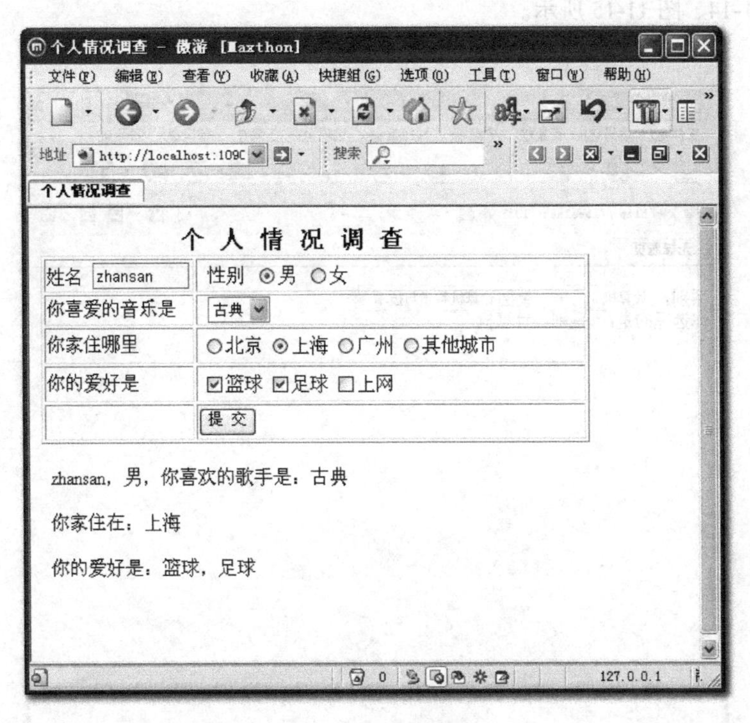

图 11-10　设计界面

2. 运用服务器控件设计一个简单的级连下拉框页面，如图 11-11 所示。

图 11-11　设计界面

（1）根据不同系别，在“专业”文本框中显示不同专业，并且在下面显示相应文本，如图 11-12、

图 11-13、图 11-14、图 11-15 所示。

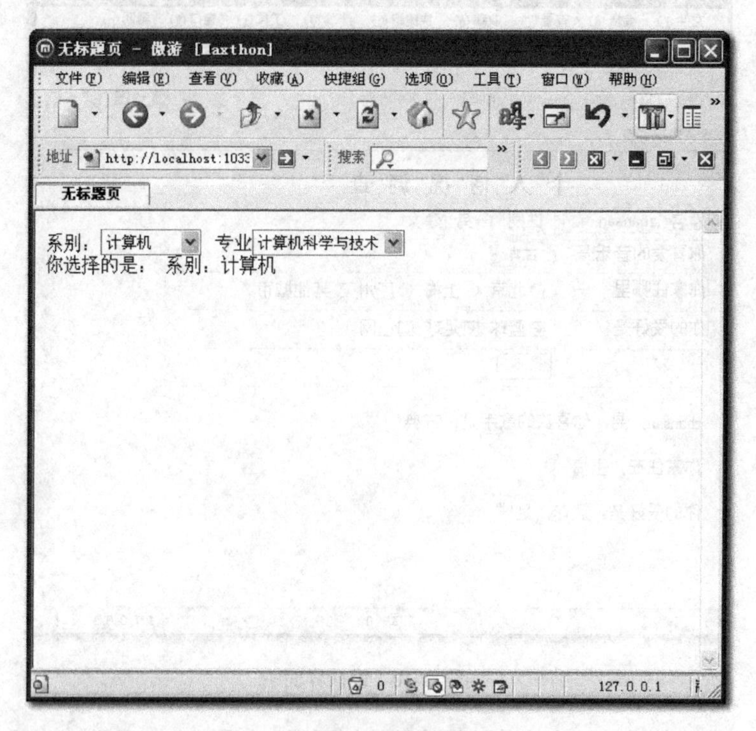

图 11-12　运行页面

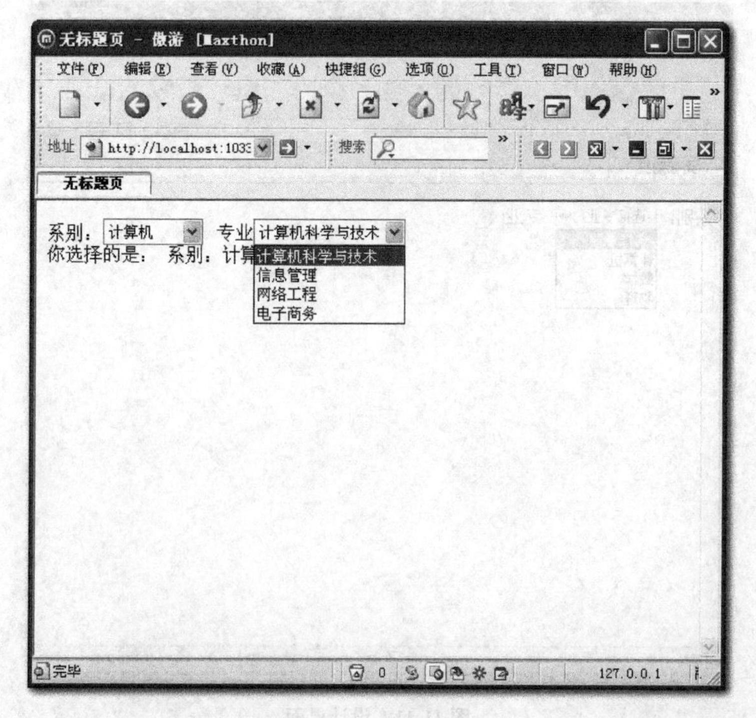

图 11-13　运行页面

图 11-14　运行页面

图 11-15　运行页面

（2）当选择专业之后，在下面显示完整的系别和专业信息，如图 11-16 所示。

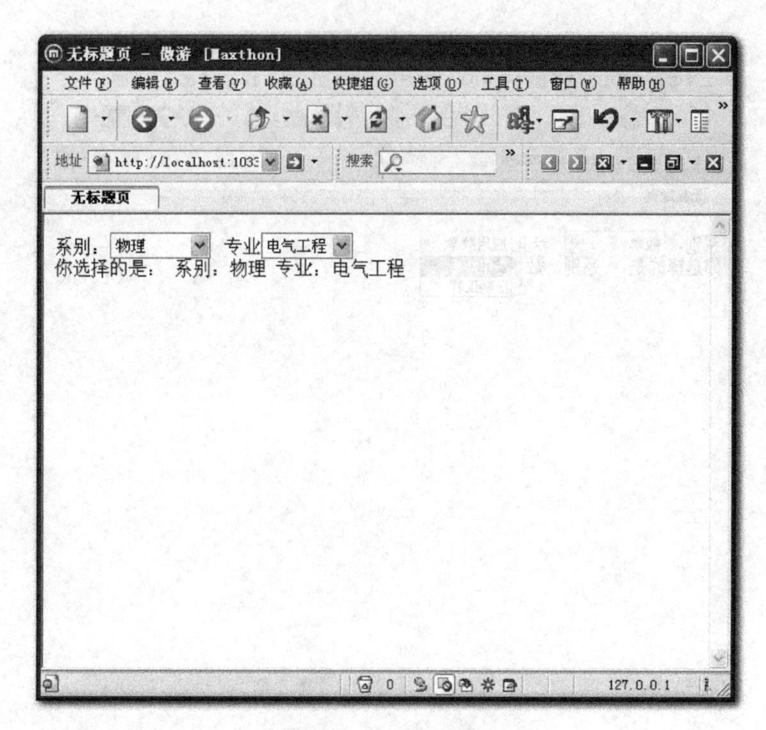

图 11-16 运行页面

三、实训步骤

1. 运用服务器控件设计一个简单的个人情况调查页面。

（1）新建一个网站。

（2）在页面中添加一个表格。

（3）在表格的单元格中添加相应的服务器控件。

（4）在属性窗口设置相应的属性。

（5）在表格下面添加三个 Label 控件，用于显示提交后的三行信息。

（6）在 click 事件中写代码，将用户选择信息在 Label 控件位置显示出来。

判断单选按钮 RadioButton 是否选中可以通过 Checked 属性。
判断单选按钮组 RadioButtonList 选中项文本可以通过 ID.SelectedItem.Text。

判断复选按钮组 CheckboxList 选项情况可以参考：

```
for (i = 0; i <= ID.Items.Count - 1; i++)
        {
            if (ID.Items[i].Selected)
            {
                strLike = strLike + ID.Items[i].Text + ", ";
            }
        }
```

2. 运用服务器控件设计一个简单的级联下拉框页面。

（1）新建一个网站。

（2）在页面中添加相应的服务器控件，两个 DropDownList 和 Label。

（3）设置 DropDownList1 的初始选项。

（4）分别双击两个 DropDownList 控件，产生下面事件

```
protected void DropDownList2_SelectedIndexChanged(object sender, EventArgs e)
{
}
protected void DropDownList2_SelectedIndexChanged(object sender, EventArgs e)
{
}
```

（5）完成上面两个事件的代码。

如：

```
        DropDownList2.Items.Add("计算机科学与技术");
        DropDownList2.Items.Add("信息管理");
```

获取选中数据，如 DropDownList1.SelectedValue。

（6）注意设置 AutoPostBack 属性。

实训四　验证控件的应用

一、实训目的

1. 理解常用验证控件的功能；
2. 熟练使用验证控件进行验证。

二、实训内容

1. 完成一个注册表单的界面及验证，当所有控件通过验证时，在 Label 中显示“本页已通过验证!”。如图 11-17 所示。

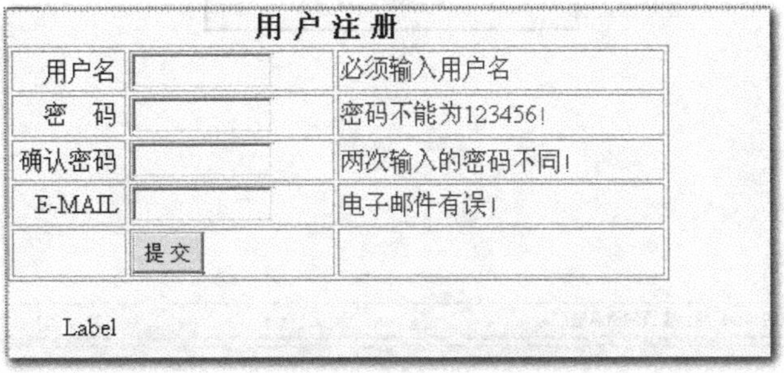

用 户 注 册

用户名		必须输入用户名
密　码		密码不能为123456!
确认密码		两次输入的密码不同!
E-MAIL		电子邮件有误!
	提 交	

Label

图 11-17　设计界面

2. 完成一个注册表单的界面及验证。如图 11-18 所示。

输入数据，运行页面，如图 11-19、图 11-20 所示。

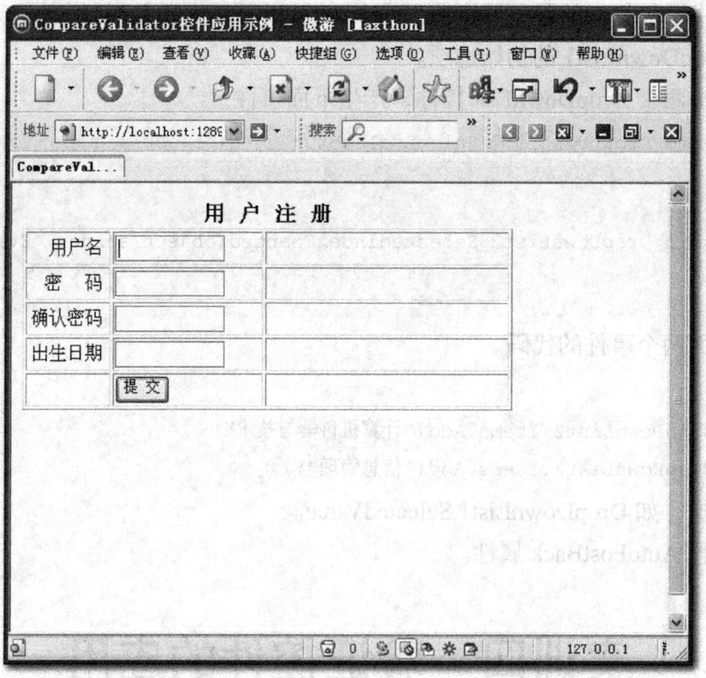

图 11-18　运行页面

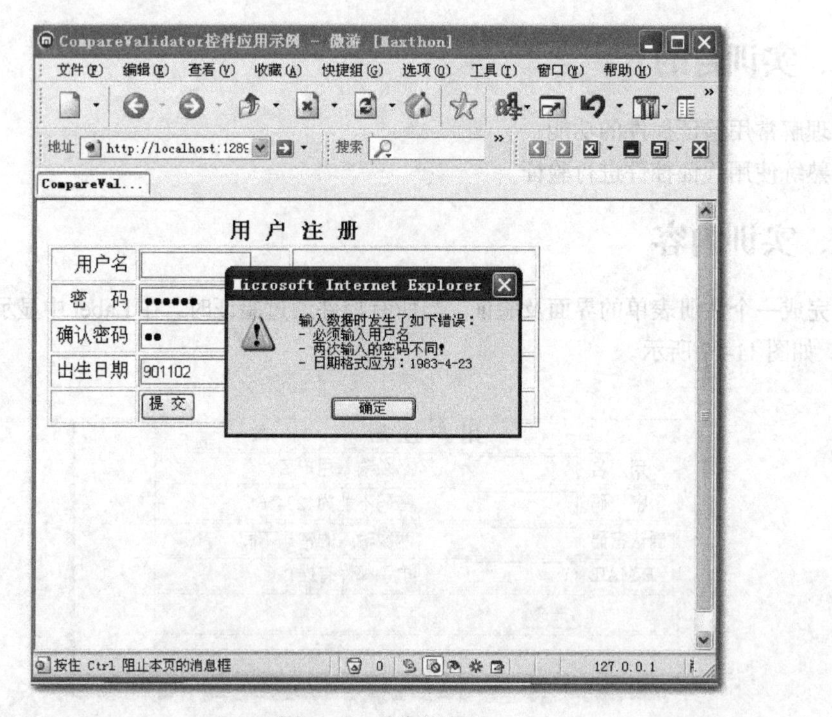

图 11-19　运行页面

三、实训步骤

1. 常用验证控件的功能

（1）新建一个网站。

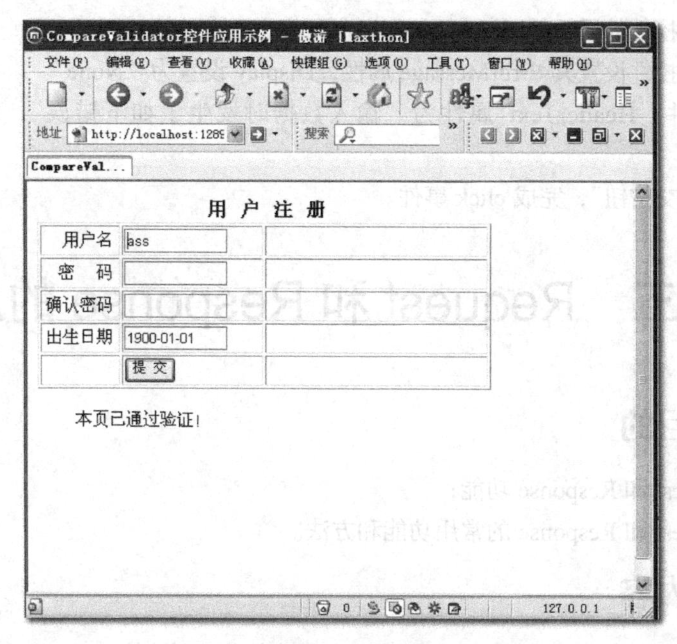

图 11-20　运行页面

（2）在页面中添加相关控件，四个验证控件分别使用必须项验证、必须项验证、比较验证、正则表达式验证。

（3）设置验证控件的属性。

（4）双击"提交按钮"，完成 click 事件。

2. 使用验证控件进行验证

（1）新建一个网站。

（2）在页面中添加相关控件，四个验证控件分别使用必须项验证、必须项验证、比较验证、比较验证、摘要验证，如图 11-21 所示。

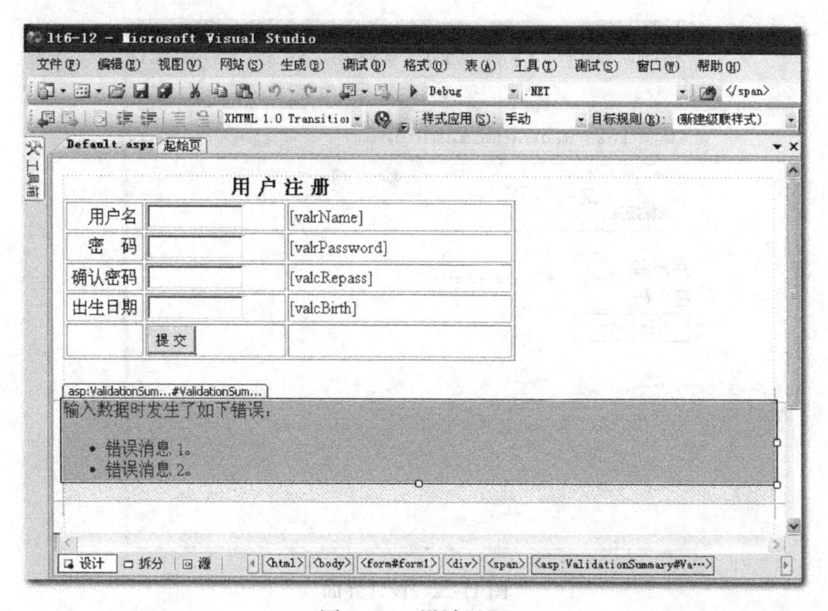

图 11-21　设计界面

（3）设置验证控件的属性。

为前四个验证控件设置其 ErrorMessage 属性，Display 设置为“None”。

摘要验证控件：HeaderText 属性为“输入数据时发生了如下错误”，ShowMessageBox 设置为 True。

（4）双击“提交按钮”，完成 click 事件。

实训五　Request 和 Response 的应用

一、实训目的

1. 掌握 Request 和 Response 功能；
2. 掌握 Request 和 Response 的常用功能和方法。

二、实训内容

设计网站，添加三个页面 1.htm，2.aspx，3.aspx，实现以下功能：

1.htm 包含用户名和密码的表单，表单提交到 2.aspx 处理，要求在 2.aspx 中获取在 1.htm 中输入的用户名和密码并显示（在 Label 控件处），并且在 2.aspx 中将获取的用户名和密码用超链接（可用 HyperLink 控件）传递到 3.aspx 中，在 3.aspx 中将利用超链接传递过来的用户名和密码显示（不用控件）。

三、实训步骤

1. 新建一个网站，添加三个页面 1.htm，2.aspx，3.aspx。
2. 1.htm 中的设计界面（使用 HTML 标记），如图 11-22 所示。

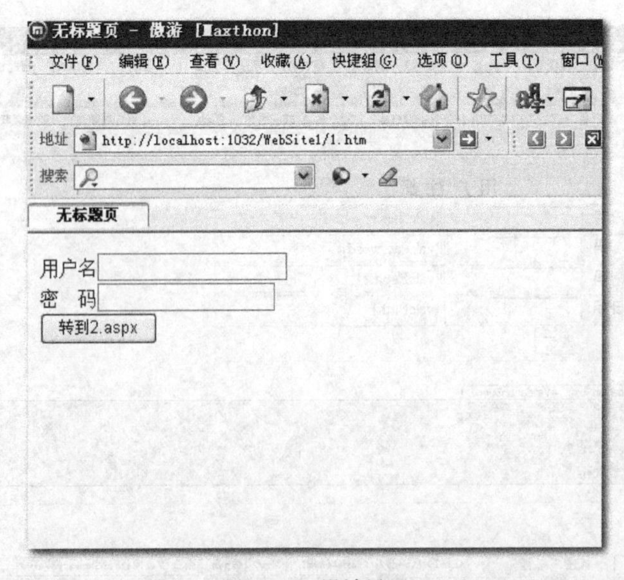

图 11-22　设计界面

参考代码：

```
<form action="2.aspx" method="post">
    用户名<input name="Text1" type="text" /><br />
    密  码<input name="Text2" type="password" /><br />
    <input id="Submit1" type="submit" value="转到 2.aspx" />
</form>
```

3. 在2.aspx的设计视图中添加两个控件Label和HyperLink，修改其Text属性，设置NavigateUrl值为 3.aspx，如图 11-23 所示。

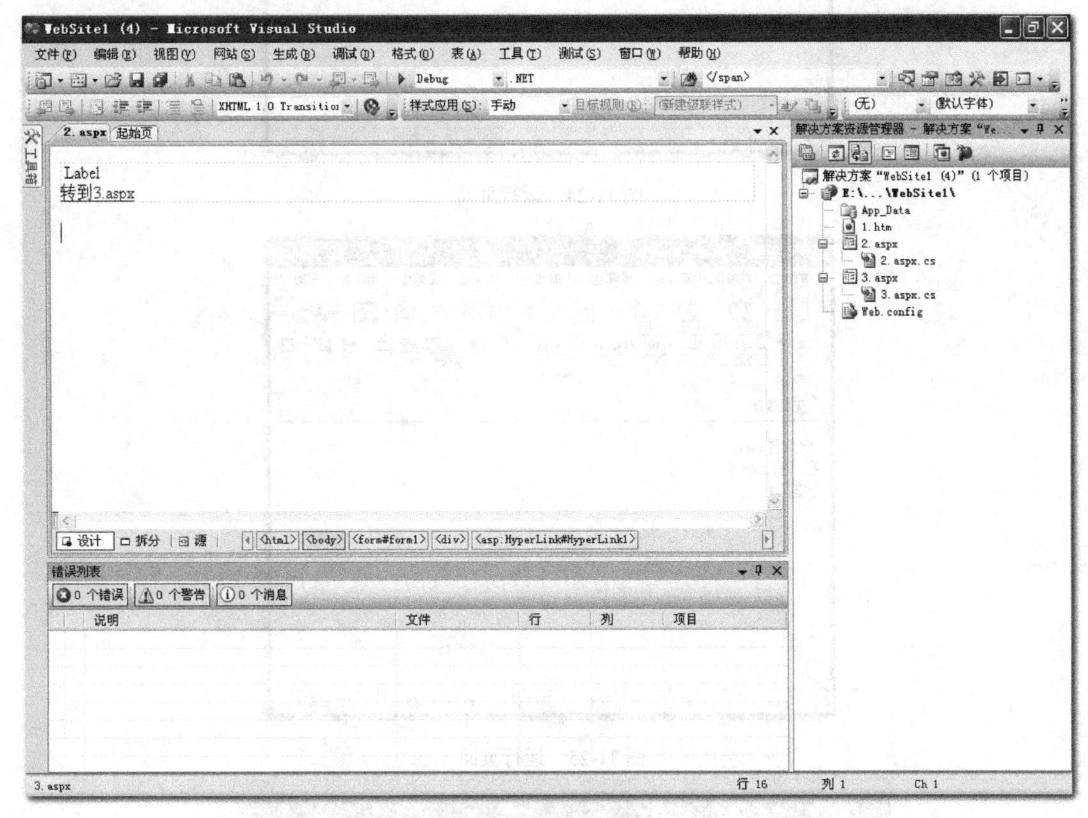

图 11-23 设计界面

4. 在 2.aspx.cs 中编写代码获取客户端表单信息，使用 Request 对象 string s1;

```
s1= Request.Form["Text1"];
```

将获取的信息做为查询字符串，修改 NavigateUrl 值。如：

```
HyperLink1.NavigateUrl += "查询字符串";
```

5. 在 3.aspx.cs 中编写代码获取从 2.aspx.超链接中传递过来的信息，使用 Request 对象 string str;

```
str = "用户名" + Request.QueryString["参数名"];
```

其中参数名是"查询字符串"中使用的。

6. 使用 Response 对象的 write 方法将获取的信息在页面中显示。

输入数据，运行页面，如图 11-24、图 11-25、图 11-26 所示。

图 11-24 运行页面

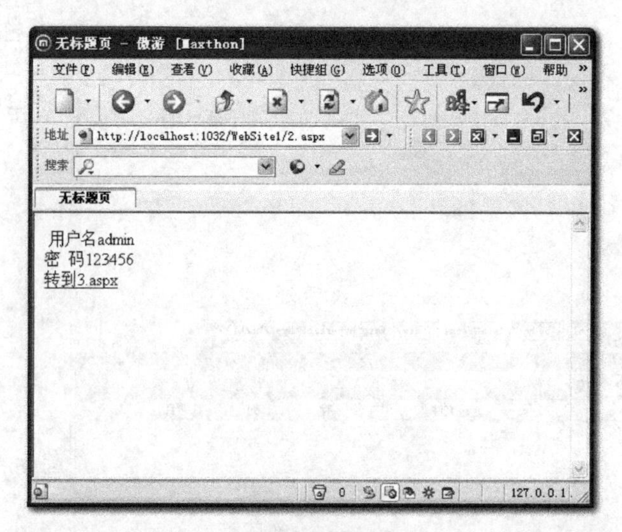

图 11-25 运行页面

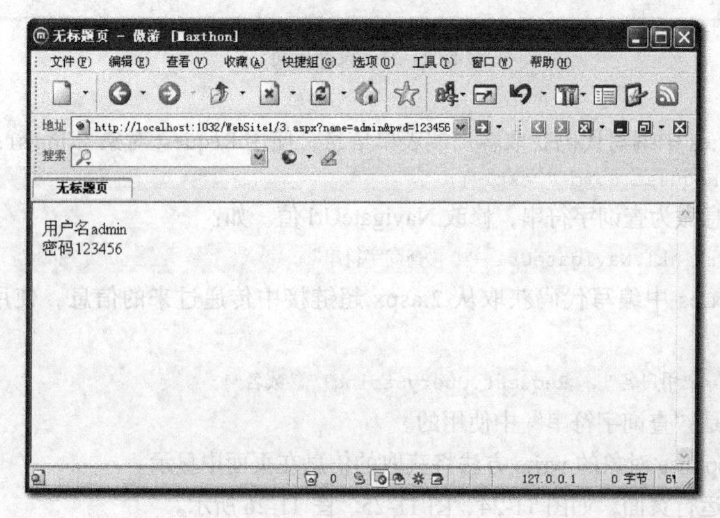

图 11-26 运行页面

实训六　Session 和 Application 的应用

一、实训目的

1. 掌握 Session 和 Application 功能；
2. 掌握 Session 和 Application 的常用功能和方法。

二、实训内容

1. 利用 session 保存用户名和密码信息，在其他页面显示，另外统计页面访问次数。

2. 运用 Application 对象，设置一个简单的留言版，它能够将不同用户的留言信息（包括姓名和留言时间）显示出来，并且最上面显示的是最新留言，每一个用户都能够看到以前的留言。

三、实训步骤

1. 利用 Session 保存用户名和密码信息

（1）设计网站，添加两个页面 Default.aspx，index.aspx，Default.aspx 如图 11-27 所示。

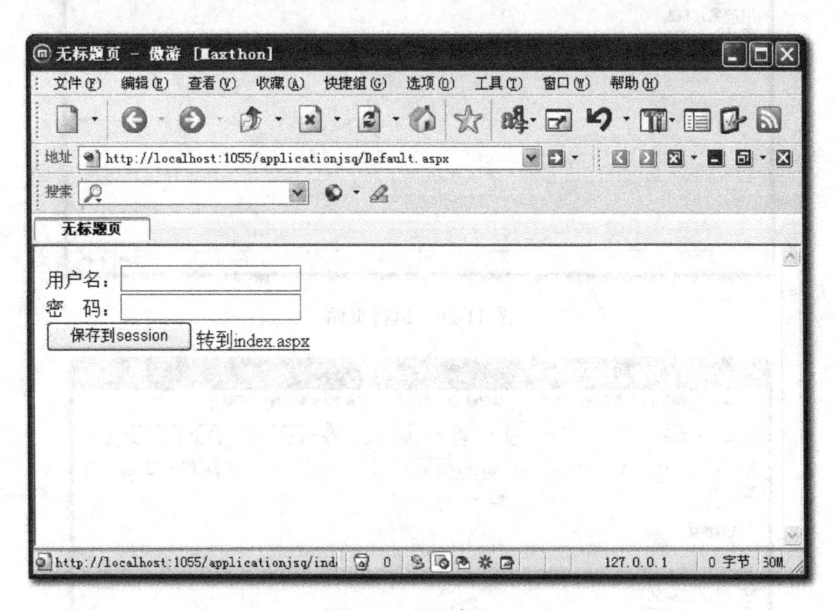

图 11-27　设计界面

（2）单击“保存到 session”按钮能够将输入的用户名和密码保存到 session 中，代码在按钮 Click 事件中完成。

（3）单击“转到 index.aspx”链接，页面跳转到 index.aspx。

在 index.aspx 页面要求实现以下功能：显示出 session 中存放的用户名和密码，另外显示出该页面累计访问次数。次数信息用 Application 保存，如图 11-28、图 11-29 所示。

刷新页面次数可以增加，如图 11-30 所示。

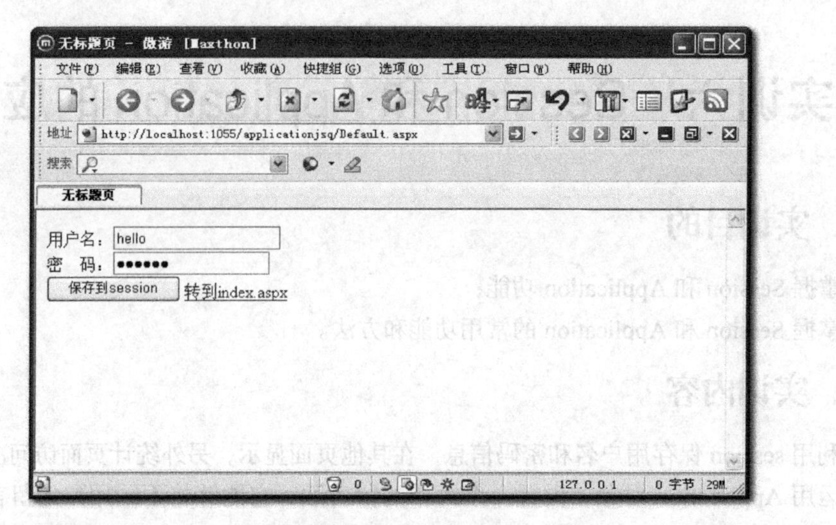

图 11-28　运行页面

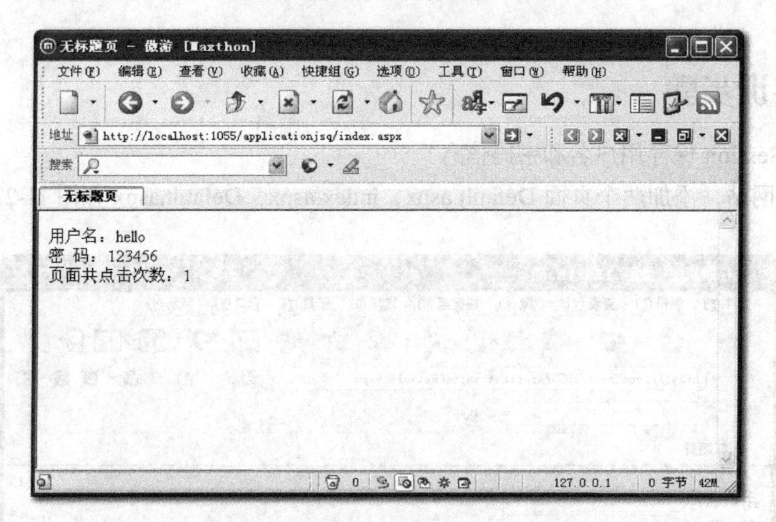

图 11-29　运行页面

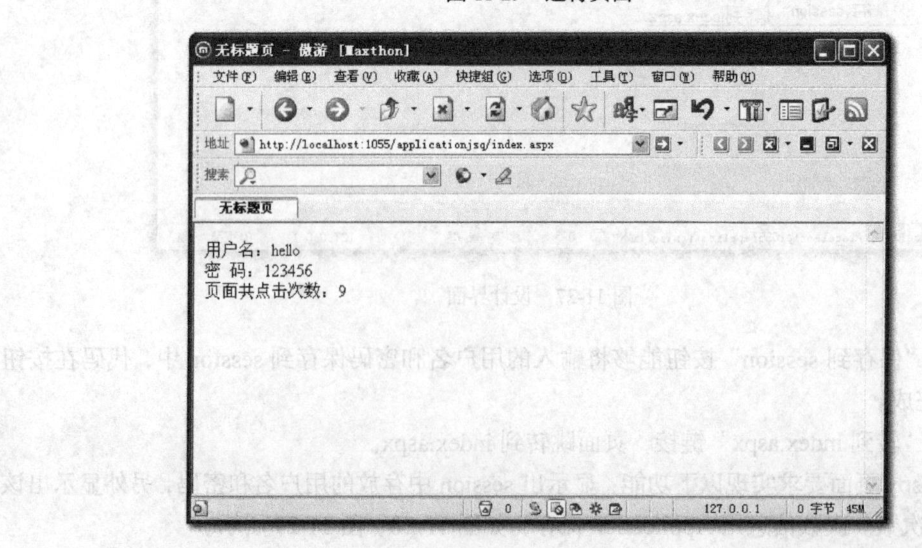

图 11-30　运行页面

利用 Application 对象，设置留言版。

（4）新建一个网站（HTTP 方式），设计 Default.aspx，其中 Default.aspx 界面的“设计”视图如图 11-31 所示。

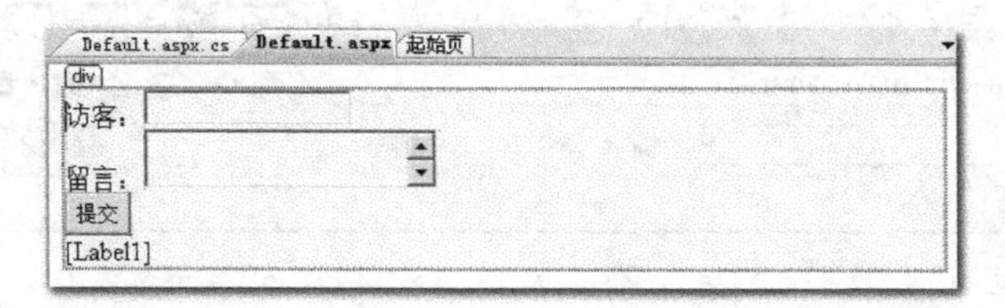

图 11-31　设计界面

设计界面如图 11-32 所示。

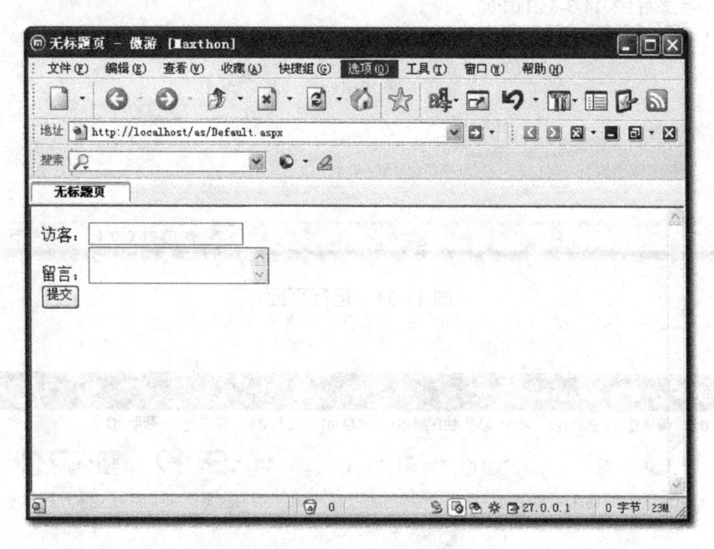

图 11-32　设计界面

（5）在 Button1 按钮的 Click 事件中，将留言信息保存在 Application 中，并添加相关信息，如发表留言的用户、时间、换行等。如图 11-33、图 11-34、图 11-35 所示。

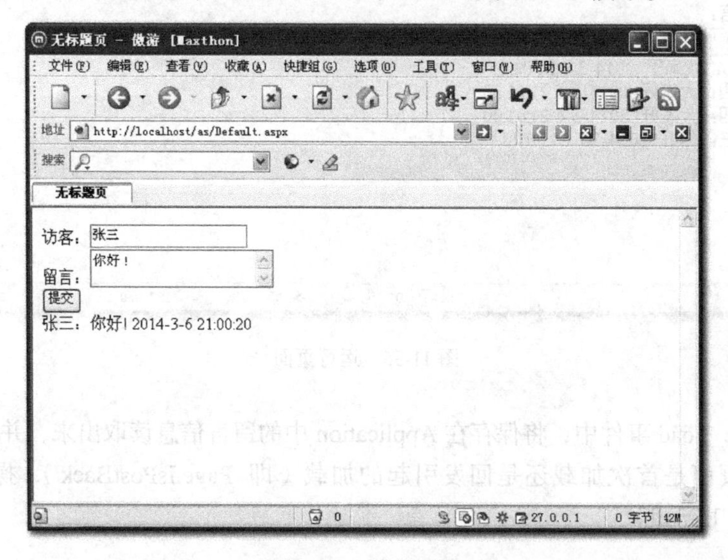

图 11-33　运行页面

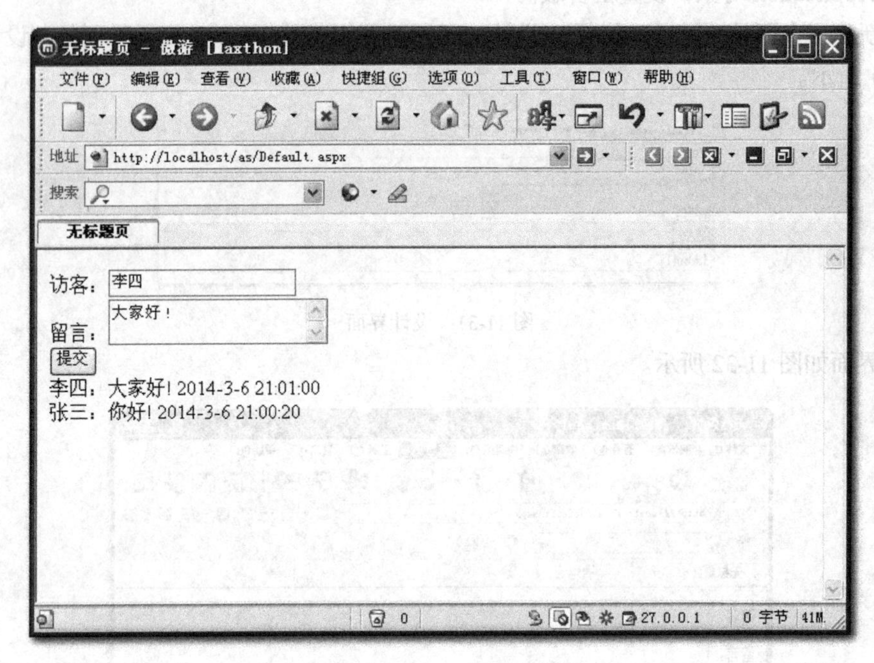

图 11-34 运行页面

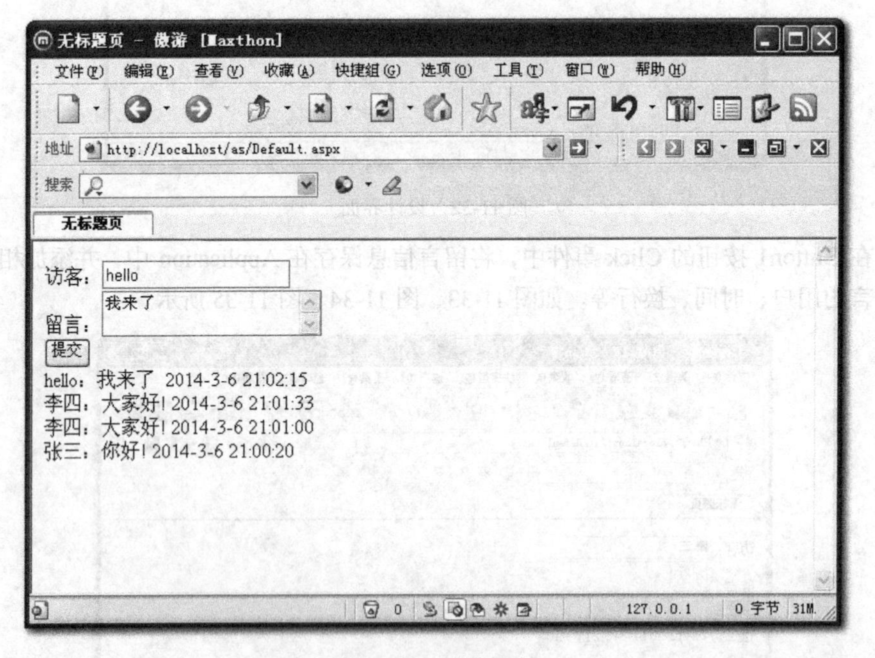

图 11-35 运行页面

（3）在 Page_Load 事件中，将保存在 Application 中的留言信息读取出来，并显示在 Label 位置。注意区分页面是首次加载还是回发引起的加载（即 Page.IsPostBack），操作之前要判断 Application["XX"]!=null。

实训七　数据源控件的应用

一、实训目的

1. 掌握常用数据源控件的用法。
2. 掌握将数据源控件与数据显示控件结合起来实现相关查询的方法。

二、实训内容

1. 使用控件查询数据库

（1）查询数据库 Northwind.mdb“产品”表中“库存量”>39 的所有记录，用 GridView 显示查询结果，并要求对查询结果可以更新其中记录字段的值。

（2）查询数据库 Northwind.mdb“订单”表中“货主城市”的值等于 TextBox1 中输入的所有记录。

2. 数据库控件与数据显示控件结合实现查询

（1）页面添加 DropDownList 控件，其数据源为“产品”表中的“产品名称”字段，要求在 DropDownList 中选择成员项时，用 GridView 控件显示其在“产品”表中对应的记录，对应数据库为 NorthWind.mdb，如图 11-36 所示。

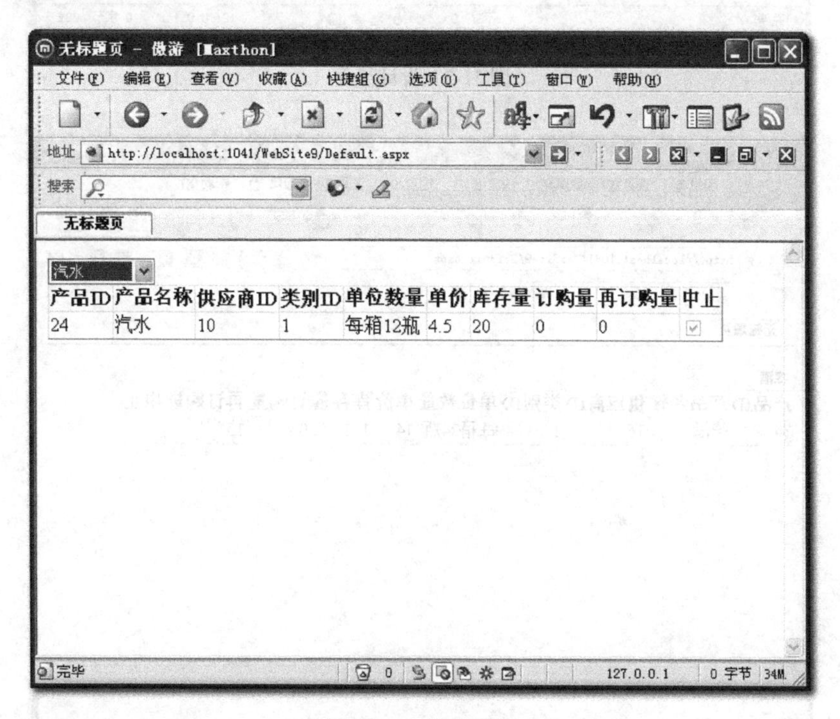

图 11-36　设计界面

展开下拉框，如图 11-37 所示。

选择“啤酒”，如图 11-38 所示。

（2）类别表（父表），产品表（子表），父表用 GridView 显示，子表用 DetailsView 显示，在父表中单击“选择”链接，则 DetailsView 显示相应记录，可参考下图，对应数据库为 NorthWind.mdb，如图 11-39 所示。

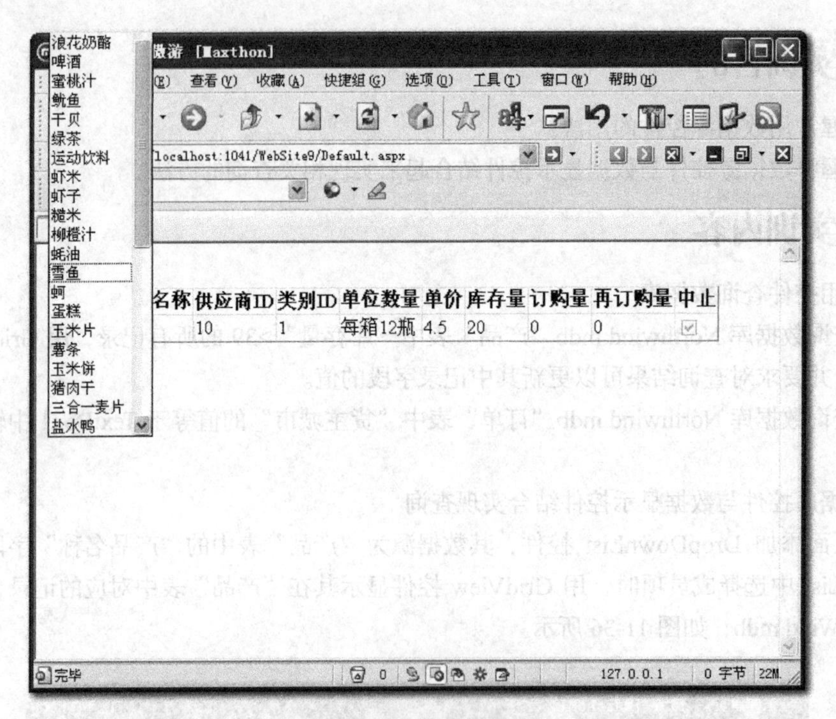

图 11-37 设计界面

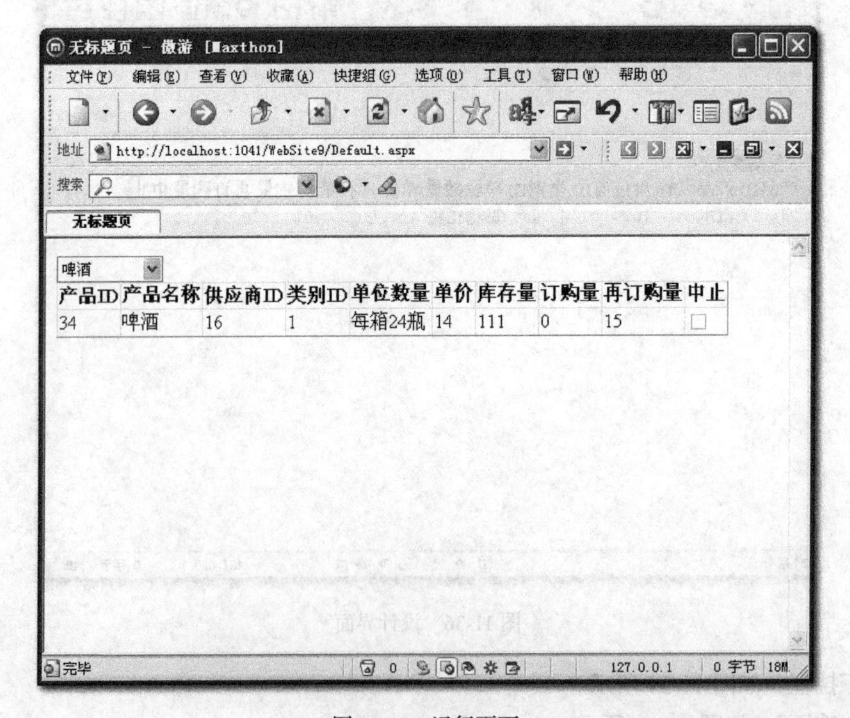

图 11-38 运行页面

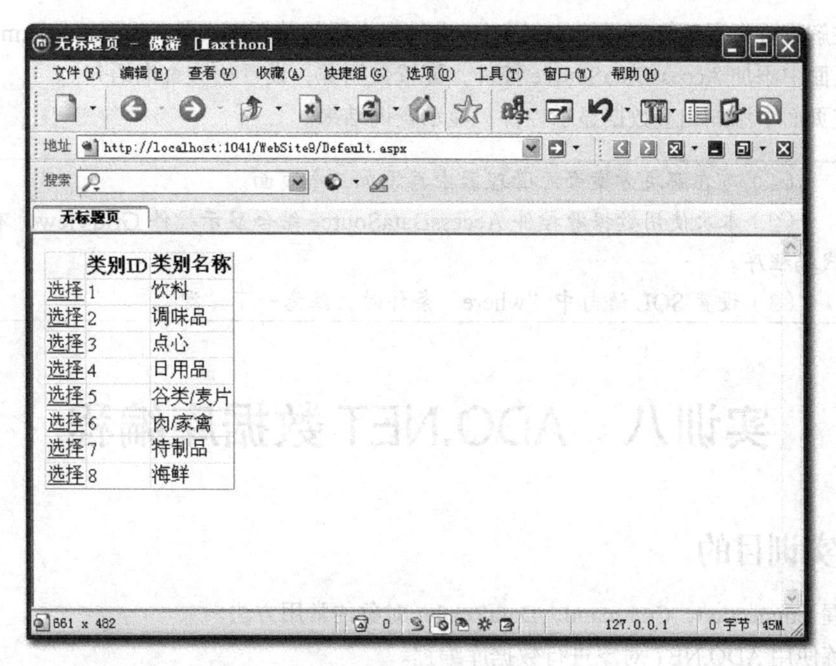

图 11-39　设计界面

运行界面，如图 11-40 所示。

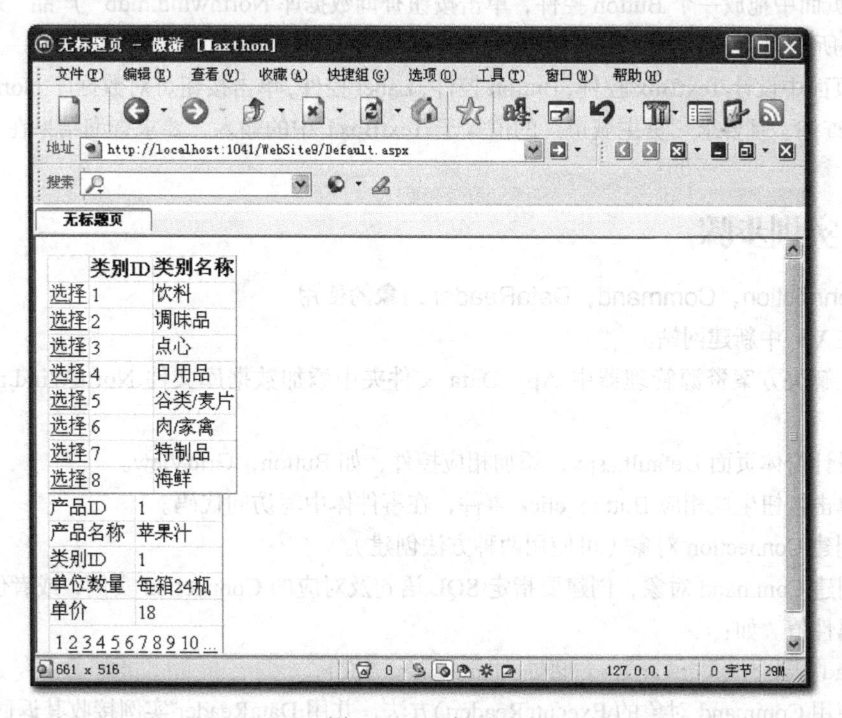

图 11-40　运行页面

三、实训步骤

（1）在 VS 中新建网站。

（2）在解决方案资源管理器的 App_Data 文件夹中添加数据库文件（NorthWind.mdb）。

（3）页面中添加 AccessDataSource 控件，配置数据源，设置相应查询语句。

（4）在页面中添加相应数据显示控件，显示查询结果。

注意事项

（1）可在解决方案资源管理器中再添加三个页面。

（2）本次使用数据源控件 AccessDataSource 结合显示控件 GridView，不涉及写 C# 代码程序。

（3）设置 SQL 语句中“where”条件时，注意一下“源”。

实训八　ADO.NET 数据库编程

一、实训目的

1. 掌握 Connection，Command，DataReader 对象的常用方法。
2. 熟练使用 ADO.NET 对象进行数据库编程。

二、实训内容

1. 在页面中拖放一个 Button 控件，单击按钮查询数据库 Northwind.mdb“产品”表中“库存量”>39 的所有记录，用 GridView 显示查询结果。

2. 在页面中设计 TextBox 控件，Button 控件，Label 控件，单击按钮可对数据库 Northwind.mdb“订单”表查询，且要求“货主城市”的值等于 TextBox1 中的输入，要求查询结果在 Label 位置显示。

三、实训步骤

1. Connection，Command，DataReader 对象的使用

（1）在 VS 中新建网站。

（2）在解决方案资源管理器中 App_Data 文件夹中添加数据库文件 NorthWind.mdb（已上传到 FTP）。

（3）设计窗体页面 Default.aspx，添加相应控件，如 Button，GridView。

（4）单击按钮生成相应 Button_click 事件，在事件体中写访问代码。

（5）创建 Connection 对象（可使用两种方法创建）。

（6）创建 Command 对象，创建要指定 SQL 语句及对应的 Connection 实例，或者创建后再设置相应的属性值。如：

```
Command cmd=new Command(sql 语句, Connection 实例);
```

（7）使用 Command 对象的 ExecuteReader()方法，并用 DataReader 实例接收其返回值。

```
DataReader dr=cmd. ExecuteReader ();
```

（8）用控件显示 DataReader 所封装的查询结果。

显示控件 ID.DataSource=dr

显示控件 ID.DataBind();

2. 使用 DataReader 对象的 Read()方法

前（7）步骤同上。

（8）使用 DataReader 对象的 Read()方法进行读取，用读取结果改变 Label 控件的 Text 属性。

注意事项

（1）注意引入相应命名空间，using System.Data.OleDb。
（2）注意对象名前应加 OleDb。
（3）访问数据库时可能发生异常，注意使用 try{} catch{}。

实训九　Web Service 的应用

一、实训目的

掌握 Web Service 的创建和调用。

二、实训内容

创建能接收参数的 Web Service，在以前做的实训（多控件共享单一事件的计算器）基础上完成。

三、实训步骤

1. VS 中新建网站/ASP.NET web 服务，创建一个能进行加、减、乘、除计算的 Web Service，定义四个方法，如图 11-41 所示。

```
    public float Add(float a, float b)
    {
        return a + b;
    }
     [WebMethod]
    public float Sub(float a, float b)
    {
        return a - b;
    }
    [WebMethod]
    public float Mul(float a, float b)
    {
        return a * b;
    }
     [WebMethod]
    public float Dvi(float a, float b)
    {
        return a / b;
}
```

不要关闭此窗口，复制浏览器地址栏。

2. 重新打开 VS（另一窗口）。

文件/打开/网站/“jsq”，在“解决方案资源管理器”中“添加 web 引用”。

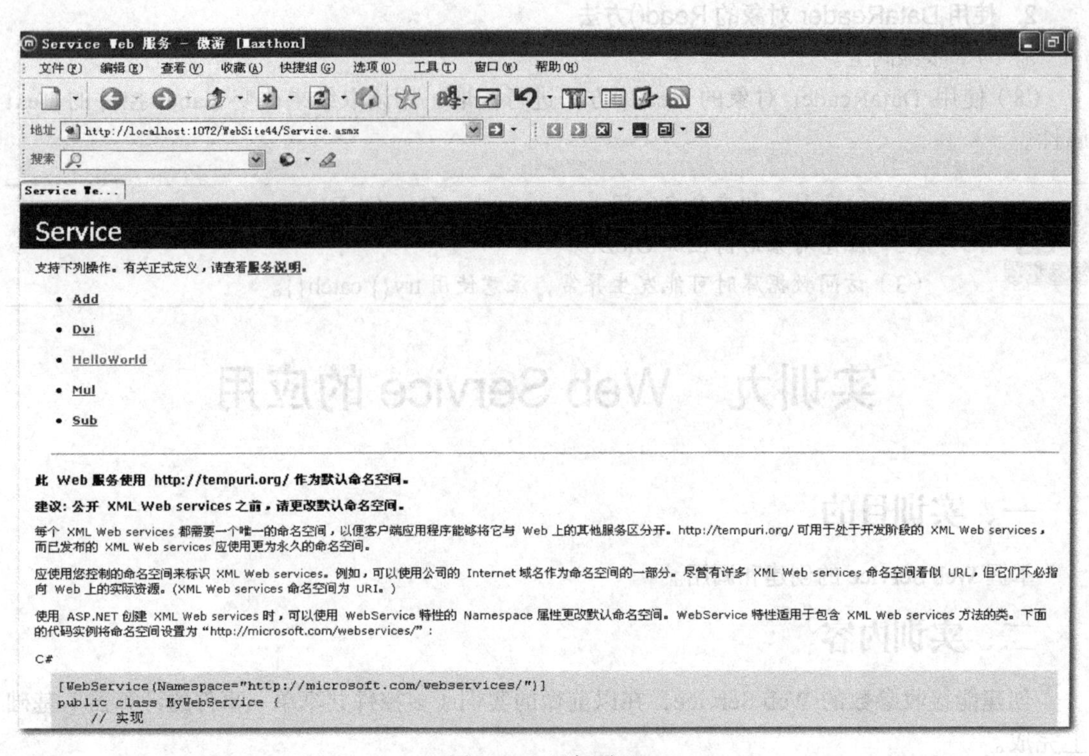

图 11-41 运行页面

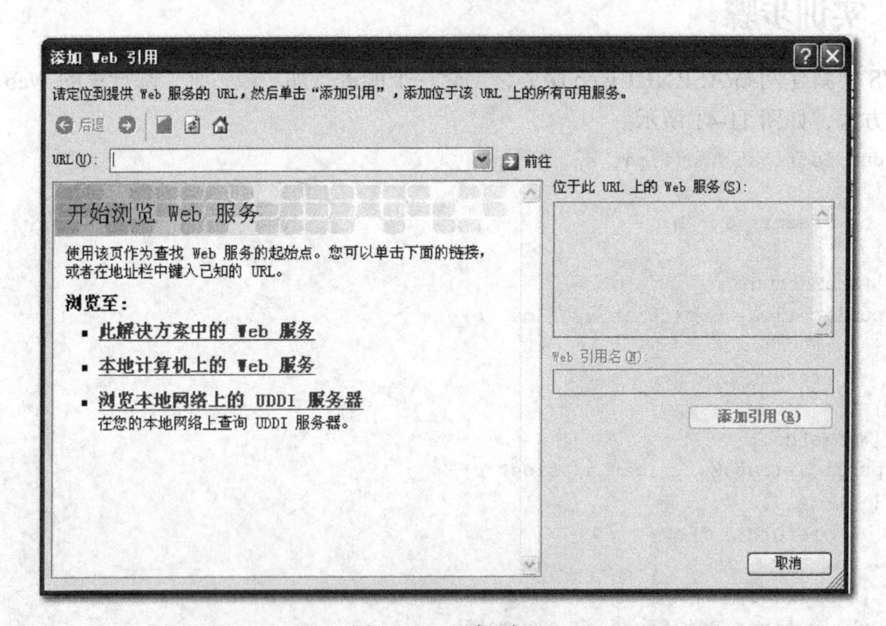

图 11-42 运行页面

在 URL 文本框中粘贴刚复制的地址，单击“前往”按钮。

单击“添加引用”按钮，记住 WEB 引用名“localhost”。

3. 修改计算器代码。

在 Button_Click 中创建 Web Service 对象的实例

```
        localhost.Service sv = new localhost.Service();
```

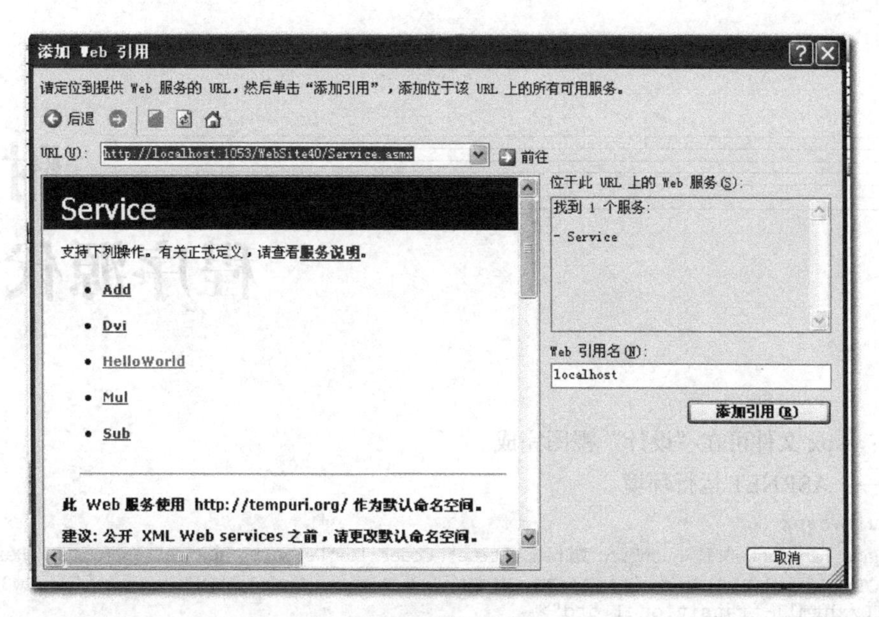

图 11-43　运行页面

将原有的 fResult = fNum1+fNum2;

```
    改为 fResult = sv.Add(fNum1,fNum2);
```

其他三个方法分别改为：

```
fResult = sv.Sub(fNum1, fNum2);
fResult = sv.Mul(fNum1, fNum2);
fResult = sv.Dvi(fNum1, fNum2);
```

4. 运行。

附录 程序源代码

说明：aspx 文件可在“设计”视图完成。

实训一：ASP.NET 运行环境

```
Default.aspx
<%@ Page Language="C#" AutoEventWireup="true" CodeFile="Default.aspx.cs" Inherits="_Default" %>
<!DOCTYPE html PUBLIC "-//W3C//DTD XHTML 1.0 Transitional//EN" "http://www.w3.org/TR/
xhtml1/DTD/xhtml1-transitional.dtd">
<html xmlns="http://www.w3.org/1999/xhtml">
<head runat="server">
    <title>无标题页</title>
</head>
<body>
    <form id="form1" runat="server">
    <div>
        输入行数（1~9）<asp:TextBox ID="TextBox1" runat="server"></asp:TextBox>
        <br />
        <asp:Button ID="Button1" runat="server" onclick="Button1_Click"
            Text="显示九九乘法表" />
        <br />
        <asp:Label ID="Label1" runat="server" Text="Label"></asp:Label>
    </div>
    </form>
</body>
</html>

Default.aspx.cs
using System;
using System.Configuration;
using System.Data;
using System.Linq;
using System.Web;
using System.Web.Security;
using System.Web.UI;
using System.Web.UI.HtmlControls;
using System.Web.UI.WebControls;
using System.Web.UI.WebControls.WebParts;
using System.Xml.Linq;
public partial class _Default : System.Web.UI.Page
{
    protected void Page_Load(object sender, EventArgs e)
    {
```

```
        }
        protected void Button1_Click(object sender, EventArgs e)
        {
            int i, j,k;
            k = int.Parse(TextBox1.Text);
            if (k < 0 || k > 9) return;
            string str="";
            for (i = 1; i <= k; i++)
            {
                for (j = 1; j <= i; j++)
                      str += i + "*" + j + "=" + i * j+" "  ;
                str+="<br/>";
            }
            Label1.Text = str;

        }
    }
```

实训二：C#程序设计

```
    Default.aspx
    <%@ Page Language="C#" AutoEventWireup="true"  CodeFile="Default.aspx.cs" Inherits=
"_Default" %>
    <!DOCTYPE html PUBLIC "-//W3C//DTD XHTML 1.0 Transitional//EN" "http://www.w3.org/TR/
xhtml1/DTD/xhtml1-transitional.dtd">
    <html xmlns="http://www.w3.org/1999/xhtml" >
    <head runat="server">
        <title>无标题页</title>
    </head>
    <body>
        <form id="form1" runat="server">
        <div>
            <table style="width: 397px">
                <tr>
                    <td rowspan="4" style="width: 78px">
                        <asp:TextBox ID="txtNum1" runat="server" Width="100px" Font-Bold="True"
Font-Size="Larger"></asp:TextBox></td>
                    <td style="width: 4px">
                        <asp:Button ID="btnAdd" runat="server" Text="+" Font-Size="Larger"
OnClick="btnAdd_Click" Width="40px"/></td>
                    <td rowspan="4" style="width: 98px">
                        <asp:TextBox ID="txtNum2" runat="server" Width="100px" Font-Bold="True"
Font-Size="Larger"></asp:TextBox></td>
                    <td rowspan="4" style="width: 3px">
                        <asp:Label ID="lblEq" runat="server" Text="=" Font-Size="Larger">
</asp:Label></td>
                    <td rowspan="4" style="width: 3px">
                        <asp:TextBox ID="txtResult" runat="server" Width="100px" Font-Bold="True"
Font-Size="Larger"></asp:TextBox></td>
                </tr>
                <tr>
                    <td style="width: 4px">
                        <asp:Button ID="btnSub" runat="server" Text="-" Font-Size="Larger"
OnClick="btnSub_Click" Width="40px"/></td>
                </tr>
                <tr>
                    <td style="width: 4px">
```

```
                    <asp:Button ID="btnMulti" runat="server" Text="×" Font-Size=
"Larger"
                         OnClick="btnMulti_Click" Width="40px"  /></td>
            </tr>
            <tr>
                <td style="width: 4px">
                    <asp:Button ID="btnDivi" runat="server" Text="÷" Font-Size=
"Larger"
                         OnClick="btnDivi_Click" Width="40px" /></td>
            </tr>
        </table>
    </div>
    </form>
</body>
</html>

Default.aspx.cs
using System;
using System.Data;
using System.Configuration;
using System.Web;
using System.Web.Security;
using System.Web.UI;
using System.Web.UI.WebControls;
using System.Web.UI.WebControls.WebParts;
using System.Web.UI.HtmlControls;
public partial class _Default : System.Web.UI.Page
{
     float n1, n2, r;  //声明窗体级变量
     protected void Page_Load(object sender, EventArgs e)
     {
         this.Title = "简单算术计算器";
         txtResult.ReadOnly = true;
     }

     protected void btnAdd_Click(object sender, EventArgs e)
     {
         //float n1, n2,r;
         if (txtNum1.Text == "" || txtNum2.Text == "")
         {
               return;
         }
         n1 = float.Parse(txtNum1.Text);
         n2=float.Parse (txtNum2.Text);
         r =n1+n2 ;
         txtResult.Text = r .ToString ();
     }
     protected void btnSub_Click(object sender, EventArgs e)
     {
         //float n1, n2,r;
         n1 = float.Parse(txtNum1.Text);
         n2=float.Parse (txtNum2.Text);
         r =n1-n2 ;
         txtResult.Text = r.ToString ();
     }
```

```
        protected void btnMulti_Click(object sender, EventArgs e)
        {
            //float n1, n2,r;
            n1 = float.Parse(txtNum1.Text);
            n2=float.Parse (txtNum2.Text);
            r =n1*n2 ;
            txtResult.Text = r .ToString ();
        }
        protected void btnDivi_Click(object sender, EventArgs e)
        {
            //float n1, n2,r;
            n1 = float.Parse(txtNum1.Text);
            n2=float.Parse (txtNum2.Text);
            r =n1 / n2 ;
            txtResult.Text = r .ToString ();
        }
    }
```

实训三：服务器控件的应用

```
    Default.aspx
    <%@ Page Language="C#" AutoEventWireup="true" CodeFile="Default.aspx.cs" Inherits="_Default" %>
    <!DOCTYPE html PUBLIC "-//W3C//DTD XHTML 1.0 Transitional//EN" "http://www.w3.org/TR/
xhtml1/DTD/xhtml1-transitional.dtd">
    <html xmlns="http://www.w3.org/1999/xhtml" >
    <head runat="server">
        <title>无标题页</title>
    </head>
    <body style="text-align: left">
        <form id="form1" runat="server">
        <div style="text-align: left">
            <span style="font-size: 16pt"><strong>             
                          个 人 情 况 调 查<br />
            </strong></span>
            <table border="1" style="text-align: left">
                <tr>
                    <td style="width: 125px">
                        姓名
                        <asp:TextBox ID="txtName" runat="server" Width="77px"></asp:TextBox></td>
                    <td colspan="2" style="width: 329px; text-align: left">
                          性别
                        <asp:RadioButton ID="RadioButton1" runat="server" Checked="True"
GroupName= "seleSex" Text="男" />
                        <asp:RadioButton ID="RadioButton2" runat="server" GroupName=
"seleSex" Text="女" /></td>
                </tr>
                <tr>
                    <td style="width: 125px">
                        你喜爱的音乐是</td>
                    <td colspan="2" style="width: 329px; text-align: left">
                         
                        <asp:DropDownList ID="DropDownList1" runat="server">
                            <asp:ListItem>流行</asp:ListItem>
                            <asp:ListItem>古典</asp:ListItem>
                            <asp:ListItem>乡村</asp:ListItem>
```

```
                        <asp:ListItem>摇滚</asp:ListItem>
                    </asp:DropDownList></td>
            </tr>
            <tr>
                <td style="width: 125px">
                    你家住哪里</td>
                <td colspan="2" style="width: 329px; text-align: left">
                    <asp:RadioButtonList  ID="RadioButtonList1"  runat="server"
RepeatColumns="4">
                        <asp:ListItem Selected="True">北京</asp:ListItem>
                        <asp:ListItem>上海</asp:ListItem>
                        <asp:ListItem>广州</asp:ListItem>
                        <asp:ListItem>其他城市</asp:ListItem>
                    </asp:RadioButtonList></td>
            </tr>
            <tr>
                <td style="width: 125px; height: 26px">
                    你的爱好是</td>
                <td colspan="2" style="width: 329px; height: 26px; text-align: left">
                    <asp:CheckBoxList ID="CheckBoxList1" runat="server" RepeatColumns="4">
                        <asp:ListItem>篮球</asp:ListItem>
                        <asp:ListItem>足球</asp:ListItem>
                        <asp:ListItem>上网</asp:ListItem>
                    </asp:CheckBoxList></td>
            </tr>
            <tr>
                <td style="width: 125px; height: 26px">
                     </td>
                <td colspan="2" style="width: 329px; height: 26px; text-align: left">
                    <asp:Button  ID="btnOK"  runat="server"  OnClick="btnOK_Click"
Text="提 交" /></td>
            </tr>
        </table>
        <br />

    </div>
         
        <asp:Label ID="Label1" runat="server"></asp:Label><br />
        <br />
         
        <asp:Label ID="Label2" runat="server"></asp:Label><br />
         
        <br />
         
        <asp:Label ID="Label3" runat="server"></asp:Label><br />
        <br />
        <br />
        <br />
    </form>
</body>
</html>
Default.aspx.cs
using System;
using System.Data;
```

```
using System.Configuration;
using System.Web;
using System.Web.Security;
using System.Web.UI;
using System.Web.UI.WebControls;
using System.Web.UI.WebControls.WebParts;
using System.Web.UI.HtmlControls;

public partial class _Default : System.Web.UI.Page
{
    protected void Page_Load(object sender, EventArgs e)
    {
        this.Title = "个人情况调查";
        txtName.Focus();
    }
    protected void btnOK_Click(object sender, EventArgs e)
    {
        if (txtName.Text == "")
        {
            Label1.Text = "<b>必须输入姓名！</b>";
            return;
        }
        string s1="",s2="";
        int i;
        if (RadioButton1.Checked)
        {
            s1 = "男";
        }
        else
        {
            s1 = "女";
        }
        for (i = 0; i <= CheckBoxList1.Items.Count - 1; i++)
        {
            if (CheckBoxList1.Items[i].Selected)
            {
                s2 = s2 + CheckBoxList1.Items[i].Text + ", ";
            }
        }
        s2 = s2.Remove(s2.Length - 1, 1);
        Label1.Text = txtName.Text + ", " + s1+ ", " + "你喜欢的歌手是：" +
DropDownList1.Text;
        Label2.Text = "你家住在：" + RadioButtonList1.SelectedItem.Text;
        if (s2 == "")
        {
            s2 = "你没有任何爱好！";
        }
        else
        {
            s2  = "你的爱好是：" + s2;
        }
        Label3.Text = s2;
    }
}
```

2.

```
Default.aspx
<%@ Page Language="C#" AutoEventWireup="true" CodeFile="Default.aspx.cs" Inherits="_Default" %>
<!DOCTYPE html PUBLIC "-//W3C//DTD XHTML 1.0 Transitional//EN" "http://www.w3.org/TR/
xhtml1/DTD/xhtml1-transitional.dtd">
<html xmlns="http://www.w3.org/1999/xhtml">
<head runat="server">
    <title>无标题页</title>
</head>
<body>
    <form id="form1" runat="server">
    <div>
        系别：<asp:DropDownList ID="DropDownList1" runat="server" AutoPostBack="True"
            onselectedindexchanged="DropDownList1_SelectedIndexChanged">
            <asp:ListItem>-选择专业-</asp:ListItem>
            <asp:ListItem>计算机</asp:ListItem>
            <asp:ListItem>数学</asp:ListItem>
            <asp:ListItem>物理</asp:ListItem>
        </asp:DropDownList>
  专业<asp:DropDownList ID="DropDownList2" runat="server" AutoPostBack="True"
            onselectedindexchanged="DropDownList2_SelectedIndexChanged">
        </asp:DropDownList>
        <br />
        <asp:Label ID="Label1" runat="server" Text=""></asp:Label>
    </div>
    </form>
</body>
</html>

Default.aspx.cs
using System;
using System.Configuration;
using System.Data;
using System.Linq;
using System.Web;
using System.Web.Security;
using System.Web.UI;
using System.Web.UI.HtmlControls;
using System.Web.UI.WebControls;
using System.Web.UI.WebControls.WebParts;
using System.Xml.Linq;
public partial class _Default : System.Web.UI.Page
{
    protected void Page_Load(object sender, EventArgs e)
    {
    }
    protected void DropDownList1_SelectedIndexChanged(object sender, EventArgs e)
    {
        if (DropDownList1.SelectedValue == "计算机")
        {
            Label1.Text = "你选择的是： 系别：";
            Label1.Text += "计算机 ";
```

```
            DropDownList2.Items.Clear();
            DropDownList2.Items.Add("计算机科学与技术");
            DropDownList2.Items.Add("信息管理");
            DropDownList2.Items.Add("网络工程");
            DropDownList2.Items.Add("电子商务");
        }

        else if (DropDownList1.SelectedValue == "数学")
        {
            Label1.Text = "你选择的是：系别：";
            Label1.Text += "数学 ";
            DropDownList2.Items.Clear();
            DropDownList2.Items.Add("应用数学");
            DropDownList2.Items.Add("金融工程");
        }
        else if (DropDownList1.SelectedValue == "物理")
        {
            Label1.Text = "你选择的是：系别：";
            Label1.Text += "物理 ";
            DropDownList2.Items.Clear();
            DropDownList2.Items.Add("电子科学");
            DropDownList2.Items.Add("物理学");
            DropDownList2.Items.Add("电气工程");
        }
        else
        {
            Label1.Text = "";
           DropDownList2.Items.Clear();
        }
    }
    protected void DropDownList2_SelectedIndexChanged(object sender, EventArgs e)
    {
        Label1.Text = "你选择的是：系别：";
        Label1.Text += DropDownList1.SelectedValue;
        Label1.Text += " 专业：";
        Label1.Text += DropDownList2.SelectedValue;
    }
}
```

实训四：验证控件的应用

1.

```
Default.aspx
<%@ Page Language="C#" AutoEventWireup="true" CodeFile="Default.aspx.cs" Inherits="_Default" %>
<!DOCTYPE html PUBLIC "-//W3C//DTD XHTML 1.0 Transitional//EN" "http://www.w3.org/TR/
xhtml1/DTD/xhtml1-transitional.dtd">
<html xmlns="http://www.w3.org/1999/xhtml" >
<head runat="server">
    <title>无标题页</title>
</head>
<body>
    <form id="form1" runat="server">
    <div style="text-align: left">
```

```
            <strong><span style="font-size: 14pt">           
                                    
用 户 注 册</span></strong><br />
                 <table style="width: 429px; height: 2px" border="1">
                      <tr>
                           <td style="width: 67px; text-align: right; height: 22px">
                           用户名</td>
                           <td style="width: 123px; text-align: left; height: 22px">
                           <asp:TextBox ID="TextUsername" runat="server" Width="91px">
</asp:TextBox></td>
                           <td style="width: 197px; text-align: left; height: 22px">
            <asp:RequiredFieldValidator ID="ValrName" runat="server" ControlToValidate=
"TextUsername"
                 Display="Dynamic" ErrorMessage="RequiredFieldValidator">必须输入用户名
</asp:RequiredFieldValidator> </td>
                      </tr>
                      <tr>
                           <td style="width: 67px; text-align: right; height: 19px">
                           密    码</td>
                           <td style="width: 123px; text-align: left; height: 19px">
                           <asp:TextBox ID="TextPassword" runat="server"
                 Width="91px" TextMode="Password"></asp:TextBox></td>
                           <td style="width: 197px; text-align: left; height: 19px">
            <asp:RequiredFieldValidator ID="ValrPassword" runat="server" ControlToValidate=
"TextPassword"
                 ErrorMessage="RequiredFieldValidator" Display="Dynamic" InitialValue=
"123456"> 密码不能为123456! </asp:RequiredFieldValidator> </td>
                      </tr>
                      <tr>
                           <td style="width: 67px; text-align: right; height: 15px">
            确认密码</td>
                           <td style="width: 123px; text-align: left; height: 15px">
            <asp:TextBox ID="TextRepassword" runat="server" Width="91px" TextMode="Password">
</asp:TextBox></td>
                          <td style="width: 197px; text-align: left; height: 15px">
            <asp:CompareValidator  ID="ValcRepass"  runat="server"  ControlToCompare=
"TextPassword"
                                    ErrorMessage="CompareValidator" Width="165px"
                                    ControlToValidate="TextRepassword">两次输入的密码不
同! </asp:CompareValidator> </td>
                      </tr>
                      <tr>
                           <td style="width: 67px; text-align: right; height: 7px">
                                E-MAIL</td>
                           <td style="width: 123px; text-align: left; height: 7px">
            <asp:TextBox ID="TextEmail" runat="server" Width="91px"></asp:TextBox></td>
                           <td style="width: 197px; text-align: left; height: 7px">
                                <asp:RegularExpressionValidator
ID="RegularExpressionValidator1" runat="server"
                                    ErrorMessage="RegularExpressionValidator" ControlToValidate=
"TextEmail"
                          ValidationExpression="\w+([-+.']\w+)*@\w+([-.]\w+)*\.\w+([-.]
\w+)*">电子邮件有误! </asp:RegularExpressionValidator>
                           </td>
                      </tr>
```

```
                    <tr>
                        <td style="width: 67px; height: 17px">
                             </td>
                        <td style="width: 123px; height: 17px">
            <asp:Button ID="ButtonOK" runat="server" Text="提 交" OnClick="btnOK_Click"
/>
                            </td>
                        <td style="width: 197px; height: 17px">
                             </td>
                    </tr>
                </table>
                <br />
                        
                <asp:Label ID="LabelPass" runat="server" Text="Label"></asp:Label><br />

            <br />
                      <br />
                 
            <br />
             
            <br />
             
            <br />
            <br />
                             
            </div>
        </form>
    </body>
    </html>

    Default.aspx.cs
    using System;
    using System.Data;
    using System.Configuration;
    using System.Web;
    using System.Web.Security;
    using System.Web.UI;
    using System.Web.UI.WebControls;
    using System.Web.UI.WebControls.WebParts;
    using System.Web.UI.HtmlControls;
    public partial class _Default : System.Web.UI.Page
    {
        protected void Page_Load(object sender, EventArgs e)
        {
            this.Title = "验证控件应用示例";
            TextUsername.Focus();
            LabelPass.Text = "";
        }

        protected void btnOK_Click(object sender, EventArgs e)
        {
            LabelPass.Text = "本页已通过验证！";

        }
```

```
}
```

2.

```
Default.aspx
<%@ Page Language="C#" AutoEventWireup="true" CodeFile="Default.aspx.cs" Inherits="_Default" %>
<!DOCTYPE html PUBLIC "-//W3C//DTD XHTML 1.0 Transitional//EN" "http://www.w3.org/TR/
xhtml1/DTD/xhtml1-transitional.dtd">
<html xmlns="http://www.w3.org/1999/xhtml" >
<head runat="server">
    <title>无标题页</title>
</head>
<body>
    <form id="form1" runat="server">
    <div style="text-align: left">
        <strong><span style="font-size: 14pt">           
                               
用 户 注 册</span></strong><br />
            <table style="width: 429px; height: 2px" border="1">
                <tr>
                    <td style="width: 67px; text-align: right; height: 22px">
                    用户名</td>
                    <td style="width: 123px; text-align: left; height: 22px">
                    <asp:TextBox ID="txtUsername" runat="server" Width="91px">
</asp:TextBox></td>
                    <td style="width: 197px; text-align: left; height: 22px">
        <asp:RequiredFieldValidator ID="valrName" runat="server" ControlToValidate=
"txtUsername"
            Display="None" ErrorMessage="必须输入用户名"></asp:RequiredFieldValidator>
 </td>
                </tr>
                <tr>
                    <td style="width: 67px; text-align: right; height: 19px">
                    密    码</td>
                    <td style="width: 123px; text-align: left; height: 19px">
                    <asp:TextBox ID="txtPassword" runat="server"
            Width="91px" TextMode="Password"></asp:TextBox></td>
                    <td style="width: 197px; text-align: left; height: 19px">
        <asp:RequiredFieldValidator ID="valrPassword" runat="server" ControlToValidate=
"txtPassword"
            ErrorMessage="密码不能为空！" Display="None"></asp:RequiredFieldValidator>
 </td>
                </tr>
                <tr>
                    <td style="width: 67px; text-align: right; height: 15px">
        确认密码</td>
                    <td style="width: 123px; text-align: left; height: 15px">
        <asp:TextBox ID="txtRepassword" runat="server" Width="91px" TextMode="Password">
</asp:TextBox></td>
                   <td style="width: 197px; text-align: left; height: 15px">
        <asp:CompareValidator  ID="valcRepass"  runat="server"  ControlToCompare=
"txtPassword"ErrorMessage="两次输入的密码不同！" Width="165px" ControlToValidate= "txtRepassword"
Display="None"></asp:CompareValidator> </td>
                </tr>
                <tr>
```

```
                        <td style="width: 67px; text-align: right; height: 7px">
        出生日期</td>
                    <td style="width: 123px; text-align: left; height: 7px">
        <asp:TextBox ID="txtBirthday" runat="server" Width="91px"></asp:TextBox> </td>
                    <td style="width: 197px; text-align: left; height: 7px">
        <asp:CompareValidator ID="valcBirth" runat="server" ControlToValidate="txtBirthday"
            ErrorMessage="日期格式应为: 1983-4-23" Operator="DataTypeCheck" Type="Date"
Width="182px" Display="None"></asp:CompareValidator> </td>
                    </tr>
                    <tr>
                        <td style="width: 67px; height: 17px">
                             </td>
                        <td style="width: 123px; height: 17px">
        <asp:Button ID="btnOK" runat="server" Text="提 交" OnClick="btnOK_Click" />
                            </td>
                        <td style="width: 197px; height: 17px">
                             </td>
                    </tr>
                </table>
                <br />
                        
                <asp:Label ID="lblPass" runat="server" Text="Label"></asp:Label><br />
                <asp:ValidationSummary ID="ValidationSummary1" runat="server" HeaderText=
"输入数据时发生了如下错误: " ShowMessageBox="True" ShowSummary="False" />
                <br />
        <br />
                  <br />
             
        <br />
         
        <br />
         
        <br />
        <br />
                         
        </div>
    </form>
</body>
</html>

Default.aspx.cs
using System;
using System.Data;
using System.Configuration;
using System.Web;
using System.Web.Security;
using System.Web.UI;
using System.Web.UI.WebControls;
using System.Web.UI.WebControls.WebParts;
using System.Web.UI.HtmlControls;
public partial class _Default : System.Web.UI.Page
{
    protected void Page_Load(object sender, EventArgs e)
```

```
    {
        this.Title = "验证控件应用示例";
        txtUsername.Focus();
        lblPass.Text = "";
    }

    protected void btnOK_Click(object sender, EventArgs e)
    {
        lblPass.Text = "本页已通过验证！";
    }

}
```

实训五：Request 和 Response 的应用

1. htm

```
<!DOCTYPE html PUBLIC "-//W3C//DTD XHTML 1.0 Transitional//EN" "http://www.w3.org/TR/
xhtml1/DTD/xhtml1-transitional.dtd">
<html xmlns="http://www.w3.org/1999/xhtml" >
<head>
    <title>无标题页</title>
</head>
<body>
<form action="2.aspx" method="post">
    用户名<input name="Text1" type="text" /><br />
    密  码<input name="Text2" type="password" /><br />
    <input id="Submit1" type="submit" value="转到 2.aspx" />
</form>
</body>
</html>
```

2. aspx

```
<%@ Page Language="C#" AutoEventWireup="true" CodeFile="2.aspx.cs" Inherits="_Default" %>
<!DOCTYPE html PUBLIC "-//W3C//DTD XHTML 1.0 Transitional//EN" "http://www.w3.org/TR/
xhtml1/DTD/xhtml1-transitional.dtd">
<html xmlns="http://www.w3.org/1999/xhtml" >
<head runat="server">
    <title>无标题页</title>
</head>
<body>
    <form id="form1" runat="server">
    <div>
         <asp:Label ID="Label1" runat="server" Text="Label"></asp:Label>
        <br />
        <asp:HyperLink ID="HyperLink1" runat="server" NavigateUrl="~/3.aspx">转到
3.aspx</asp:HyperLink></div>
    </form>
</body>
</html>
2.aspx.cs
using System;
using System.Data;
using System.Configuration;
using System.Web;
```

```
using System.Web.Security;
using System.Web.UI;
using System.Web.UI.WebControls;
using System.Web.UI.WebControls.WebParts;
using System.Web.UI.HtmlControls;
public partial class _Default : System.Web.UI.Page
{
    protected void Page_Load(object sender, EventArgs e)
    {
         string s1, s2,qs;
         s1= Request.Form["Text1"];
         s2 = Request.Form["Text2"];
         Label1.Text = "用户名" + s1 + "<br/>" + "密 码" + s2;
         qs = "?name=" + s1 + "&" + "pwd=" + s2;
         HyperLink1.NavigateUrl += qs;

    }
}
```

3. aspx.cs

```
using System;
using System.Data;
using System.Configuration;
using System.Collections;
using System.Web;
using System.Web.Security;
using System.Web.UI;
using System.Web.UI.WebControls;
using System.Web.UI.WebControls.WebParts;
using System.Web.UI.HtmlControls;

public partial class _3 : System.Web.UI.Page
{
    protected void Page_Load(object sender, EventArgs e)
    {
         string str;
         str = "用户名" + Request.QueryString["name"] + "<br/>" + "密码" + Request.
QueryString["pwd"];
         Response.Write(str);
    }
}
```

实训六：Session 和 Application 的应用

1.

```
Default.aspx
<%@ Page Language="C#" AutoEventWireup="true" CodeFile="Default.aspx.cs" Inherits="Default2" %>
<!DOCTYPE html PUBLIC "-//W3C//DTD XHTML 1.0 Transitional//EN" "http://www.w3.org/TR/
xhtml1/DTD/xhtml1-transitional.dtd">
<html xmlns="http://www.w3.org/1999/xhtml">
<head runat="server">
    <title>无标题页</title>
</head>
<body>
```

```
        <form id="form1" runat="server">
        <div>
            用户名：<asp:TextBox ID="TextBox1" runat="server"></asp:TextBox>
            <br />
            密   码：<asp:TextBox ID="TextBox2" runat="server" TextMode="Password"
                ></asp:TextBox>
            <br />
            <asp:Button ID="Button1" runat="server" onclick="Button1_Click"
                Text="保存到 session" />
            <asp:HyperLink ID="HyperLink1" runat="server" NavigateUrl="~/index.aspx">
转到 index.aspx</asp:HyperLink>

        </div>
        </form>
    </body>
    </html>
    using System;
    using System.Collections;
    using System.Configuration;

    Default.aspx.cs
    using System.Data;
    using System.Linq;
    using System.Web;
    using System.Web.Security;
    using System.Web.UI;
    using System.Web.UI.HtmlControls;
    using System.Web.UI.WebControls;
    using System.Web.UI.WebControls.WebParts;
    using System.Xml.Linq;

    public partial class Default2 : System.Web.UI.Page
    {
        protected void Page_Load(object sender, EventArgs e)
        {
        }
        protected void Button1_Click(object sender, EventArgs e)
        {
            Session["name"] = TextBox1.Text;
            Session["pwd"] = TextBox2.Text;
        }
    }

    index.aspx
    <%@ Page Language="C#" AutoEventWireup="true" CodeFile="index.aspx.cs" Inherits="_Default" %>
    <!DOCTYPE html PUBLIC "-//W3C//DTD XHTML 1.0 Transitional//EN" "http://www.w3.org/TR/
xhtml1/DTD/xhtml1-transitional.dtd">
    <html xmlns="http://www.w3.org/1999/xhtml" >
    <head runat="server">
        <title>无标题页</title>
    </head>
    <body>
```

```
    <form id="form1" runat="server">
    <div>
        <asp:Label ID="Label1" runat="server"></asp:Label>
    </div>
    </form>
</body>
</html>

index.aspx.cs
using System;
using System.Data;
using System.Configuration;
using System.Web;
using System.Web.Security;
using System.Web.UI;
using System.Web.UI.WebControls;
using System.Web.UI.WebControls.WebParts;
using System.Web.UI.HtmlControls;
public partial class _Default : System.Web.UI.Page
{
    protected void Page_Load(object sender, EventArgs e)
    {

        Label1.Text = "用户名: "+(string)Session["name"]+"<br/>";
        Label1.Text += "密 码: "+(string)Session["pwd"]+"<br/>";
            if (Application["num"] == null)
                Application["num"] = "1";
            else
            {

                int num = int.Parse(Application["num"].ToString()) + 1;
                Application["num"] = num.ToString();

            }
            Label1.Text += "页面共点击次数: " + Application["num"].ToString(); ;
    }

}
```

2.

```
Default.aspx
<%@ Page Language="C#" AutoEventWireup="true" CodeFile="Default.aspx.cs" Inherits="_Default" %>
<!DOCTYPE html PUBLIC "-//W3C//DTD XHTML 1.0 Transitional//EN" "http://www.w3.org/TR/
xhtml1/DTD/xhtml1-transitional.dtd">
<html xmlns="http://www.w3.org/1999/xhtml">
<head runat="server">
    <title>无标题页</title>
</head>
<body>
    <form id="form1" runat="server">
    <div>
        访客: <asp:TextBox ID="TextBox1" runat="server"></asp:TextBox>
        <br />
```

```
            留言: <asp:TextBox ID="TextBox2" runat="server" TextMode="MultiLine"></asp:TextBox>
            <br />
            <asp:Button ID="Button1" runat="server" onclick="Button1_Click" Text="提交" />
            <br />
            <asp:Label ID="Label1" runat="server"></asp:Label>
        </div>
        </form>
</body>
</html>

Default.aspx.cs
using System;
using System.Configuration;
using System.Data;
using System.Linq;
using System.Web;
using System.Web.Security;
using System.Web.UI;
using System.Web.UI.HtmlControls;
using System.Web.UI.WebControls;
using System.Web.UI.WebControls.WebParts;
using System.Xml.Linq;

public partial class _Default : System.Web.UI.Page
{
    protected void Page_Load(object sender, EventArgs e)
    {
         if (!Page.IsPostBack)
         {
              if(Application["w"]!=null)
              Label1.Text = Application["w"].ToString();
         }
    }
    protected void Button1_Click(object sender, EventArgs e)
    {
         string str = TextBox1.Text+": ";
         Application["w"] = str+TextBox2.Text +"     "+DateTime.Now+"<br/>"+ Application["w"];
         Label1.Text = Application["w"].ToString();
    }
}
```

实训七：数据源控件的应用（略）

实训八：ADD.NET 数据库编程

1.

```
Default.aspx.cs:
using System;
using System.Data.OleDb;
using System.Data;
public partial class _Default : System.Web.UI.Page
{
    protected void Page_Load(object sender, EventArgs e)
    {
```

```
    }
    protected void Button1_Click(object sender, EventArgs e)
    {
        String strconnection = "Provider=Microsoft.Jet.OleDb.4.0;Data Source=";
        strconnection += Server.MapPath("App_Data/Northwind.mdb");
        OleDbConnection thisConnection = new OleDbConnection(strconnection);
        String sql = "select * from 产品 where 库存量>39";

        OleDbCommand thisCommand = new OleDbCommand(sql, thisConnection);
        thisCommand.CommandType = CommandType.Text;
        try
        {
            thisCommand.Connection.Open();
            OleDbDataReader dr;
            dr = thisCommand.ExecuteReader();
            GridView1.DataSource = dr;
            GridView1.DataBind();
            dr.Close();
        }
        catch (OleDbException eee)
        {
        }
        finally
        {
            thisCommand.Connection.Close();
        }

    }
}
```

2.

```
Default.aspx.cs:
using System;
using System.Data.OleDb;
using System.Data;
ublic partial class _Default : System.Web.UI.Page
{
    protected void Page_Load(object sender, EventArgs e)
    {

    }
    protected void Button1_Click1(object sender, EventArgs e)
    {
        String strconnection = "Provider=Microsoft.Jet.OleDb.4.0;Data Source=";
        strconnection += Server.MapPath("App_Data/Northwind.mdb");
        OleDbConnection thisConnection = new OleDbConnection(strconnection);
        String sql = "select * from 订单 where 货主城市='"+TextBox1.Text+"'";
        OleDbCommand thisCommand = new OleDbCommand(sql, thisConnection);
        thisCommand.CommandType = CommandType.Text;
        try
        {
            thisCommand.Connection.Open();
            OleDbDataReader dr;
```

```
                dr = thisCommand.ExecuteReader();
                GridView1.DataSource = dr;
                GridView1.DataBind();
                dr.Close();
            }
            catch (OleDbException eee)
            {
            }
            finally
            {
                thisCommand.Connection.Close();
            }

        }
    }
```

实训九：Wed Service 的应用

```
    Default.aspx
    <%@ Page Language="C#" AutoEventWireup="true" CodeFile="Default.aspx.cs" Inherits="_Default" %>
    <!DOCTYPE html PUBLIC "-//W3C//DTD XHTML 1.0 Transitional//EN" "http://www.w3.org/TR/
xhtml1/DTD/xhtml1-transitional.dtd">
    <html xmlns="http://www.w3.org/1999/xhtml" >
    <head runat="server">
        <title>无标题页</title>
    </head>
    <body>
        <form id="form1" runat="server">
        <div>
            <table style="width: 397px">
                <tr>
                    <td rowspan="4" style="width: 78px">
                        <asp:TextBox  ID="txtNum1"  runat="server"  Width="100px"
Font-Bold="True" Font-Size="Larger"></asp:TextBox></td>
                    <td style="width: 4px">
                        <asp:Button ID="btnAdd" runat="server" Text="+" Font-Size=
"Larger" OnClick="Button_Click"  /></td>
                    <td rowspan="4" style="width: 98px">
                        <asp:TextBox ID="txtNum2" runat="server" Width="101px" Font-Bold=
"True" Font-Size="Larger"></asp:TextBox></td>
                    <td rowspan="4" style="width: 3px">
                        <asp:Label ID="lblEq" runat="server" Text="=" Font-Size=
"Larger"></asp:Label></td>
                    <td rowspan="4" style="width: 3px">
                        <asp:TextBox  ID="txtResult"  runat="server"  Width="100px"
Font-Bold="True" Font-Size="Larger"></asp:TextBox></td>
                </tr>
                <tr>
                    <td style="width: 4px">
                    <asp:Button ID="btnSub" runat="server" Text="-" Font-Size="Larger"
OnClick="Button_Click" /></td>
                </tr>
                <tr>
                    <td style="width: 4px">
                        <asp:Button ID="btnMulti" runat="server" Text="×" Font-Size="Larger"
```

```
OnClick="Button_Click" /></td>
                    </tr>
                    <tr>
                         <td style="width: 4px">
                              <asp:Button ID="btnDivi" runat="server" Text="÷" Font-Size=
"Larger"  OnClick="Button_Click"/></td>
                    </tr>
               </table>

          </div>
          </form>
     </body>
     </html>

     Default.aspx.cs
     using System;
     using System.Data;
     using System.Configuration;
     using System.Web;
     using System.Web.Security;
     using System.Web.UI;
     using System.Web.UI.WebControls;
     using System.Web.UI.WebControls.WebParts;
     using System.Web.UI.HtmlControls;
     public partial class _Default : System.Web.UI.Page
     {
         protected void Page_Load(object sender, EventArgs e)
         {
              this.Title = "简单算术计算器";
              txtResult.ReadOnly = true;
              txtNum1.Focus();
         }

         protected void Button_Click(object sender, EventArgs e)
         {
              if (txtNum1.Text == "" || txtNum2.Text == "")
              {
                   return;     //若用户少输入了操作数，则退出过程，不再执行后续代码
              }
              localhost.Service sv = new localhost.Service();
              Button btn = (Button) sender;        //声明btn为sender对象，用于获取激发了当前事
件的具体对象
              float fNum1, fNum2, fResult = 0;
              fNum1 = float.Parse(txtNum1.Text);
              fNum2 = float.Parse(txtNum2.Text);
              switch (btn.ID)
              {
                   case "btnAdd":
                        fResult = sv.Add(fNum1,fNum2);
                        break;
                   case "btnSub":
                        fResult = sv.Sub(fNum1, fNum2);
                        break;
```

```
                case "btnMulti":
                    fResult = sv.Mul(fNum1, fNum2);
                    break;
                case "btnDivi":
                    fResult = sv.Dvi(fNum1, fNum2);
                    break;
            }
            txtResult.Text = fResult.ToString ();

        }
    }
```